Linux 编程基础

第2版

黑马程序员 编著

清华大学出版社
北京

内容简介

本书是一本基于 Linux 操作系统的 C 语言编程入门书籍，全书共分为 11 章，第 1 章主要讲解 Linux 操作系统的安装与使用；第 2 章讲解 Linux 操作系统常用命令工具；第 3 章讲解 Shell 编程的相关知识；第 4～10 章是 Linux 编程的核心知识，包括 Linux C 编译调试环境、文件 I/O 操作、Linux 进程管理、信号、进程间通信、线程和 socket 网络编程；第 11 章讲解并发服务器的原理和实现。

书中每章均配有经典案例，读者可以边学习边练习，以巩固所学的知识，并在实践中提升实际应用能力。

本书附有源代码、习题、教学课件等资源，为帮助初学者更好地学习本书中的内容，还提供了在线答疑，希望得到更多读者的关注。

本书既可作为高等院校本、专科计算机相关专业的专用教材，也可以作为技术爱好者的入门用书。

版权所有，侵权必究。举报：010-62782989，beiqinquan@tup.tsinghua.edu.cn。

图书在版编目（CIP）数据

Linux 编程基础 / 黑马程序员编著. -- 2 版. -- 北京：清华大学出版社，2025.2（2025.8重印）. -- ISBN 978-7-302-68495-4

Ⅰ. TP316.85

中国国家版本馆 CIP 数据核字第 2025JM7296 号

责任编辑：袁勤勇　薛　阳
封面设计：常雪影
责任校对：徐俊伟
责任印制：宋　林

出版发行：清华大学出版社
　　　网　　址：https://www.tup.com.cn，https://www.wqxuetang.com
　　　地　　址：北京清华大学学研大厦 A 座　　　邮　　编：100084
　　　社 总 机：010-83470000　　　邮　　购：010-62786544
　　　投稿与读者服务：010-62776969，c-service@tup.tsinghua.edu.cn
　　　质量反馈：010-62772015，zhiliang@tup.tsinghua.edu.cn
　　　课件下载：https://www.tup.com.cn，010-83470236
印　装　者：三河市铭诚印务有限公司
经　　　销：全国新华书店
开　　　本：185mm×260mm　　　印　张：20.75　　　字　数：518 千字
版　　　次：2017 年 10 月第 1 版　2025 年 3 月第 2 版　　　印　次：2025 年 8 月第 3 次印刷
定　　　价：59.80 元

产品编号：108753-01

前 言

长期以来，Linux 操作系统以其超高的稳定性、卓越的安全性和较低的成本，在服务器、嵌入式设备、个人桌面和移动端等领域广泛应用。Linux 已经成为我们工作和生活的基础设施，从银行系统、安卓操作系统，到飞机控制系统、机顶盒和 ATM 机等方方面面，都离不开它的支持。

C 语言作为一门古老而强大的编程语言，因其简洁、高效、灵活和高可移植性而被广泛应用于多个开发领域。作为接近底层的语言，C 语言能直接操作系统硬件，其执行速度仅次于汇编语言。

Linux 操作系统提供丰富的标准库和工具，为 C 语言开发提供了优越的开发环境，使得开发者能够更高效地编写软件。学习 Linux 上的 C 语言编程有助于深入理解操作系统的工作原理和底层机制。结合 C 语言和 Linux 环境，开发者能够构建出高效和稳定的软件系统，以应对日益增长的技术挑战。

为什么要学习本书

党的二十大报告指出：教育、科技、人才是全面建设社会主义现代化国家的基础性、战略性支撑。必须坚持科技是第一生产力、人才是第一资源、创新是第一动力，深入实施科教兴国战略、人才强国战略、创新驱动发展战略，开辟发展新领域新赛道，不断塑造发展新动能新优势。

本书全面贯彻党的教育方针，坚持教育优先发展、人才引领驱动，加快建设教育强国、科技强国、人才强国。全面提高人才自主培养质量，着力造就拔尖创新人才，并落实立德树人的根本任务，培养德智体美劳全面发展的社会主义建设者和接班人，加快建设高质量教育体系，发展素质教育。

本书站在初学者的角度，循序渐进地介绍了 Linux 编程基础知识。

在章节编排上，本书采用"理论知识＋案例实践"的模式，既有基础理论知识讲解，又提供了充足的案例，保证学生在理解核心知识的前提下可以真正地学有所得。

在知识体系上，本书涵盖了 CentOS Stream 9 操作系统的搭建、常用命令工具、Shell 编程、文件 I/O 操作、进程、线程、信号、进程间通信、socket 网络编程、并发服务器，通过学习本书，读者可以系统全面地掌握 Linux 编程的基础知识。

与市面上其他 Linux 编程书籍相比，本书具有以下亮点。

（1）采用最新的 CentOS Stream 9 作为学习环境，让读者紧跟技术前沿。

（2）针对每个知识点，都配备了充足案例，让读者真正达到学以致用。

（3）知识体系涵盖内容广，除了核心知识体系，还增加了 Linux 操作系统常用的命令工具、Shell 编程、并发服务器知识块。

如何使用本书

本书以 CentOS Stream 9 为环境讲解 Linux 操作系统上的 C 语言编程，全书共分为 11 个章节，各章内容分别如下。

第 1 章讲解 Linux 操作系统的起源、发展等基础知识，并带领读者安装 CentOS Stream 9 操作系统，学习 CentOS Stream 9 的基础管理等，让读者对 Linux 操作系统有一个大致了解。

第 2 章讲解 Linux 操作系统常用的命令工具，包括用户和用户组管理命令、文件管理命令、软件管理命令、进程管理命令、网络管理与通信命令、帮助命令以及 vim 编辑器。

第 3 章讲解 Shell 编程的相关知识，包括 Shell 脚本的创建与执行、Shell 变量、Shell 的输入输出、Shell 中的特殊符号、数值运算、Shell 条件语句、Shell 循环语句、Shell 函数和 Shell 数组。

第 4~10 章是 Linux 编程的核心知识，包括 Linux C 开发环境、文件 I/O 操作、Linux 进程管理、信号、进程间通信、线程和 socket 网络编程。

第 11 章讲解并发服务器，包括多进程实现并发服务器、多线程实现并发服务器、I/O 多路复用技术实现并发服务器。

在学习过程中，读者若不能完全理解教材中所讲的知识，可登录在线平台，配合平台中的教学视频进行学习。此外读者在学习的过程中，务必要勤于练习，确保真正吸收所学知识。若在学习的过程中遇到无法解决的困难，建议读者莫要纠结于此，继续往后学习，或可豁然开朗。

本书配套服务

为了提升读者的学习或教学体验，我们精心为本书配备了丰富的数字化资源和服务，包括在线答疑、教学大纲、教学设计、教学 PPT、测试题、源代码等。通过这些配套资源和服务，我们希望让读者的学习或教学变得更加高效。请扫描下方二维码获取本书配套资源和服务。

致谢

本书的编写和整理工作由传智教育完成，全体编写人员在编写过程中付出了辛勤的汗水，此外还有很多试读人员参与了本书的试读工作并给出了宝贵的建议，在此一并表示由衷的感谢。

意见反馈

尽管我们付出了最大的努力，但书中难免会有不妥之处，欢迎各界专家和读者朋友们给予宝贵意见，我们将不胜感激。您在阅读本书时，如发现任何问题或有不认同之处可以通过电子邮件与我们取得联系。

请发送电子邮件至：itcast_book@vip.sina.com。

黑马程序员
2024 年 7 月 18 日于北京

目 录

第 1 章 初识 Linux 操作系统 ………… 1

1.1 Linux 操作系统概述 ………… 1
   1.1.1 Linux 操作系统的起源与发展 ………… 1
   1.1.2 Linux 操作系统的发行版本 ………… 2
   1.1.3 Linux 操作系统的特点 ………… 6
   1.1.4 Linux 操作系统的应用领域 ………… 7
1.2 安装 Linux 操作系统 ………… 7
   1.2.1 安装 VMware 虚拟机软件 ………… 7
   1.2.2 下载 CentOS Stream 9 操作系统镜像文件 ………… 8
   1.2.3 安装 CentOS Stream 9 操作系统 ………… 9
1.3 通过 VMware 管理 Linux 操作系统 ………… 23
   1.3.1 系统关机、挂起与重启 ………… 23
   1.3.2 快照 ………… 24
1.4 Linux 操作系统的用户界面 ………… 25
   1.4.1 图形用户界面简介 ………… 25
   1.4.2 Shell 简介 ………… 26
   1.4.3 打开 Shell 终端 ………… 27
   1.4.4 Shell 终端的命令操作 ………… 28
1.5 远程终端访问——FinalShell ………… 30
1.6 本章小结 ………… 32
1.7 本章习题 ………… 32

第 2 章 Linux 操作系统常用命令工具 ………… 33

2.1 用户和用户组管理命令 ………… 33
   2.1.1 用户和用户组 ………… 33
   2.1.2 用户管理命令 ………… 34
   2.1.3 用户组管理命令 ………… 38
   2.1.4 用户切换命令 ………… 39
   2.1.5 用户权限提升命令 ………… 41
2.2 文件管理的相关概念和命令 ………… 43
   2.2.1 Linux 文件系统 ………… 43
   2.2.2 Linux 目录结构 ………… 44
   2.2.3 Linux 文件类型 ………… 46
   2.2.4 目录管理命令 ………… 47
   2.2.5 文件查找命令 ………… 50
   2.2.6 文件内容显示命令 ………… 52
   2.2.7 文件复制、移动、删除 ………… 54
   2.2.8 压缩解压命令 ………… 57
   2.2.9 权限管理 ………… 63
2.3 软件管理命令 ………… 66
   2.3.1 RPM ………… 66
   2.3.2 DNF ………… 69
2.4 进程管理命令 ………… 72
   2.4.1 进程查看命令 ………… 72

2.4.2 进程终止命令 ………… 77
2.4.3 服务管理 …………… 78
2.5 网络管理与通信命令 ………… 79
2.5.1 ping …………… 79
2.5.2 ssh …………… 80
2.5.3 ip …………… 80
2.6 帮助命令 ………………… 82
2.6.1 man …………… 82
2.6.2 info …………… 83
2.7 vim 编辑器 ……………… 84
2.7.1 vim 编辑器的基本操作 …………… 84
2.7.2 vim 编辑器的工作模式 …………… 86
2.8 本章小结 ………………… 89
2.9 本章习题 ………………… 89

第 3 章 Shell 编程 ………… 90

3.1 Shell 脚本的创建与执行 …… 90
3.2 Shell 变量 ……………… 91
3.2.1 用户自定义变量 …… 91
3.2.2 环境变量 ………… 94
3.2.3 位置变量 ………… 98
3.2.4 预定义变量 ……… 99
3.3 Shell 的输入输出 ………… 100
3.3.1 read 命令与 echo 命令 …………… 100
3.3.2 标准 I/O 与重定向 …………… 102
3.4 Shell 中的特殊符号 ……… 104
3.4.1 引号 ……………… 104
3.4.2 通配符 …………… 105
3.4.3 连接符 …………… 106
3.4.4 管道 ……………… 107
3.5 数值运算 ………………… 107
3.5.1 let 命令 ………… 107
3.5.2 $(()) …………… 108

3.5.3 expr 命令 ………… 108
3.6 Shell 条件语句 …………… 109
3.6.1 条件判断 ………… 110
3.6.2 if 条件语句 ……… 111
3.6.3 case 语句 ………… 114
3.7 Shell 循环语句 …………… 115
3.7.1 for 循环语句 …… 115
3.7.2 while 循环语句 … 116
3.7.3 until 循环语句 … 118
3.7.4 select 语句 ……… 119
3.8 Shell 函数 ……………… 120
3.8.1 函数的定义与调用 …………… 120
3.8.2 函数中的变量 …… 121
3.9 Shell 数组 ……………… 123
3.10 本章小结 ……………… 125
3.11 本章习题 ……………… 125

第 4 章 Linux C 编译调试环境 …… 126

4.1 GCC 编译工具 …………… 126
4.1.1 GCC 简介 ………… 126
4.1.2 gcc 命令 ………… 127
4.2 GDB 调试工具 …………… 129
4.2.1 GDB 简介 ………… 129
4.2.2 gdb 调试实例 …… 131
4.3 make 工具 ……………… 133
4.3.1 引入 make 工具 … 134
4.3.2 Makefile 文件中的伪目标 ………… 137
4.3.3 Makefile 文件中的变量 ………… 138
4.3.4 Makefile 文件的隐式规则 ………… 139
4.4 本章小结 ………………… 140
4.5 本章习题 ………………… 140

第 5 章 文件 I/O 操作 ………… 141

5.1 文件概述 ………………… 141

         5.1.1　文件存储方式……… 141
         5.1.2　文件描述符……… 142
    5.2　文件基本操作……… 143
         5.2.1　文件的创建与
               删除……… 143
         5.2.2　文件的打开与
               关闭……… 145
         5.2.3　文件读写……… 147
         5.2.4　文件定位……… 150
         5.2.5　文件移动……… 152
    5.3　文件属性操作……… 154
         5.3.1　文件属性概述……… 154
         5.3.2　获取文件属性……… 155
         5.3.3　检测文件权限……… 157
         5.3.4　修改文件权限……… 158
         5.3.5　修改文件属主和
               属组……… 159
    5.4　目录基本操作……… 161
         5.4.1　目录的创建与
               删除……… 161
         5.4.2　获取当前工作
               目录……… 162
         5.4.3　切换当前工作
               目录……… 163
         5.4.4　目录的打开与
               关闭……… 164
         5.4.5　目录的读取……… 165
         5.4.6　目录的定位……… 167
    5.5　文件 I/O 重定向……… 170
    5.6　文件 I/O 错误处理……… 173
    5.7　本章小结……… 176
    5.8　本章习题……… 176

第 6 章　Linux 进程管理……… 177
    6.1　进程概述……… 177
         6.1.1　进程的概念……… 177
         6.1.2　进程的状态……… 178

         6.1.3　进程的结构……… 179
    6.2　获取进程属性……… 181
    6.3　进程控制……… 182
         6.3.1　创建进程……… 182
         6.3.2　exec 系列函数……… 185
         6.3.3　进程休眠……… 190
    6.4　进程终止……… 190
    6.5　僵尸进程与孤儿进程……… 193
         6.5.1　僵尸进程……… 194
         6.5.2　孤儿进程……… 195
    6.6　进程等待……… 196
         6.6.1　wait()函数……… 196
         6.6.2　waitpid()函数……… 199
    6.7　守护进程……… 201
    6.8　本章小结……… 204
    6.9　本章习题……… 204

第 7 章　信号……… 205
    7.1　信号概述……… 205
         7.1.1　信号的概念及
               分类……… 205
         7.1.2　信号的生命周期……… 207
    7.2　信号发送……… 208
         7.2.1　kill()函数……… 208
         7.2.2　raise()函数……… 211
         7.2.3　alarm()函数……… 213
    7.3　信号自定义处理……… 214
         7.3.1　signal()函数……… 214
         7.3.2　signal()函数的
               缺陷……… 216
         7.3.3　sigaction()函数……… 219
    7.4　信号集……… 222
         7.4.1　信号集与操作
               函数……… 222
         7.4.2　信号屏蔽……… 224
         7.4.3　获取悬挂信号……… 225
    7.5　等待指定信号……… 228

7.6 利用 SIGCHLD 信号回收子进程 …………… 230
7.7 本章小结 …………………… 232
7.8 本章习题 …………………… 232

第 8 章 进程间通信 …………… 233

8.1 进程间通信概述 …………… 233
8.2 管道 ………………………… 234
    8.2.1 管道概述 ……………… 234
    8.2.2 无名管道 ……………… 234
    8.2.3 命名管道 ……………… 239
    8.2.4 popen()函数和 pclose()函数 ……… 242
8.3 消息队列 …………………… 245
    8.3.1 消息队列概述 ………… 245
    8.3.2 消息队列相关函数 …… 246
    8.3.3 消息队列通信实例 …… 251
8.4 共享内存 …………………… 252
    8.4.1 共享内存概述 ………… 252
    8.4.2 共享内存相关函数 …… 252
    8.4.3 共享内存通信实例 …… 255
8.5 信号量 ……………………… 256
    8.5.1 信号量概述 …………… 256
    8.5.2 信号量相关函数 ……… 257
    8.5.3 信号量通信实例 ……… 260
8.6 本章小结 …………………… 260
8.7 本章习题 …………………… 260

第 9 章 线程 …………………… 261

9.1 线程概述 …………………… 261
9.2 线程基本操作 ……………… 263
    9.2.1 获取线程 ID …………… 263
    9.2.2 线程创建 ……………… 263

9.2.3 线程退出 ……………… 265
9.2.4 线程挂起 ……………… 266
9.2.5 线程分离 ……………… 268
9.2.6 线程取消 ……………… 271
9.2.7 线程取消状态设置 …… 273
9.3 线程属性 …………………… 275
    9.3.1 线程属性对象的初始化与销毁 …… 276
    9.3.2 线程状态 ……………… 276
    9.3.3 线程调度策略 ………… 277
    9.3.4 线程调度参数 ………… 277
    9.3.5 线程继承性 …………… 278
    9.3.6 线程作用域 …………… 279
    9.3.7 线程栈 ………………… 279
    9.3.8 线程属性设置实例 …… 281
9.4 线程并发 …………………… 284
9.5 线程同步 …………………… 286
    9.5.1 互斥锁实现线程同步 … 286
    9.5.2 条件变量实现线程同步 … 289
    9.5.3 信号量实现线程同步 … 291
9.6 本章小结 …………………… 293
9.7 本章习题 …………………… 293

第 10 章 socket 网络编程 ……… 294

10.1 socket 简介 ………………… 294
    10.1.1 socket 通信过程 ……… 294
    10.1.2 socket 地址结构 ……… 295
    10.1.3 socket 属性 …………… 297
10.2 socket 通信基础知识 ……… 297
    10.2.1 字节序 ………………… 298

10.2.2　IP 地址转换 …… 298
10.3　socket 通信流程 ………… 300
10.4　socket 编程接口 ………… 302
　　10.4.1　socket() ………… 302
　　10.4.2　bind() ………… 302
　　10.4.3　listen() ………… 304
　　10.4.4　connect() ………… 305
　　10.4.5　accept() ………… 305
　　10.4.6　send() ………… 307
　　10.4.7　recv() ………… 308
　　10.4.8　close() ………… 309
10.5　socket 网络编程实例 …… 310
　　10.5.1　C/S 模型——
　　　　　　TCP 通信 ……… 310
10.5.2　C/S 模型——
　　　　　UDP 通信 ……… 315
10.6　本章小结 ………………… 317
10.7　本章习题 ………………… 317

第 11 章　并发服务器 …………… **318**

11.1　多进程并发服务器 ……… 318
11.2　多线程并发服务器 ……… 318
11.3　I/O 多路复用 …………… 318
11.4　本章小结 ………………… 319
11.5　本章习题 ………………… 319

第 1 章
初识Linux操作系统

学习目标

- 了解 Linux 操作系统,能够概括 Linux 操作系统的发展历史、特点及应用领域等。
- 掌握 VMware 虚拟机的安装,能够独立安装 VMware 虚拟机。
- 掌握 Linux 操作系统的安装,能够独立安装 CentOS Stream 9 操作系统。
- 掌握 Linux 操作系统的管理,能够实现关机、挂起、快照等操作。
- 了解 Linux 操作系统的图形用户界面,能够说出 KDE 和 GNOME 图形界面的特点。
- 了解 Shell,能够说出 Shell 的作用与分类。
- 掌握 Shell 终端的打开,能够独立打开 CentOS Stream 9 的 Shell 终端。
- 了解 Shell 终端的命令操作,能够说出 Shell 终端命令执行格式。
- 掌握 Linux 操作系统的远程登录,能够使用 FinalShell 实现远程登录。

Linux 是一款免费且开源的类 UNIX 操作系统,它支持多用户、多任务、多线程及多 CPU。Linux 自诞生至今,经过世界各地无数计算机爱好者的修改与完善,功能越来越强大,性能也越来越稳定,成为应用领域非常广泛的操作系统。本章将针对 Linux 操作系统的基础知识、安装、管理、用户界面与远程登录进行讲解。

1.1 Linux 操作系统概述

Linux 操作系统起源于 UNIX 操作系统,但又超越了 UNIX 操作系统,具有 UNIX 操作系统无法比拟的特点。由于具有很多优秀的特点,Linux 操作系统被广泛应用于各个领域。本节将针对 Linux 操作系统的起源与发展、发行版本、特点和应用领域进行介绍。

1.1.1 Linux 操作系统的起源与发展

Linux 操作系统的诞生与 UNIX 操作系统息息相关,因此,在学习 Linux 操作系统之前需要先了解一下 UNIX 操作系统。UNIX 操作系统是 1969 年由美国贝尔实验室的两位博士开发的一款操作系统,UNIX 操作系统诞生之后迅速得到应用。

UNIX 操作系统诞生于一个开放的、相互学习研究的时代,任何机构和个人都可以无偿使用 UNIX 操作系统,并能够获取 UNIX 操作系统源代码。UNIX 操作系统的源代码在世界各地流传、分享,一些热衷于 UNIX 操作系统的人,在源代码的基础上不断研究 UNIX 操作系统，并对其进行改善，极大地促进了 UNIX 操作系统的发展与优化。

20 世纪 80 年代，AT&T（贝尔实验室的母公司）将 UNIX 操作系统商业化，UNIX 操作系统不再开放源代码。在这样的情况下，为了满足教学与研究，荷兰阿姆斯特丹自由大学的一位教授开发了 MINIX 操作系统，并将其发布在网络上，免费提供给学生使用。但是，MINIX 操作系统过于简单，并且不公开源代码，因此它无法满足大多数用户的需求。

与此同时，芬兰赫尔辛基大学的一名学生——林纳斯·托瓦兹（Linus Torvalds）接触到了 MINIX 操作系统，随着对 MINIX 操作系统的学习和改善，林纳斯·托瓦兹对 MINIX 操作系统的兴趣越来越浓。由于 MINIX 操作系统功能过于简单，而 UNIX 操作系统又偏向商业化，林纳斯·托瓦兹逐渐萌生了自主开发操作系统的想法并将想法付诸实践。1991 年 10 月 5 日，林纳斯·托瓦兹在 comp.os.minix 新闻组上发布消息，对外宣布 Linux 内核正式诞生。随后，林纳斯·托瓦兹和其他开发人员将 GNU 项目组件运行到 Linux 内核之上，诞生了第一个 Linux 操作系统。

Linux 操作系统完全兼容 UNIX 操作系统，拥有 UNIX 操作系统的全部功能与特点，此外，林纳斯·托瓦兹开放 Linux 内核源代码，允许所有用户修改完善内核。自 1991 年之后，越来越多的开发人员参与到了 Linux 内核代码的编写、修改和维护工作中。1994 年 4 月，Linux 1.0 发布，代码量达到了 17 万行；1996 年 6 月，Linux 2.0 发布，代码量达到了 40 万行，Linux 2.0 支持多个处理器，此时的 Linux 操作系统进入了实用阶段，全球有约 350 万人使用这个系统。截至本书发稿日期，Linux 内核已经发布 6.12.5 版本。

📖 **多学一招：GNU 与 GPL**

20 世纪 80 年代，人们开始认识到软件的商业价值，越来越多的软件被商业化。出于对早期源代码开源、互利共享风气的怀念，1983 年 9 月 27 日，一位名叫理查德·斯托曼（Richard Stallman）的计算机科学家公开发起了 GNU 计划。GNU 是"GNU is Not UNIX"的递归缩写，该计划的目标是创建一套完全自由的类 UNIX 操作系统。但一个完整的操作系统不仅要有内核，还需要有命令处理器、汇编程序等众多组件，因此理查德·斯托曼决定尽可能使用已有的自由软件组装系统。

为了避免自己开发的开源自由软件被其他人做成专利软件，1989 年，理查德·斯托曼与多位律师一同起草了 GNU GPL（GNU General Public License，GNU 通用公共许可证，简称 GPL）协议，并将 GPL 协议作为自己软件的版权说明。

虽然 GPL 协议用于宣告版权，但它的条款非常宽松，任何使用 GPL 协议的自由软件仍是自由的，使用者可以自由地学习软件、对软件再次进行开发，甚至可以通过再开发软件赚取利益，但软件的源代码必须公开，以供他人学习和使用。

1.1.2 Linux 操作系统的发行版本

Linux 操作系统的发行版本是指以 Linux 内核为中心，集成各种系统管理软件和应用软件的一套完整的可供用户直接使用的操作系统。Linux 操作系统自诞生至今衍生出了诸多分支，并发行了不同版本。Linux 操作系统的发行版本大体可分为两类，一类是由商业公司维护的商业版本，代表版本为 RHEL（RedHat Enterprise Linux，红帽企业 Linux）；另一类是由社区维护的社区版本，代表版本为 CentOS。下面分别对 Linux 操作系统的商业版本、社区版本以及常用的国产版本进行介绍。

1. 商业版本

RHEL 和 SUSE(SUSE Linux Enterprise，SUSE 企业 Linux)占据了商业 Linux 的大部分份额，其中 RHEL 占据的市场份额相对更多一些，是企业中使用更为广泛的商业版 Linux 操作系统。下面对 RHEL 和 SUSE 两个商业版本进行简单介绍。

(1) RHEL。

RHEL 是由 Red Hat(红帽)公司研发的 Linux 操作系统，该版本致力于商业应用，主要特点是稳定。虽然 RHEL 是商业版本，但因 Linux 操作系统加入了 GNU 计划，RHEL 系统还是公开了大部分源代码，另外 Red Hat 公司提供的各种服务要收费。

(2) SUSE。

SUSE 是由德国 SUSE Linux AG 公司发行的一个 Linux 版本，它拥有 Linux 操作系统稳定安全的共有特点。此外，SUSU 还为企业提供了大量的管理工具和配置工具，同时支持大规模的硬件和软件集成。2004 年，SUSE 被 Novell 公司收购，此后，Novell 公司在原先基础上开发了更多优秀的 Linux 企业级应用解决方案。

2. 社区版本

社区版本是由志愿者自愿开发、维护且免费提供的 Linux 发行版本，Linux 的社区版本众多，常见的有 Fedora、CentOS、Debian、Ubuntu 等，下面分别对这些社区版本进行介绍。

(1) Fedora。

Red Hat 公司自 2004 年 5 月开始致力于商业应用领域的 Linux——RHEL 的开发，但在此之前，该公司曾开发过一款致力于个人桌面应用领域、名为 Red Hat Linux 的免费 Linux 操作系统。Fedora 正是以 Red Hat Linux 为基础，由 Fedora Project 社区开发、Red Hat 公司支持的一款新颖、功能丰富、自由且开源的操作系统。对个人用户而言，Fedora 功能完备、更新迅速且免费，对赞助者 Red Hat 公司而言，它是许多新技术的测试平台，测试通过的技术将会被加入 RHEL 中。

(2) CentOS。

CentOS(Community Enterprise Operating System，社区企业操作系统)是免费开源、可以重新分发的操作系统，它有两个分支：CentOS Linux 和 CentOS Stream，CentOS Stream 是 2019 年 9 月发布的。CentOS Linux 由 RHEL 源代码编译而来，属于 RHEL 的下游版本，即 RHEL 版本稳定之后，会将其源代码重新编译，生成相应的 CentOS Linux 版本。CentOS Linux 与 RHEL 源代码相同，但不包含闭源软件，亦无 Red Hat 的商业技术支持。CentOS Stream 是一个滚动发布的 Linux 发行版，属于 RHEL 的上游版本，RHEL 的最新特性会先在 CentOS Stream 中体现，之后才会加入 RHEL。

由于 CentOS 免费、稳定，且由专门的 CentOS 项目组维护，这使得它成为国内用户更多的 Linux 发行版本。但由于红帽公司的战略调整，CentOS Linux 各个版本已经停止更新和维护，更多精力将会放在 CentOS Stream 上。

(3) Debian。

Debian 是由 GPL 等自由软件许可协议授权的软件组成的操作系统，由非盈利组织 Debian 社区维护。Debian 创建于 1993 年，分为 unstable(不稳定版)、stable(稳定版)和 testing(测试版)这三个分支。其中 unstable 是处于开发阶段的测试版本，以快照方式发布，其优点是软件包版本比较新,缺点是 Bug 较多,不够稳定;stable 是推荐正式产品使用的发行版本,该版本的 API 已经固定,只做一些 Bug 的修复;testing 是推荐新开发项目中使用的版本,开发人员会搜集用户的反馈和建议、修复错误、研发新特性。

(4) Ubuntu。

Ubuntu 属于 Debian 系列,该版本是 Debian 系列 unstable 版本的加强版,它有着友好的用户界面、完善的包管理系统、强大的软件源支持,且对大多数硬件有着良好的兼容性,是一个相当完善的 Linux 桌面系统。

3. 国产版本

除了上述几个常用的国际 Linux 发行版本之外,我国在 Linux 操作系统发展方面也做出了巨大贡献,开发出了一些比较好用的 Linux 操作系统。下面介绍几个比较常用的国产 Linux 操作系统发行版本。

(1) 中标麒麟。

中标麒麟操作系统(NeoKylin)诞生于 2010 年 12 月 16 日,是由中标软件有限公司与国防科学技术大学共同研发推出的国产操作系统联合品牌,中标麒麟操作系统的推出,标志着国内两个优秀的操作系统(中标 Linux 和银河麒麟)在技术、产品、品牌、市场等方面走向统一,也标志着国产操作系统在技术实力、研发能力上的飞跃。

中标麒麟操作系统采用强化的 Linux 内核,分成桌面版、服务器版、安全版等不同版本,满足不同客户的需求。这些不同版本的中标麒麟操作系统已经被广泛地应用在能源、金融、交通、政府、央企等行业领域。

中标麒麟操作系统分为不同的版本,每一种版本都有其特点,下面以其中常用的桌面操作系统、服务器操作系统和安全操作系统为例,介绍它们的特点。

① 中标麒麟桌面操作系统。

- 同源开发,跨平台支持,相同用户体验。
- 全新经典界面,充分兼顾用户习惯。
- 核心升级,性能有效提升。
- 完善的系统升级维护机制,支持在线、离线更新。
- 丰富的桌面应用,全新软件中心。
- 对国产硬件、软件的兼容性极高。

② 中标麒麟服务器操作系统。

- 易用、稳定、高效。
- 统一的集群管理。
- 便捷升级和维护。
- 全方位安全保障。
- 良好的软硬件兼容性。

③ 中标麒麟安全操作系统。

- 操作系统安全等级高。
- 实现内核级的可信计算。
- 安全功能和安全机制全面。
- 系统配置管理灵活。

- 良好的软硬件兼容性。

(2) Deepin。

Deepin 也称为深度操作系统,由中国武汉深之度科技有限公司开发。Deepin 最初在 2004 年以 Hiweed Linux 名义发布,其最初是专为中国用户而设计,以简化国际版 Linux 操作系统的安装和使用;2008 年,Hiweed Linux 被重新命名为 Linux Deepin;2015 年,Linux Deepin 简化为 Deepin。

Deepin 最重要的特点就是高度定制的桌面环境和友好的用户设计,Deepin 开发团队自主研发了一套桌面环境,代替了原先的 GNOME 桌面环境,这就是现在使用非常广泛的 DDE(Deepin Desktop Environment,Deepin 桌面环境)。

除此之外,Deepin 还具有以下特点。

- 开箱即用:安装简单,无须对系统进行额外配置和软件安装,即可满足日常办公需要。
- 尊重隐私:用户拥有 Deepin 的所有控制权,而不必担心数据泄露。
- 生态完善:Deepin 拥有一套自研的基础办公软件,而且兼容安卓和 Windows 的办公软件。
- 代码开源:Deepin 遵循开源软件许可证协议发布源代码。
- 社区强大:Deepin 的社区支持非常强大,用户可以通过微信、论坛等向社区反馈使用中遇到的任何问题。

Deepin 受到了包括华为、联想等多家大型企业的支持,这些企业将 Deepin 作为某些产品的预装操作系统,进一步扩大了 Deepin 的市场影响力。除了在我国拥有广大的用户基础外,Deepin 还逐渐获得了越来越多国际用户的关注,其大量应用软件被移植到了包括 Fedora、Ubuntu、Arch 等十余个国际 Linux 发行版和社区。

(3) openEuler(欧拉)。

openEuler 是一款由华为技术有限公司(简称"华为")开发并维护的开源操作系统,旨在构建一个开放、多元和包容的软件生态体系。2010 年,华为为了满足公司内部的项目需求,研发了一款操作系统 EulerOS,此后,EulerOS 持续平稳更新,并应用于商业领域。

2019 年底,华为发起了 openEuler 社区,并将 EulerOS 贡献到 openEuler 社区,同时,将 EulerOS 更名为 openEuler。2021 年,华为将 openEuler 捐赠给开放原子基金会,以促进产业共建,推动行业数字化转型,提高国际竞争力。

openEuler 是一款面向数字基础设施的操作系统,除了 Linux 操作系统具备的稳定安全、高性能等特点之外,它还具备一些独特的优势。

① 支持多样性设备。

openEuler 支持丰富的硬件架构,可形成更完善的硬件生态,主要硬件架构包括有广泛应用的 x86 处理器,低功耗、高性能的鲲鹏系列等 ARM 处理器,新兴的 RISC-V 处理器,LoongArch 等中国自主研发的处理器等。

这种广泛的计算机架构支持,使得 openEuler 能够应用于服务器、云计算、边缘计算、嵌入式等应用领域,增强了其市场竞争力。

② 覆盖全场景应用。

openEuler 的全场景覆盖特性是指该操作系统不仅能够广泛应用于服务器、云计算、边缘计算和嵌入式设备等多种形态的设备上,并且能够在IT(Information Technology,信息技术)、CT(Communication Technology,通信技术)和OT(Operational Technology,运营技术)等多个应用领域。这一特性使得openEuler能够满足不同应用场景需求,实现应用一次开发覆盖全场景的目标。

③ 完整开发工具链。

openEuler的完整开发工具链是指openEuler提供了一个综合性的开发环境,它集成了多种工具和组件,以支持开发者在操作系统上进行高效、便捷的软件开发。这个开发工具链涵盖了从代码编写、编译、构建到部署的全过程,为开发者提供了一站式的解决方案。

在技术高速发展的现代,发展国产Linux操作系统是中国信息化建设和软件产业发展的重要战略举措,有利于提升国家的技术自主能力和软件产业的竞争力。

1.1.3　Linux操作系统的特点

Linux之所以能被诸多企业普遍应用,离不开其自身特点,Linux的特点主要有以下几个。

1. 完全免费开源

Linux是一款免费开源的操作系统,用户可以通过网络或其他途径免费获得,并可以任意修改源代码。正是由于这一点,来自世界各地的无数程序员参与到了Linux的修改与编写工作中,并根据自己的兴趣和灵感对其进行完善,使得Linux操作系统的功能不断地扩展与增强。

2. 完全兼容POSIX 1.0标准

Linux操作系统完全兼容POSIX 1.0标准,这就增强了程序的可移植性和互操作性,促进行业标准化,提高开发效率。

3. 支持多用户、多任务

Linux操作系统支持多用户,每个用户对自己的文件设备有特殊的权限,保证了用户之间的独立性。多任务则是现代计算机操作系统最主要的一个特点,多任务可以使多个程序同时并独立地运行。

4. 良好的界面

Linux操作系统同时具有字符界面和图形界面。在字符界面中,用户可以通过键盘输入相应的命令进行操作。Linux操作系统同时也提供了图形界面,用户可以使用鼠标进行各种操作。

5. 强大的网络功能

Linux操作系统继承了UNIX操作系统以网络为核心的设计思想,具有非常出色的网络功能。Linux操作系统不仅可以轻松实现网页浏览、文件传输、远程登录等网络工作,还可以作为网络服务器平台,搭建支持多种网络协议的服务器环境,提供多种类型的网络服务,如Web、FTP、E-Mail等。

6. 安全稳定

Linux操作系统是一个多用户、多任务的操作系统,但其中的用户一般为非系统管理员用户,只拥有一些相对安全的普通权限,即便系统被入侵,也能因入侵者权限不足而使系统及其他用户文件的安全性得到保障。Linux操作系统核心内容来源于经过长期实践考验的UNIX操作系统,本身就已相当稳定,且Linux操作系统采用开源的开发模式,使得其出现任何漏洞都能及时被发现并很快得到修复。

7. 支持多平台

Linux 可以运行在多种硬件平台上，如具有 x86、680x0、SPARC、Alpha 等处理器的平台。此外，Linux 还是一种嵌入式操作系统，可以运行在掌上电脑、机顶盒和游戏机上。同时，Linux 操作系统也支持多处理器技术，系统中的多个处理器可同时运行，使系统中任务的执行效率得到了良好的保障。

1.1.4 Linux 操作系统的应用领域

1.1.3 节学习了 Linux 操作系统的特点，Linux 操作系统的这些特点使得其在各个领域都得到了广泛应用，包括服务器领域、嵌入式领域和桌面应用领域等。Linux 操作系统在各个领域的应用具体如下。

1. 服务器领域

Linux 操作系统最显著的特点便是稳定，这是企业服务器对系统的首要要求。此外，Linux 操作系统是自由软件，还具备体积小、可定制等优点，可用于搭建 Web、数据库、邮件、DNS、FTP 等各种服务器。总体来说，使用 Linux 操作系统搭建的服务器不仅功能齐全、稳定性高、运营成本低，还拥有大量开放版权的软件，因此 Linux 操作系统逐渐应用到了电信、政府、教育、银行、金融等各个行业的服务器当中，在服务器领域的应用越来越广泛。

2. 嵌入式应用领域

由于具有成本低廉、可设定性强等特点，Linux 操作系统在嵌入式应用领域的应用也极其广泛，从路由器、交换机、防火墙等网络设备，到冰箱、空调等各种家用电器，以及自动贩卖机等专用的控制系统都有 Linux 操作系统的身影。

3. 个人桌面领域

虽然 Linux 操作系统还是一个侧重于字符界面的系统，但近些年 Linux 操作系统也在向桌面系统领域靠拢，如今的 Linux 操作系统大多都搭建了图形界面，大大降低了普通用户的操作难度，如 Ubuntu 操作系统已经拥有了良好的桌面，完全可以满足日常办公需求。

1.2 安装 Linux 操作系统

在 Linux 操作系统的各个社区版本中，Ubuntu 和 CentOS 是相对出色的两个版本，其中 CentOS 在国内用户更多，且与企业中常用的 Linux 版本 RHEL 的使用习惯更为相似，因此本书将以 CentOS 为例对 Linux 操作系统进行讲解。

1.2.1 安装 VMware 虚拟机软件

为了不影响日常生活工作中计算机的正常使用，本书以虚拟机为基础环境安装 Linux 操作系统，因此在安装 Linux 操作系统之前需要先安装虚拟机软件。

虚拟机软件可在物理主机的系统中虚拟出多个计算机设备，每台设备都可以安装独立的操作系统，实现在一台物理机上同时运行多个操作系统的效果。常见的虚拟机软件有 VMware Workstation（简称 VMware）和 Virtual Box，由于 VMware 对 Windows 操作系统的支持力度更强，所以本书选用 VMware 搭建虚拟环境。

VMware 的安装步骤比较简单,此处不再展示安装过程。VMware 版本很多,本书选择稳定且使用较为广泛的 VMware 15.5 版本,该版本的虚拟机主界面如图 1-1 所示。

图 1-1 VMware 15.5 虚拟机主界面

需要注意的是,虚拟机的性能取决于物理机的性能,且虚拟化技术本身会使虚拟机的性能有所下降,因此若物理机硬件配置较低,在使用虚拟机时可能会出现卡顿、死机等现象。

1.2.2 下载 CentOS Stream 9 操作系统镜像文件

在选择 CentOS Stream 版本时,本书选择长期稳定支持的 CentOS Stream 9。CentOS Stream 9 的下载步骤如下。

(1) 登录 CentOS 官网,CentOS 官网主页如图 1-2 所示。

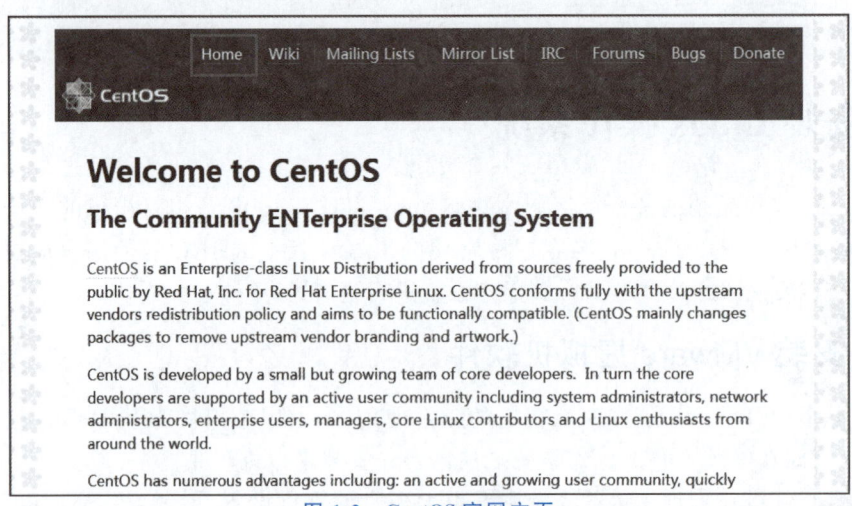

图 1-2 CentOS 官网主页

(2) 在图 1-2 所示界面中单击顶部导航栏中的 Home 选项,进入 CentOS 分支选择界面,如图 1-3 所示。

图 1-3　CentOS 分支选择界面

（3）在图 1-3 所示界面中，单击 CentOS Stream，弹出 Download 界面，如图 1-4 所示。

图 1-4　CentOS Stream 版本选择界面

（4）在图 1-4 中，选择 CentOS Stream 9 版本，单击下方的"x86_64"超链接即可下载 CentOS Stream 9 镜像文件。

1.2.3　安装 CentOS Stream 9 操作系统

CentOS Stream 9 镜像文件下载完成之后，用户可以在虚拟机中安装 CentOS Stream 9 操作系统，安装步骤如下。

（1）在 VMware 虚拟机主界面（图 1-1）中单击"创建新的虚拟机"选项，弹出"新建虚拟机向导"对话框，选中"自定义（高级）"单选按钮，如图 1-5 所示。

（2）在图 1-5 中，单击"下一步"按钮，进入"选择虚拟机硬件兼容性"界面，在"硬件兼容性"后面的下拉框中选择"Workstation 15.x"，如图 1-6 所示。

（3）在图 1-6 中，单击"下一步"按钮，进入"安装客户机操作系统"界面，选中"稍后安装操作系统"单选按钮，如图 1-7 所示。

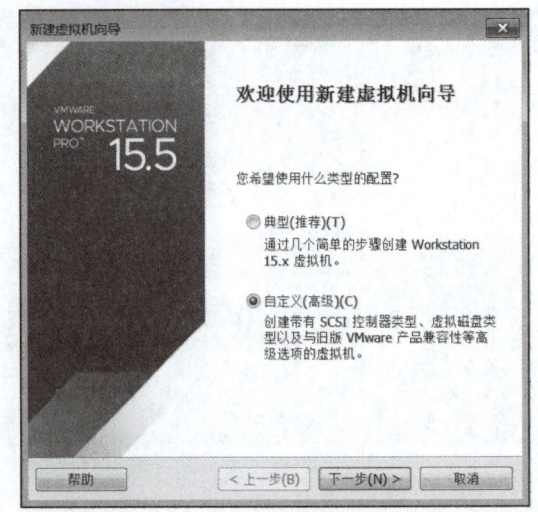

图 1-5 "新建虚拟机向导"对话框

图 1-6 "选择虚拟机硬件兼容性"界面

图 1-7 "安装客户机操作系统"界面

（4）在图 1-7 中，单击"下一步"按钮，进入"选择客户机操作系统"界面。由于 VMware 并没有支持 CentOS Stream 系统，读者可以在 Linux 选项下选择"CentOS 7 64 位"版本，如图 1-8 所示。

图 1-8　"选择客户机操作系统"界面

（5）在图 1-8 中单击"下一步"按钮，进入"命名虚拟机"界面，读者可以为虚拟机命名，本书将虚拟机命名为 CentOS Stream 9，并单击"浏览"按钮重新选择了虚拟机的安装位置，如图 1-9 所示。

图 1-9　"命名虚拟机"界面

（6）设置完成之后，在图 1-9 中单击"下一步"按钮，进入"处理器配置"界面。在"处理器配置"界面，读者可以根据自己的计算机硬件和使用需求设置处理器的个数以及每个处理器的内核数量。本书设置处理器数量为 1，每个处理器的内核数量为 2，如图 1-10 所示。

（7）设置完成之后，在图 1-10 中单击"下一步"按钮，进入"此虚拟机的内存"界面。在"此虚拟机的内存"界面，读者可以根据自己的物理机合理分配内存，由于我们只是学习 Linux 操作系统上的 C 语言编程，不需要搭建复杂的环境，这里设置 2GB(2048MB)内存即可，如图 1-11 所示。

图 1-10 "处理器配置"界面

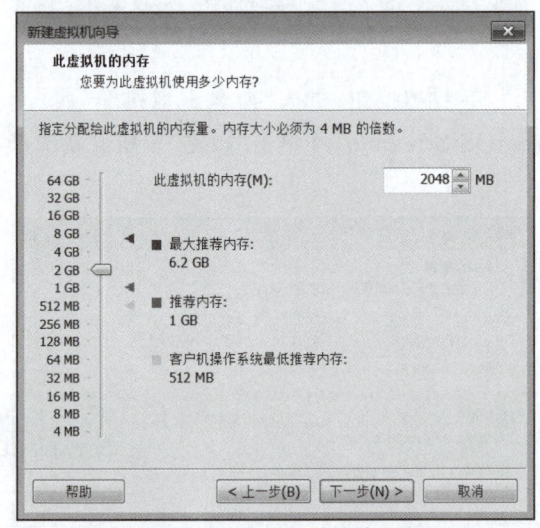

图 1-11 "此虚拟机的内存"界面

(8) 设置完内存之后,在图 1-11 中单击"下一步"按钮,进入"网络类型"界面。在"网络类型"界面,保持默认网络类型,即使用网络地址转换,如图 1-12 所示。

(9) 在图 1-12 中单击"下一步"按钮,进入"选择 I/O 控制器类型"界面。在"选择 I/O 控制器类型"界面,选择默认 I/O 控制器类型,即 LSI Logic,如图 1-13 所示。

(10) 在图 1-13 中单击"下一步"按钮,进入"选择磁盘类型"界面。在"选择磁盘类型"界面,选择默认磁盘类型,即 SCSI,如图 1-14 所示。

(11) 在图 1-14 中单击"下一步"按钮,进入"选择磁盘"界面。在"选择磁盘"界面,选择默认磁盘,即创建新虚拟磁盘,如图 1-15 所示。

(12) 在图 1-15 中单击"下一步"按钮,进入"指定磁盘容量"界面。在"指定磁盘容量"界面,保持默认配置,即最大磁盘大小为 20GB,将虚拟磁盘拆分成多个文件,如图 1-16 所示。

(13) 在图 1-16 中单击"下一步"按钮,进入"指定磁盘文件"界面。在"指定磁盘文件"界面,保持默认配置,如图 1-17 所示。

图 1-12 "网络类型"界面

图 1-13 "选择 I/O 控制器类型"界面

图 1-14 "选择磁盘类型"界面

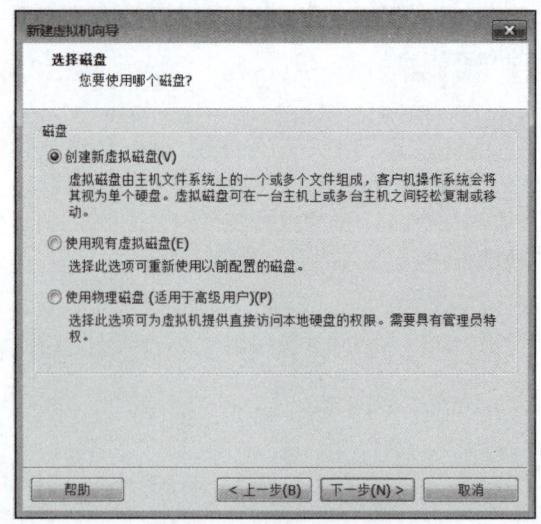

图 1-15 "选择磁盘"界面

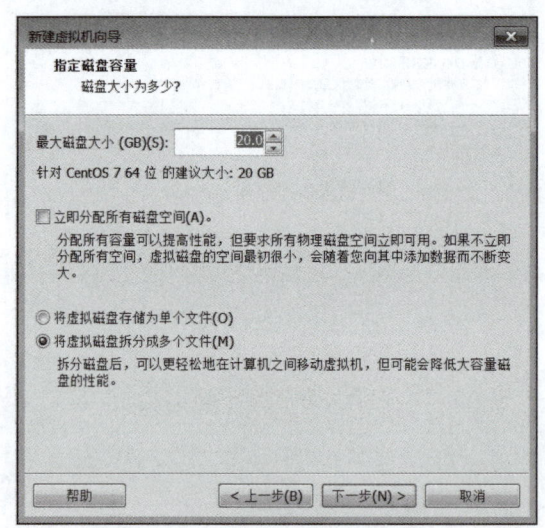

图 1-16 "指定磁盘容量"界面

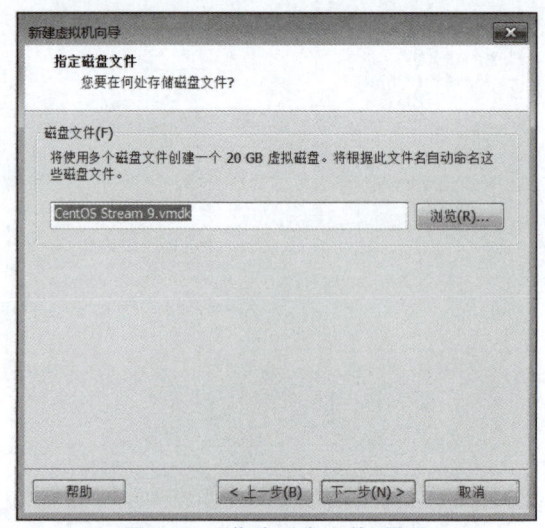

图 1-17 "指定磁盘文件"界面

(14) 在图 1-17 中单击"下一步"按钮,进入"已准备好创建虚拟机"界面,如图 1-18 所示。

图 1-18 "已准备好创建虚拟机"界面

(15) 在图 1-18 中,可以查看之前各界面对虚拟机的配置,若仍需更改硬件设置,可单击"自定义硬件…"按钮再次设置硬件信息。如果配置无误,单击"完成"按钮即可完成虚拟机的创建。虚拟机主界面如图 1-19 所示。

图 1-19 虚拟机主界面

(16) 在图 1-19 中,单击左上方的"编辑虚拟机设置"链接,弹出"虚拟机设置"对话框,在"虚拟机设置"对话框中,单击"硬件"选项卡下的"CD/DVD IDE 自动检测"选项,在右侧栏中选中"使用 ISO 映像文件"选项,并单击该选项下的"浏览"按钮,选择下载好的 CentOS Stream 9 镜像文件,如图 1-20 所示。

(17) 在图 1-20 中,CentOS Stream 9 镜像文件选择完成之后,单击"确定"按钮,虚拟机

图 1-20 "虚拟机设置"对话框

会自动检测选择的镜像文件是否可用,检测完成之后,虚拟机会跳转回图 1-19 所示的虚拟机主界面。跳转回虚拟机主界面之后,单击左上方的"开启此虚拟机"链接启动虚拟机。虚拟机的开机界面如图 1-21 所示。

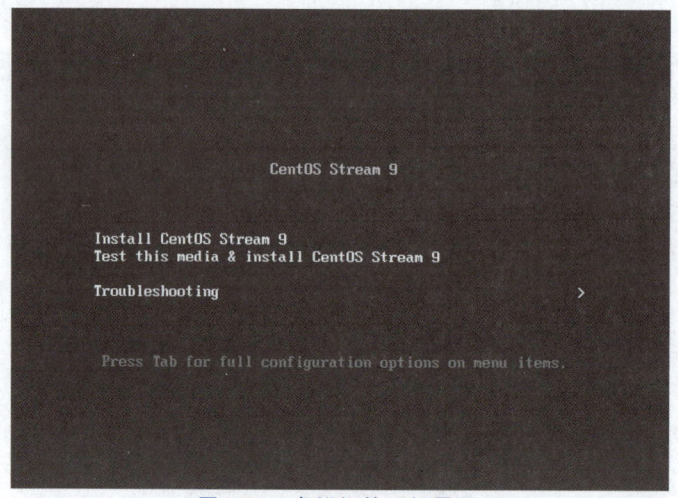

图 1-21 虚拟机的开机界面

(18) 在图 1-21 中,单击黑色区域进入安装界面(使用快捷键 Ctrl+Alt 可回到物理机桌面),通过 ↑、↓ 方向键选择 Install CentOS Stream 9,按 Enter 键开始安装 CentOS Stream 9,安装过程会不断有文字滚动,安装完成之后进入欢迎界面,选择"中文"→"简体中文(中国)"选项,如图 1-22 所示。

(19) 在图 1-22 中单击"继续"按钮,进入"安装信息摘要"界面,如图 1-23 所示。

(20) 在图 1-23 中,可以配置操作系统的基本信息,单击"时间和日期"选项,进入"时间和日期"界面,将城市设置为上海,如图 1-24 所示。

(21) 设置完成之后,在图 1-24 中单击左上方的"完成"按钮,系统会跳转回图 1-23 所示

图 1-22 欢迎界面

图 1-23 "安装信息摘要"界面

图 1-24 "时间和日期"界面

的"安装信息摘要"界面。在"安装信息摘要"界面单击"安装目的地"选项，进入"安装目标位置"界面，如图 1-25 所示。

（22）在图 1-25 中，读者可自定义系统磁盘分区，本书选择默认配置，由系统自动创建分区。单击左上方的"完成"按钮，系统会跳转回图 1-23 所示的"安装信息摘要"界面。在

图 1-25 "安装目标位置"界面

"安装信息摘要"界面单击"网络和主机名"选项,进入"网络和主机名"界面。

在"网络和主机名"界面,单击右上方的网络按钮开启网络。单击之后,该按钮会变成蓝色,表明网络开启成功,系统会自动连接网络。网络开启成功之后,该界面会显示本台虚拟机的 IP 地址、默认路由地址、DNS 服务地址信息。在界面最底部,读者可以设置主机名,本书使用默认的主机名 localhost.localdomain,然后单击"应用"按钮使设置的主机名生效,如图 1-26 所示。

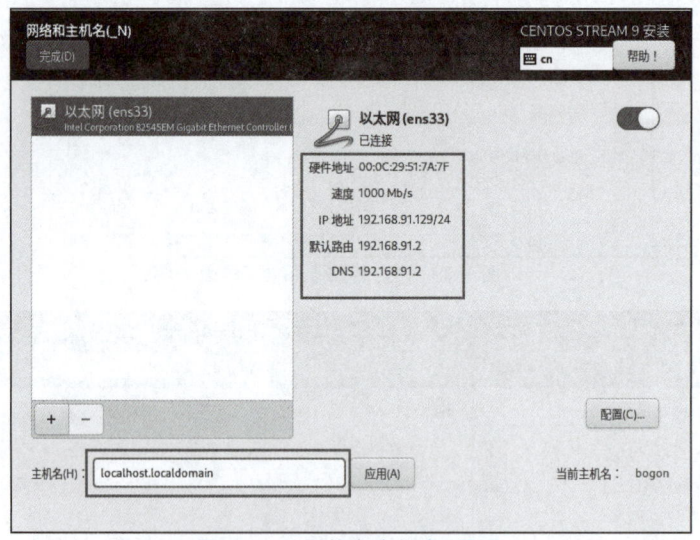

图 1-26 "网络和主机名"界面

(23) 设置完成之后,在图 1-26 中单击左上方的"完成"按钮,系统会跳转回图 1-23 所示的"安装信息摘要"界面。在"安装信息摘要"界面单击"软件选择"选项,进入"软件选择"界面。

在"软件选择"界面的左侧"基本环境"栏中,勾选 Workstation 单选按钮,该单选按钮可以为用户提供一个友好的桌面系统环境。勾选 Workstation 单选按钮之后,在右侧"已选环境的附加软件"中,读者可以根据需要勾选其他选项。本书只勾选了 GNOME Applications 复选框,如图 1-27 所示。

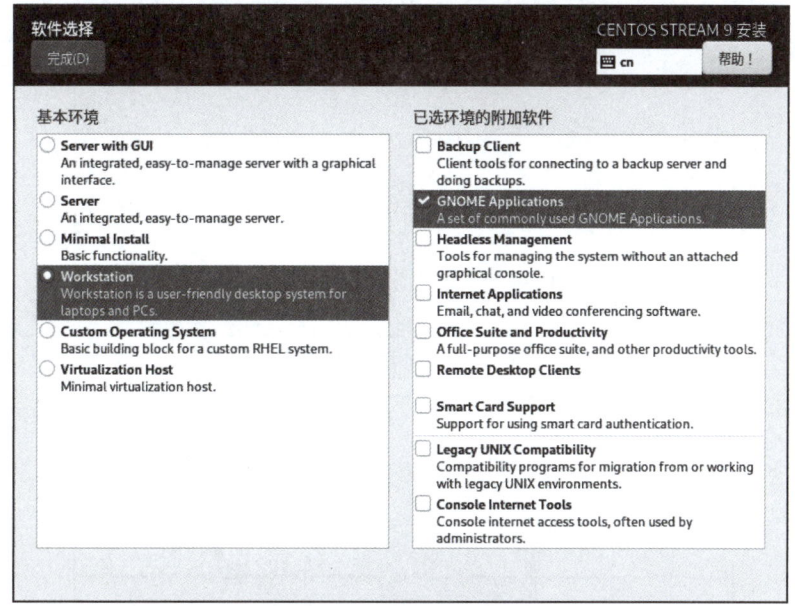

图 1-27 "软件选择"界面

(24)设置完成之后,在图 1-27 中单击左上方的"完成"按钮,系统会跳转回图 1-23 所示的"安装信息摘要"界面。在"安装信息摘要"界面单击"root 密码"选项,进入"ROOT 密码"界面。在"ROOT 密码"界面,读者需要设置 root 账户密码,勾选"允许 root 用户使用密码进行 SSH 登录"复选框,如图 1-28 所示。

图 1-28 "ROOT 密码"界面

(25)设置完成之后,在图 1-28 中单击左上方的"完成"按钮,系统会跳转回图 1-23 所示的"安装信息摘要"界面。在"安装信息摘要"界面单击右下方的"开始安装"按钮,虚拟机就开始安装 CentOS Stream 9 操作系统,"安装进度"界面如图 1-29 所示。

(26)图 1-29 的安装过程需要一段时间,安装完成之后,重启系统就可以了。"安装完成"界面如图 1-30 所示。

(27)在图 1-30 中,单击"重启系统"按钮,系统重启之后,进入配置界面,如图 1-31 所示。

图 1-29 "安装进度"界面

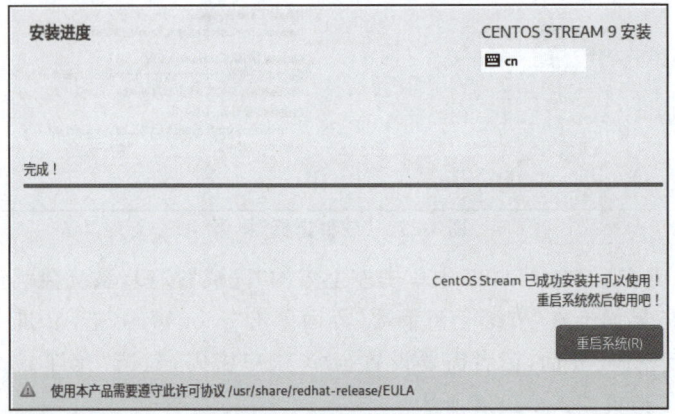

图 1-30 "安装完成"界面

图 1-31 配置界面

(28) 在图 1-31 中,单击"开始配置"按钮,依次进行隐私、在线账号配置,"隐私"界面与"在线账号"界面分别如图 1-32 和图 1-33 所示。

(29) 在图 1-32 所示的隐私界面中单击"前进"按钮;在图 1-33 中所示在线账号配置界面中单击"跳过"按钮,进入"关于您"界面。在"关于您"界面,读者可以设置全名和用户名,

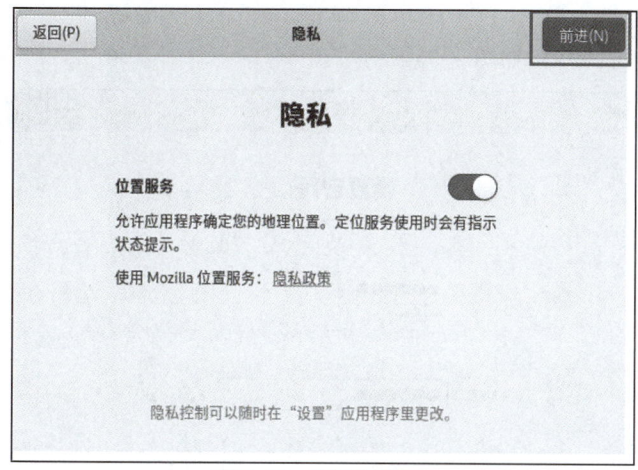

图 1-32 "隐私"界面

图 1-33 "在线账号"界面

本书设置全名和用户名均为 itheima，如图 1-34 所示。

图 1-34 "关于您"界面

（30）设置完成之后，在图1-34中单击右上方的"前进"按钮，进入"密码"界面，读者需要为用户itheima设置密码，如图1-35所示。

图1-35 "密码"界面

（31）设置完成之后，在图1-35中单击"前进"按钮，进入"配置完成"界面，如图1-36所示。

图1-36 "配置完成"界面

（32）在图1-36中，单击"开始使用CentOS Stream"按钮，就会进入CentOS Stream 9操作系统，CentOS Stream 9操作系统桌面如图1-37所示。

至此，CentOS Stream 9操作系统安装成功。

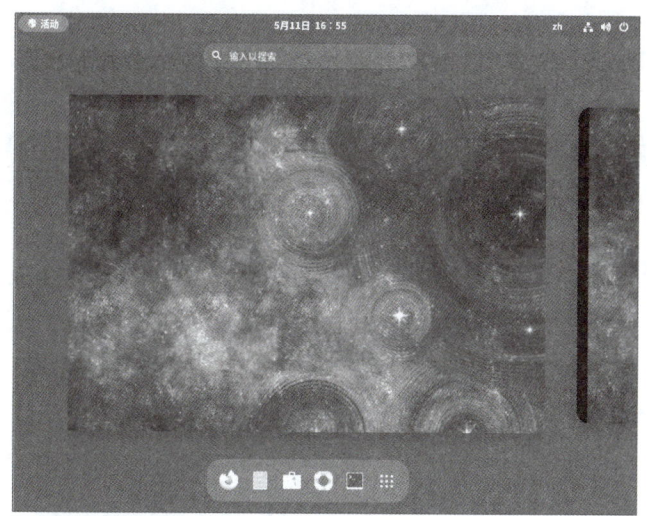

图 1-37 CentOS Stream 9 操作系统桌面

1.3 通过 VMware 管理 Linux 操作系统

通过 Vmware 管理 Linux 操作系统时，Linux 操作系统的关机、开机、重启等需要通过 VMware 实现。本节将讲解如何通过 VMware 管理 Linux 操作系统。

1.3.1 系统关机、挂起与重启

在 VMware 主界面中，右击虚拟机，在弹出的快捷菜单中选择"电源"选项，如图 1-38 所示。

图 1-38 "电源"选项

在图 1-38 中，"电源"选项下有多个选项，包括"关闭客户机""挂起客户机""重新启动客户机"等，单击这些选项可以实现关机、挂起、重启等操作。

1.3.2 快照

在使用 Linux 操作系统时，系统有时会出现意外情况，例如不小心卸载了某一个应用或某一个服务配置错误，而我们又无法快速定位并解决问题，这很可能会影响后续工作的进行。为此，VMware 提供了快照功能。快照可以对某一点的系统状态进行备份存档，如果在后续操作中出现意外情况，通过快照可以快速恢复到之前的状态。

下面介绍 VMware 快照管理方式。在 VMware 主界面，右击虚拟机，在弹出的快捷菜单中选择"快照"→"拍摄快照"选项，如图 1-39 所示。

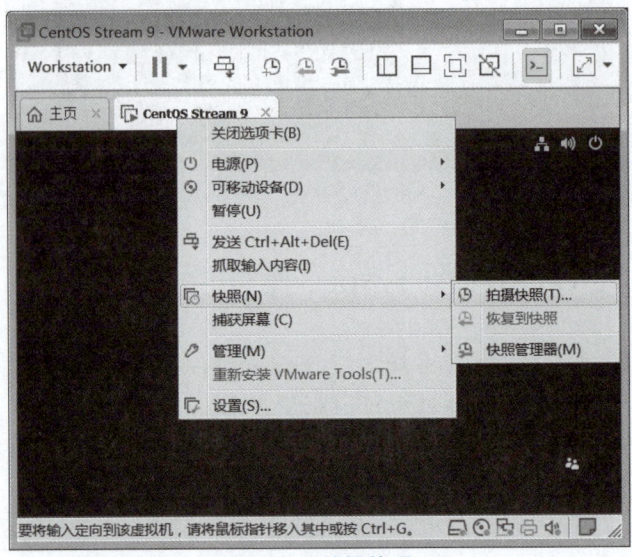

图 1-39 拍摄快照

在图 1-39 中，选择"拍摄快照"选项之后弹出"CentOS Stream 9 拍摄快照"对话框，在"名称"文本框中输入快照名称"安装完成状态"，如图 1-40 所示。

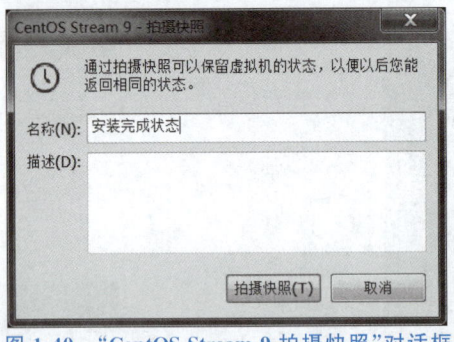

图 1-40 "CentOS Stream 9 拍摄快照"对话框

在图 1-40 中，单击"拍摄快照"按钮，完成快照拍摄。完成快照拍摄之后，可以查看拍摄的快照，右击虚拟机，在弹出的快捷菜单中选择"快照"选项，可以查看之前拍摄的快照，如图 1-41 所示。

在图 1-41 中，可以看到刚才拍摄的快照"安装完成状态"。如果后续学习过程中出现失误操作，可以将操作系统还原到安装完成状态。

图 1-41　查看之前拍摄的快照

1.4　Linux 操作系统的用户界面

Linux 操作系统向来以高效且功能强大的字符界面（Shell 终端）著称，它要求 Linux 操作系统的使用者具有非常扎实的命令功底。随着技术的发展以及 Linux 操作系统应用越来越广泛，人们便开发了 Linux 操作系统图形界面，使 Linux 操作系统更直观易用。本节将针对 Linux 操作系统的图形用户界面和 Shell 终端进行讲解。

1.4.1　图形用户界面简介

Linux 操作系统常用的图形用户界面有 KDE 和 GNOME 两种，这两种图形用户界面都基于 X Window 视窗系统实现。X Window 是一套基于"服务器/客户端"架构的视窗系统，它的名字与 Windows 相似，但两者却有本质区别。Windows 是微软开发的一个操作系统，而 X Window 是为开发图形用户界面提供的基本框架，本身只定义了最基本的窗口功能，如建立窗口、鼠标控制、键盘输入等。

X Window 由 X 服务器（X Server）、X 客户端（X Client）和 X 协议（X Protocol）3 部分组成。下面分别对这 3 部分进行讲解。

- X 服务器（X Server）：X 服务器是 X Window 的核心，主要用于处理输入和输出信息并维护相关资源，它可以接收来自键盘、鼠标的输入信息，并将处理结果在屏幕中显示。
- X 客户端（X Client）：X 客户端用于提供一个完整的图形用户界面，负责与用户直接交互，并将用户的操作传输给 X 服务器进行处理。
- X 协议（X Protocol）：X 协议是 X 服务器与 X 客户端进行通信的一套协议。

虽然 Linux 操作系统都采用 X Window，但由于不同厂商的 X 客户端并不相同，因此，不同发行版本的 Linux 操作系统图形用户界面也并不完全相同。CentOS 等红帽系列的 Linux 操作系统中基于 X Window 的图形用户界面主要有 KDE（K Desktop Environment，K 桌面环境）和 GNOME（GNU Network Object Model Environment，GNU 网络对象模型环境)。下面分别对 KDE 和 GNOME 两种图形用户界面进行简单介绍。

1. KDE 图形界面

1996 年 10 月,一个德国人发起了 KDE 项目,该项目的目标是为 UNIX 工作站提供一个类似于 Windows 9x/NT 简单易用的免费操作环境,该操作环境由窗口管理器、文件管理器、面板、控制中心以及其他组件组成。KDE 项目发起之后,迅速吸引了一大批高水平的自由软件开发者参与其中,1998 年 12 月 KDE 1.0 正式问世。此后,KDE 在自由软件爱好者的维护下得到了迅速发展。

KDE 桌面环境由系统面板、主菜单和桌面 3 部分组成,其操作习惯与 Windows 类似。下面分别对 KDE 的 3 个组成部分进行讲解。

- 系统面板:与 Windows 窗口中的任务栏类似,包含了一些常用的程序图标,用户可以手动添加与删除这些图标。
- 主菜单:与 Windows 中的"开始"菜单类似,包含各种应用程序和管理工具的快捷图标。
- 桌面:是用户的工作空间,可以放置多个图标和窗口,用户可以通过双击桌面上的图标打开某一个应用程序。

2. GNOME 图形界面

虽然 KDE 是开源免费的,但它底层使用的 Qt 链接库是商业软件,这在一定程度上限制了 KDE 的发展。为了打破这种限制,1997 年 8 月,两位自由软件爱好者发起了 GNOME 项目计划,目的是要开发出一套取代 KDE 的图形界面。GNOME 选择免费的 Qt Toolkit 替代 Qt 作为底层支撑。由于开源免费,GNOME 得到了众多商业公司的支持,得以迅速发展,到目前为止,GNOME 与 KDE 已经成为应用较为广泛的 Linux 桌面环境。

GNOME 桌面环境也是由系统面板、主菜单和桌面 3 部分组成,它们的作用和操作与 KDE 桌面环境相似。CentOS Stream 9 操作系统默认桌面环境就是 GNOME。

虽然在商业方面存在竞争,但 KDE 与 GNOME 并没有因为竞争而变得关系恶劣,相反,双方都意识到支持对方的重要性,一直以来 KDE 与 GNOME 都相互支持发展,两大平台的程序完全共享。正是由于这种团结互助的精神,才使我们拥有了非常出色的图形用户界面。

1.4.2 Shell 简介

Shell 是一种具备特殊功能的程序,处于用户与内核之间,提供用户与内核进行交互的接口。换言之,Shell 可接收用户输入的命令,将命令送入内核中执行。内核接收到用户的命令后调度硬件资源完成操作,再将结果返回给用户。

Shell 与内核及用户间的关系如图 1-42 所示。

Shell 在帮助用户与内核完成交互的过程中还提供了命令解释功能,当用户输入一个命令后,Shell 首先判断该命令是否为内置命令,若是内置命令,则通过 Shell 直接将命令转交给内核执行;若该命令为外部命令或实用程序,则 Shell 会尝试在硬盘中查找该命令,若找到,将其调入内存,再将命令转交给内核执行;若没找到,则输出提示信息。因此 Shell 又

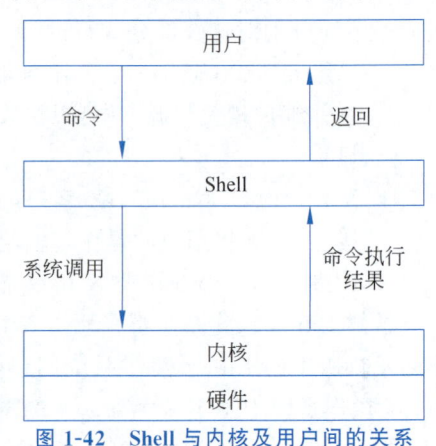

图 1-42 Shell 与内核及用户间的关系

被称为命令解释器,Shell 对命令的解释过程如图 1-43 所示。

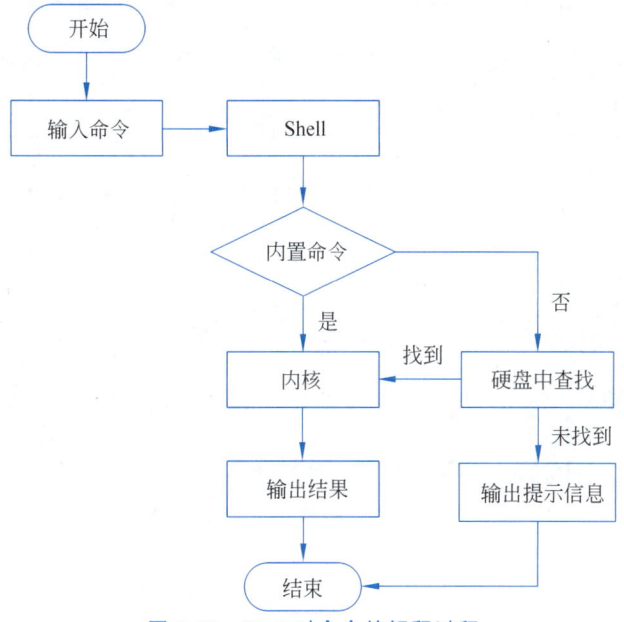

图 1-43　Shell 对命令的解释过程

Shell 拥有内建的命令集,这些命令集可以完成 Linux 操作系统的基本操作。Shell 也可以安装外部命令以完成特定的功能操作。

Shell 是使用 Linux 操作系统的主要环境,它的种类很多,常见的 Shell 如表 1-1 所示。

表 1-1　常见的 Shell

名　称	说　明
bsh	bsh(全称 Bash Shell)是一个比较早期的 UNIX Shell,它是一个交互式的命令解释器和命令编程语言
csh	csh(全称 C Shell)中使用"类 C"语法,借鉴了 bsh 的许多特点,新增了命令历史、别名、文件名替换等功能
ksh	ksh(全称 Korn Shell)的语法与 bsh 相同,同时具备了 csh 的交互特性,因此广受用户青睐
bash	bash(全称 Bourne Again Shell)是 GNU 计划的一部分,用于 GNU/Linux 操作系统,大多数 Linux 都以 bash 作为默认的 Shell

CentOS Stream 9 操作系统默认的 Shell 是 bash。Linux 操作系统中可以同时安装多种 Shell,但不同 Shell 的语法略有不同,不能交换使用。读者可以使用"cat /etc/shells"查看系统中安装的所有 Shell。

1.4.3　打开 Shell 终端

Shell 提供了用户与计算机交互的接口,但实际的操作是通过 Shell 终端实现的。在 CentOS Stream 9 操作系统桌面(图 1-37)中,单击底部工具栏的"终端"图标 ,可打开 Shell 终端,如图 1-44 所示。

从图 1-44 可以看出,Shell 终端已经成功打开。

Shell 终端的背景颜色默认是暗色的,如果读者想要更换背景颜色,可以单击图 1-44 中

图 1-44　Shell 终端

右上方的■图标,单击后会弹出一个下拉菜单,如图 1-45 所示。

图 1-45　下拉菜单

在图 1-45 中,单击"配置文件首选项",弹出"首选项-常规"界面。在"首选项-常规"界面的左侧目录栏选中"常规"选项,在右侧将"主题类型"更改为"亮色"即可,如图 1-46 所示。

更改为亮色的 Shell 终端如图 1-47 所示。

1.4.4　Shell 终端的命令操作

Linux 操作系统中几乎所有操作,如文件、用户、软件包的管理、磁盘分区、性能监控、网络配置等都可以通过在 Shell 终端输入相应命令来实现,这些命令通常称为 Linux 命令。Linux 命令基本格式如下。

图 1-46 "首选项-常规"界面

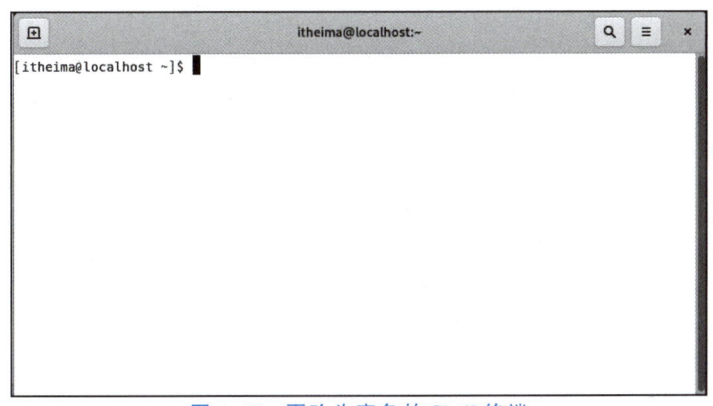

图 1-47 更改为亮色的 Shell 终端

命令 选项 参数

在上述格式中,命令即为命令的名称;选项定义了命令的执行特性;参数指定了命令作用的对象。例如,删除目录 dir,具体命令如下。

[itheima@localhost ~]$ rm -r dir

上述命令的功能为删除目录 dir,其中 rm 为命令的名称,功能是删除文件;-r 为选项,表示删除目录中的文件和子目录;dir 为命令作用的对象,该对象是一个目录。

需要注意的是,Linux 命令的选项有两种,分别为长选项和短选项。上述示例中的选项 -r 为短选项,对应的长选项为 --recursive。长、短选项的区别在于,多个短选项可以组合使用,但长选项只能单独使用。例如,rm 命令还有一个常用选项 -f,表示在进行删除时不再确认,该选项可与 -r 组成组合选项 -rf,表示直接删除目录中的文件和子目录,不再一一确认。如果使用长选项实现 -rf 两个选项的功能,则需使用以下命令。

[itheima@localhost ~]$rm --recursive --force dir

与短选项相比,长选项显然比较麻烦,因此 Linux 命令中通常不建议使用长选项。除此之外,Linux 命令中的选项和参数可酌情省略,例如,查看当前目录下的文件的命令 ls,可以省略选项与参数,直接使用,具体示例如下。

```
[itheima@localhost ~]$ ls
公共    模板    视频    图片    文档    下载    音乐    桌面
```

1.5 远程终端访问——FinalShell

在实际开发过程中，Linux 操作系统通常作为服务器使用，通过网络进行远程连接访问，即通过软件远程连接并操作 Linux 操作系统。在 Windows 操作系统中，支持远程终端访问的软件有很多，如 Xshell、MobaXterm、ScureCRT、FinalShell 等，其中，FinalShell 是一款国产远程连接工具，它的功能强大，近年来在市场上使用率越来越高，下面以 FinalShell 为例讲解 Linux 操作系统的远程终端访问。

FinalShell 下载安装非常简单，读者在 FinalShell 官网下载合适的版本进行安装即可，这里不再赘述。FinalShell 安装完成之后，系统会弹出 FinalShell 主窗口。单击 FinalShell 主窗口左上方的"文件夹"图标，弹出"连接管理器"窗口。单击"连接管理器"窗口左上方的"添加"图标，弹出下拉菜单，如图 1-48 所示。

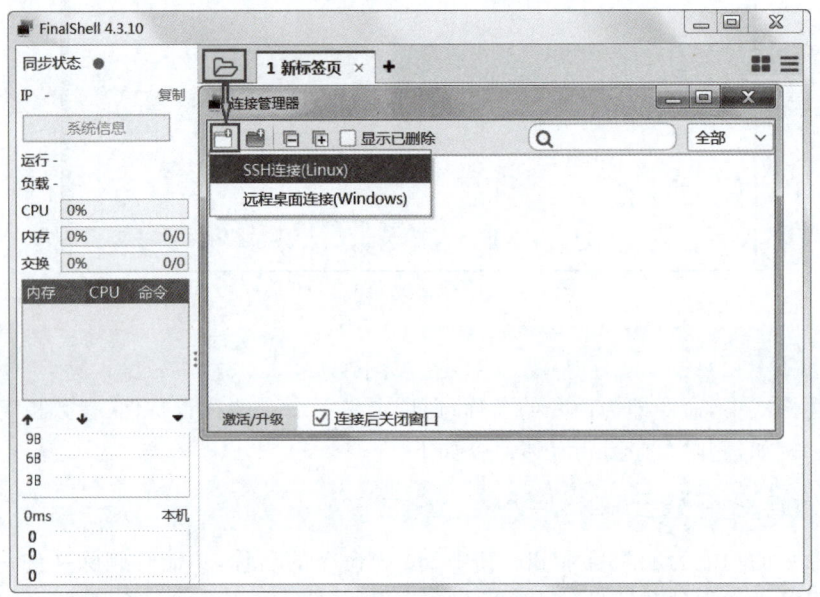

图 1-48　FinalShell 主窗口

在图 1-48 中，单击下拉菜单中的"SSH 连接(Linux)"选项，弹出"新建连接"窗口。在"新建连接"窗口中，在"常规"分组框中输入名称和主机，其中名称可以随意填写，主机填写服务器的 IP 地址，端口号保持默认值 22，这是 SSH 协议的默认端口号。在"认证"分组下填写要连接的 CentOS Stream 9 操作系统的用户名和密码，如图 1-49 所示。

在图 1-49 中，单击底部的"确定"按钮，跳转回"连接管理器"窗口，"连接管理器"窗口会显示出刚刚建立的连接，如图 1-50 所示。

在图 1-50 中，双击连接，弹出"安全警告"对话框，提示是否接受密钥，如图 1-51 所示。

在图 1-51 中，单击"接受并保存"按钮，FinalShell 会跳转到主窗口，显示连接成功，如图 1-52 所示。

图 1-49 "新建连接"窗口

图 1-50 "连接管理器"窗口的连接

图 1-51 "安全警告"对话框

FinalShell 成功连接到 CentOS Stream 9 操作系统，通过 FinalShell 可以像 Shell 终端一样操作 CentOS Stream 9 操作系统。至此，使用 FinalShell 远程登录 CentOS Stream 9 操作系统成功。

图 1-52　FinalShell 连接成功

1.6　本章小结

本章首先介绍了 Linux 操作系统的整体概况；其次介绍了 Linux 操作系统的安装，以及通过 VMware 管理 Linux 操作系统；然后介绍了 Linux 操作系统的用户界面；最后介绍了 Linux 操作系统的远程终端访问。通过本章的学习，读者可以对 Linux 操作系统有一个大致的了解，为后面深入学习 Linux 操作系统编程开启了大门。

1.7　本章习题

请读者扫描左方二维码，查看本章习题。

第 2 章 Linux操作系统常用命令工具

学习目标

- 掌握用户和用户组管理命令,能够使用用户和用户组管理命令完成日常用户管理。
- 掌握文件管理命令,能够使用文件管理命令完成相应的文件操作。
- 掌握软件管理命令,能够使用软件管理命令完成软件的安装、更新、卸载等操作。
- 掌握进程管理命令,能够使用进程管理命令完成进程管理。
- 掌握网络管理与通信命令,能够使用网络管理和通信命令完成网络管理与通信。
- 掌握帮助命令,能够正确使用 man 或 info 查找命令。
- 掌握 vim 编辑器,能够使用 vim 编辑器完成相应的文本操作。

使用 Linux 操作系统,掌握常用的命令是必要的。虽然现在许多 Linux 操作系统发行版本搭载了图形化界面,但更多的程序开发人员仍愿意借助命令管理 Linux 操作系统。本章将针对常用的命令进行讲解,以帮助读者更高效地执行用户管理、文件操作以及软件管理等任务。

2.1 用户和用户组管理命令

Linux 操作系统是一个多用户操作系统,任何想使用 Linux 操作系统的用户都需要先登录操作系统,这样操作系统可以对用户进行跟踪,控制用户对系统资源的使用,也可以保护系统资源和用户的安全。用户组可以对用户分批管理,提高用户管理效率。本节将针对用户和用户组进行详细讲解。

2.1.1 用户和用户组

用户和用户组是 Linux 操作系统管理的基础。下面分别从用户和用户组两个方面介绍 Linux 操作系统对用户的管理。

1. 用户

Linux 操作系统中每一个用户都有一个用户名(账号),系统为每一个用户分配一个唯一的用户标识,称为 UID(User InDentification)。UID 是系统辨识用户的唯一标识。在 Linux 操作系统中,由于角色不同,每个用户的权限和所能执行的工作任务也不相同。Linux 操作系统中的用户分为 root 用户、系统用户和普通用户三类,下面分别进行介绍。

(1) root 用户:root 用户也被称为超级用户或系统管理员用户,其 UID 为 0。root 用户在 Linux 操作系统中拥有最高权限,可以执行或终止任何程序,可以对任何文件或目录进行读取、修改和权限管理,可以对硬件设备进行添加、删除等操作,可以增加、删除用户等。由于 root 用户权限过高,为了保证系统安全,在日常使用中不通过 root 用户登录 Linux 操作系统,而且要避免普通用户得到 root 权限。

(2) 系统用户:系统用户是 Linux 操作系统为满足自身系统管理需要而内建的一类用户,通常在安装操作系统或相应软件时自动创建并保持默认状态,例如,bin、daemon、mail 等都是系统用户。系统用户权限低于 root 用户,其 UID 通常为 1~499。系统用户是由操作系统自动管理的,不能用于登录系统,所以系统用户也称为虚拟用户。

(3) 普通用户:普通用户是由 root 用户创建的用户,普通用户可以登录操作系统并使用系统资源,但它只能操作自己所拥有权限的文件和目录。可以通过 root 用户设置普通用户的权限,但为保证系统安全,一般不会给普通用户设置太高权限。普通用户的 UID 通常为 500~6000。

2. 用户组

在 Linux 操作系统中,为了方便系统管理员按照用户的特性组织和管理用户,提高工作效率,产生了用户组的概念。用户组是具有相同特性的用户集合。当系统管理员统一为某个用户组赋予某种权限时,用户组中的所有用户都会同时拥有该权限。Linux 操作系统也会为不同的用户组分配一个唯一标识,称为 GID(Group InDentification)。

一个用户可以同时是多个用户组的成员,当一个用户属于多个用户组时,这些用户组分为基本组与附加组,基本组只有一个,附加组可以有多个。基本组和附加组都可以在创建用户时指定。如果创建用户时没有指定用户所属的组,系统会默认为用户指定一个基本组,这个基本组的名称与用户名相同,但系统不会为用户指定默认的附加组。基本组是用户的主组,例如,一个人职业为医生,同时他还在大学里给医学院学生授课,也就是说他同时归属于医生和老师两个群体,但是当向别人介绍他时,只会说他是一名医生,医生就是他的基本组,老师是他的附加组。

在 Linux 操作系统中,每创建一个用户或用户组,它们的信息都会存储在相应的配置文件中,用户和用户组相关配置文件主要有 5 个,分别是用户文件/etc/passwd、用户影子文件/etc/shadow、用户默认配置文件/etc/login.defs、用户组账号文件/etc/group 和用户组文件/etc/gshadow。这 5 个配置文件的作用如表 2-1 所示。

表 2-1 用户和用户组配置文件的作用

配置文件	作用
/etc/passwd	保存用户相关信息(除密码外),所有用户都可查看该文件
/etc/shadow	/etc/passwd 文件的影子文件,保存用户相关信息(包括密码),只有 root 用户可以查看该文件
/etc/login.defs	用户默认配置文件,该文件中定义了一些与/etc/passwd 文件和/etc/shadow 文件配套的限定设置,所有用户都可查看该文件
/etc/group	保存用户组相关信息,所有用户都可查看该文件
/etc/gshadow	存放用户组加密密码、组管理员等信息,只有 root 用户可以查看该文件

2.1.2 用户管理命令

在 Linux 操作系统中,用户是系统管理的基础。用户管理包括创建、修改和删除用户,这些操作可以通过图形界面工具实现，也可以通过用户管理命令实现。由于本章着重学习Linux操作系统常用的命令，所以下面将针对用户管理的常用命令进行讲解。

1. 创建用户命令 useradd

创建用户就是在系统中创建一个新的账号，并为该账号设置用户名称、用户组、主目录、登录Shell等。添加用户的命令为useradd，基本格式如下。

> useradd 选项 用户名

useradd命令的常用选项如表2-2所示。

表2-2 useradd命令的常用选项

选项	说明
-d	指定用户登录目录，登录目录也称为用户主目录，即用户主要的工作目录。创建用户时，登录目录默认为/home/用户名
-c	指定用户的备注文字。创建用户时，用户备注默认为空
-e	指定用户的有效期限，格式为YYYY-MM-DD，即/etc/shadow的第8个字段。创建用户时，默认永不过期
-f	缓冲天数，密码过期时在指定天数后关闭该用户。创建用户时，默认无缓冲天数，即永不关闭用户
-g	指定用户基本组。创建用户时，默认创建一个与用户名相同的用户组作为其基本组
-G	指定用户所属的附加用户组。创建用户时，默认只有一个基本组，没有附加组
-s	指定用户的登录Shell。创建用户时，登录Shell默认为bash
-u	指定用户的用户ID。创建用户时，用户ID默认由系统指定

需要注意的是，由于普通用户没有使用用户管理命令的权限，因此在管理用户时，需要切换到root用户。

下面通过案例2-1、案例2-2和案例2-3演示useradd命令的用法。

【案例2-1】 创建用户liming。

> [root@localhost itheima]# useradd liming

【案例2-2】 创建用户itcast，并指定用户的主目录为/usr/itcast。

> [root@localhost itheima]# useradd -d /usr/itcast -m itcast

在案例2-2中，/usr/itcast是为用户itcast指定的主目录，若指定的目录不存在，则系统自动创建主目录。

【案例2-3】 创建用户wangxiao，并为用户指定登录Shell为/bin/sh，指定基本组为itheima。

> [root@localhost itheima]# useradd -s /bin/sh -g itheima wangxiao

在案例2-3中，/bin/sh是为用户指定的登录Shell，itheima是用户指定的基本组。需要注意的是，在创建用户时，如果不为用户指定基本组，系统会默认指定一个基本组，这个基本组名称与用户名相同。如果为用户指定了基本组，则指定的基本组必须存在，系统不会自动创建基本组。

2. 设置用户密码命令 passwd

新创建的用户无法立即使用，因为此时尚未给用户设置密码，用户处于锁定状态。

Linux 操作系统中使用 passwd 命令为用户设置密码,基本格式如下。

```
passwd 选项 用户名
```

passwd 命令的常用选项如表 2-3 所示。

表 2-3 passwd 命令的常用选项

选项	说　　明
-l	锁定密码,锁定后密码失效,无法登录(新用户默认锁定)
-u	解除密码锁定
-d	删除密码,仅系统管理员可使用
-S	列出密码相关信息,仅系统管理员可使用

下面通过案例 2-4 演示 passwd 命令的用法。

【案例 2-4】 为新创建的 itcast 用户设置密码。设置密码时,系统会提示更改用户 itcast 的密码,并要求两次输入密码进行确认,读者根据提示输入要设置的密码即可。

```
[root@localhost itheima]# passwd itcast
更改用户 itcast 的密码。
新的 密码:                              #输入密码
重新输入新的 密码:                       #再次输入密码
passwd:所有的身份验证令牌已经成功更新。
```

在设置密码时,两次输入的密码要完全一致。密码设置成功之后,系统会给出"所有的身份验证令牌已经成功更新"提示信息。

除了设置密码,passwd 命令也可以修改密码,其格式与设置密码相同。如果修改当前用户的密码,可以省略用户名。

3. 修改用户命令 usermod

usermod 命令用于修改用户信息,如用户 ID、主目录、用户组、登录 Shell 等。修改用户信息的命令为 usermod,基本格式如下。

```
usermod 选项 参数
```

usermod 命令的常用选项如表 2-4 所示。

表 2-4 usermod 命令的常用选项

选项	说　　明
-c	修改用户的备注信息,如-c casual user,备注该用户为临时用户
-d	修改用户的主目录,如-d /etc,修改用户的主目录为/etc 目录
-e	修改用户的有效期限,如-e 2025-12-31,修改用户有效期限截止到 2025 年 12 月 31 日
-f	修改缓冲天数,即修改密码过期后禁用用户的时间,如-f 7,修改缓冲天数为 7
-g	修改用户基本组,如-g itcast,修改用户基本组为 itcast
-G	为用户添加附属组,即将用户添加到一个附加组中,如-G Addy,将用户添加到 Addy 用户组
-l	修改用户名称,如-l ITHEIMA,将用户名称修改为 ITHEIMA
-L	锁定用户密码,使密码失效
-s	修改用户登录后使用的 Shell,如-s csh,将用户登录后使用的 Shell 修改为 csh
-u	修改用户 UID,如-u 1024,将用户的 UID 修改为 1024
-U	解除密码锁定

下面通过案例 2-5 演示 usermod 命令的用法。

【案例 2-5】 修改用户 Addy 的 UID 为 2000。

```
[root@localhost itheima]# usermod -u 2000 Addy
```

用户 Addy 的 UID 修改成功之后,可以查看 /etc/passwd 文件中的修改结果。

```
[root@localhost itheima]# cat /etc/passwd
…
Addy:x:2000:1024::/home/Addy:/bin/bash
```

由 /etc/passwd 文件中的记录可知,Addy 的用户 UID 已经变成了 2000。需要注意的是,在使用 usermod 命令修改用户信息时,要确保该用户没有在计算机上执行任何程序,否则修改不成功。

4. 删除用户命令 userdel

若一个用户不再使用,可以使用 userdel 命令将用户从系统中删除。userdel 命令可以删除指定用户及用户相关的文件和信息,其基本格式如下。

userdel 选项 用户名

userdel 命令的常用选项如表 2-5 所示。

表 2-5 userdel 命令的常用选项

选项	说 明
-f	强制删除用户,即便该用户为当前用户
-r	删除用户的同时,删除与用户相关的所有文件

下面通过案例 2-6 演示 userdel 命令的用法。

【案例 2-6】 删除用户 liming 及相关用户信息。

```
[root@localhost itheima]# userdel -r liming
```

多学一招:用户的临时禁用与恢复

有时候,需要临时禁用一个用户而不删除它,例如,某个用户可能由于出差、休假等原因,长时间不会登录,那么为了保证用户和系统安全,可以临时禁用该用户。禁用一个用户可以通过 passwd 命令或 usermod 命令实现,这两个命令都可以通过选项锁定指定用户的密码,使密码失效以禁用用户。

下面通过案例 2-7 和案例 2-8 演示如何使用 passwd 命令和 usermod 命令临时禁用与恢复用户。

【案例 2-7】 使用 passwd 命令禁用 itcast 用户。

```
[root@localhost itheima]# passwd -l itcast
锁定用户 itcast 的密码。
passwd: 操作成功
```

在案例 2-7 中,使用 passwd 命令禁用了 itcast 用户,重启系统,就无法再使用 itcast 用户登录。用户被禁用之后,/etc/shadow 文件对应记录中会增加"!!"符号,具体如下所示。

```
[root@localhost itheima]# cat /etc/shadow
...
itcast:!!$6$eGUEL1i5BNA1kahv$Hf4MM7ldwljE3IReijQYdGEsAPF2lZFpqSfen.Qbwv3I
D5R0z0s4g9Zf2acrPVXdUfh.n6QAwZJQutDGNg2tY.:18473:0:99999:7:::
...
```

如果要恢复 itcast 用户的使用，可以通过-u 选项解除密码锁定，命令如下所示。

```
[root@localhost itheima]# passwd -u itcast    #解除密码锁定
解锁用户 itcast 的密码。
passwd: 操作成功
```

【案例 2-8】 使用 usermod 命令禁用 itcast 用户，然后再恢复 itcast 用户。

```
[root@localhost itheima]# usermod -L itcast   #禁用 itcast 用户
[root@localhost itheima]# usermod -U itcast   #解除 itcast 用户的密码锁定
```

2.1.3 用户组管理命令

为了方便对用户的管理，Linux 操作系统提出了用户组的概念，通常情况下，每个新创建的用户会被默认分配到一个独立的用户组中，这样可以确保每个用户都有自己的权限范围。在批量管理用户时，一般将权限相同的用户放在同一个用户组中。如果某个用户组中的所有用户都需要一项新的权限，则管理员可以直接设置用户组的权限，在一次操作中为该组的所有用户提升权限。下面将针对用户组管理进行详细讲解。

1. 查看用户所属的组命令 groups

一个用户可能归属于多个组，Linux 操作系统提供了 groups 命令用于查看一个用户所属的组，groups 命令基本格式如下。

```
groups 用户名
```

groups 命令用法比较简单，后面直接跟上用户名即可查看用户的所有组。如果查询 root 用户的所属组，可以省略用户名。

下面通过案例 2-9 演示 groups 命令的用法。

【案例 2-9】 查看 itheima 用户、itcast 用户、root 用户的所属组。

```
[root@localhost ~]# groups itheima
itheima : itheima
[root@localhost ~]# groups itcast
itcast : itcast itheima
[root@localhost ~]# groups root
root : root
```

groups 命令在输出用户所属组信息时，冒号前面是用户名，冒号后面是用户组。如果用户有多个用户组，则以列表的形式显示，多个用户组使用空格分隔。在用户组列表中，第一个用户组为用户的基本组。

2. 创建用户组命令 groupadd

Linux 操作系统提供了 groupadd 命令用于添加用户组，groupadd 命令基本格式如下。

```
groupadd 选项 用户组名称
```

groupadd 命令的常用选项如表 2-6 所示。

表 2-6　groupadd 命令的常用选项

选项	说　　明
-g	指定新建用户组的 GID，例如，-g 1024
-f	如果要创建的用户组已存在，则退出
-u	指定添加到用户组中的用户，例如，-u itcast
-o	允许创建 GID 已存在的用户组

下面通过案例 2-10 演示 groupadd 命令的用法。

【案例 2-10】　创建一个用户组 group1，指定 GID 为 2000。

```
[root@localhost ~]# groupadd -g 2000 group1
```

每创建一个用户组，/etc/group 文件中会增加一条相应记录。查看 /etc/group 文件，可以看到刚刚创建的 group1 用户组信息。

```
[root@localhost ~]# cat /etc/group
root:x:0:
…
Addy:x:1024:
group1:x:2000:                           #创建的用户组 group1，x 为用户组密码的占位符
```

3. 修改用户组命令 groupmod

groupmod 命令用于修改用户组，如 GID、用户组名称等。groupmod 命令基本格式如下。

```
groupmod 选项 用户组
```

groupmod 命令的常用选项如表 2-7 所示。

表 2-7　groupmod 命令的常用选项

选项	说　　明
-g	为用户组指定新的 GID，如 -g 1024，指定用户组的 GID 为 1024
-n	修改用户组的组名，如 -n abc，修改用户组的组名为 abc
-o	允许创建 GID 已存在的用户组

下面通过案例 2-11 演示 groupmod 命令的用法。

【案例 2-11】　修改用户组 group1 的 GID 为 3000，并更改用户组名为 group2。

```
[root@localhost ~]# groupmod -g 3000 -n group2 group1
```

修改完成之后，可以在 /etc/group 文件中查看修改结果。

```
[root@localhost ~]# cat /etc/group
root:x:0:
…
Addy:x:1024:
group2:x:3000:                           #用户组 group1 属性被修改
```

2.1.4　用户切换命令

Linux 是一个支持多用户的操作系统，多个用户之间可以进行切换。Linux 操作系统

提供了 su 命令用于切换用户。

使用 su 命令切换用户是最简单的用户切换方式,该命令可以在任意用户之间进行切换。su 命令基本格式如下。

> su 选项 用户名

su 命令的常用选项如表 2-8 所示。

表 2-8　su 命令的常用选项

选　　项	说　　明
-c	执行完指定的命令后,切换回原来的用户
-l	切换用户的同时,切换到对应用户的工作目录,用户环境也会随之改变
-m 或-p	切换用户时,不改变用户环境

使用 su 命令切换用户时,一般有 3 种切换情况。

(1) 由普通用户切换到 root 用户,直接使用 su 命令,不用输入用户名,需要输入 root 用户密码。

(2) 由 root 用户切换到普通用户,在 su 命令后面输入普通用户的用户名,不必输入密码,可直接完成切换。

(3) 普通用户之间的切换,在 su 命令后面输入要切换到的用户名称,需要输入要切换到的用户的密码。

下面通过案例 2-12 和案例 2-13 演示 su 命令的用法。

【案例 2-12】从 itheima 用户切换到 root 用户,再从 root 用户切换到 Addy 用户,最后从 Addy 用户切换到 itheima 用户。

```
[itheima@localhost ~]$ su              #由 itheima 用户切换到 root 用户
密码:                                    #输入 root 用户密码
[root@localhost itheima]# su Addy      #由 root 用户切换到 Addy 用户
[Addy@localhost itheima]$ su itheima   #由 Addy 用户切换到 itheima 用户
密码:                                    #输入 itheima 用户密码
[itheima@localhost ~]$                 #切换到 itheima 用户
```

使用 su 命令切换用户后,如果想退出当前用户并返回上一个用户,可以使用 exit 命令退出当前用户,当前用户退出之后,直接就返回到上一个用户。例如,从 itheima 用户切换到 itcast 用户,itcast 用户使用 exit 命令退出之后,就返回到 itheima 用户,具体命令如下。

```
[itheima@localhost ~]$ su itcast       #切换到 itcast 用户
密码:
[itcast@localhost itheima]$ exit       #itcast 用户退出
exit
[itheima@localhost ~]$                 #返回到 itheima 用户
```

使用 su 命令切换用户时,如果不使用选项,虽然切换成功,但并没有改变用户的运行环境。例如,由 itheima 用户直接使用 su 命令切换到 root 用户,只是以 root 用户身份运行,但当前的运行环境仍然是 itheima 用户环境。如果想一并切换用户环境,可以使用-l 选项,或者在 su 命令后面添加"-"符号。

【案例 2-13】从 itheima 用户切换到 root 用户,再从 root 用户切换到 Addy 用户,最后从 Addy 用户切换到 itheima 用户,要求在切换过程中,一并切换用户环境。

```
[itheima@localhost ~]$ su -                    #切换到 root 用户环境
密码：
[root@localhost ~]# su - Addy                  #切换到 Addy 用户环境
[Addy@localhost ~]$ su - itheima               #切换到 itheima 用户环境
密码：
[itheima@localhost ~]$                         #itheima 用户环境
```

2.1.5 用户权限提升命令

虽然 su 命令使用起来很方便，但使用 su 命令切换用户时，需要知道要切换到的用户的密码。如果系统中有多个用户，每个用户都需要执行部分 root 权限，那这些用户在切换到 root 用户时，都需要知道 root 用户密码，而且切换到 root 用户后，每个用户都拥有完整的 root 权限，这样就无法保障系统的安全性。因此，su 命令是一个不安全的命令。

为了保障系统安全，Linux 操作系统提供了一个命令 sudo，sudo 命令可以让用户以特定身份执行一些特权命令。sudo 命令基本格式如下。

sudo 选项 -u 用户 命令

sudo 命令的常用选项如表 2-9 所示。

表 2-9 sudo 命令的常用选项

参数	说　　明
-b	在后台执行命令
-h	显示帮助
-H	将用户环境设置为新用户的用户环境
-k	结束密码的有效期限
-l	列出目前用户可执行与无法执行的命令
-p	改变询问密码的提示符号
-s	执行指定的 Shell
-u	以指定的用户作为新的身份，即切换到指定用户。默认切换到 root 用户

sudo 命令可以看作一个受限的 su 命令，只有特定用户才可以使用 sudo 命令，所谓特定用户是指被 root 用户添加到/etc/sudoers 文件中的用户，被添加到/etc/sudoers 文件中的用户可以使用 sudo 命令提升权限，执行特定命令。

/etc/sudoers 文件有一定的语法规范，最好不要使用 vi/vim 编辑器直接对它进行编辑，否则可能会对 sudo 命令的使用造成影响，或者产生其他不良后果。Linux 操作系统通常使用 visudo 命令编辑/etc/sudoers 文件，使用 visudo 命令打开/etc/sudoers 文件，可以防止其他用户同时修改/etc/sudoers 文件，并且在保存退出时，可以对/etc/sudoers 文件进行语法检查。visudo 命令只有 root 用户和/etc/sudoers 文件中的用户可以使用。

使用 root 用户打开/etc/sudoers 文件，在第 100 行左右可以找到如下语句。

```
root    ALL=(ALL)    ALL
```

上述语句是对 root 用户权限的设置，它的作用是使 root 用户能够在任何情境下执行任何命令。在该语句中，等号之外的标识符都是参数，语句遵循的格式如下。

| 用户名 | 主机名称=(可切换的身份) | 可执行的命令 |

上述格式中各参数含义如下。

- 用户名,该参数是要设置权限的用户名,只有用户名被写入 sudoers 文件时,该用户才能使用 sudo 命令。root 用户默认可以使用 sudo 命令。
- 主机名称,该参数决定此条语句中的用户可以从哪些网络主机连接当前 Linux 主机,root 用户默认可以来自任何一台网络主机。
- 可切换的身份,该参数决定此条语句中的用户可以在哪些用户身份之间进行切换,执行哪些命令。root 用户默认可切换为任何用户。
- 可执行的命令,该参数指定此条语句中的用户可以执行哪些命令。注意,命令的路径应为绝对路径。root 用户默认可以执行任何命令。

"root ALL=(ALL) ALL"语句中的"ALL"是特殊的关键字,分别表示任何主机、身份与命令。

下面通过案例 2-14 和案例 2-15 演示使用 sudo 命令提升普通用户权限的用法。

【案例 2-14】 编辑/etc/sudoers 文件,使 itheima 用户能够以 root 身份执行 more 命令(more 命令能够以翻页的方式显示文件内容)。

案例 2-14 的实现步骤如下所示。

(1) 使 itheima 用户能够以 root 身份执行 more 命令,首先需要通过 root 用户将 itheima 用户添加到/etc/sudoers 文件中。使用 root 用户编辑/etc/sudoers 文件,在文件中添加以下语句。

```
itheima ALL=(root) /bin/more
```

(2) 保存退出文件。使用 sudo 命令切换到 itheima 用户,并使用 sudo -l 命令查看 itheima 用户能够以 root 身份使用的命令。

```
[itheima@localhost ~]$ sudo -l
[sudo] itheima 的密码:                          #输入 itheima 用户密码
匹配 %2$s 上 %1$s 的默认条目:
 !visiblepw, always_set_home, match_group_by_GID, always_query_group_plugin,
…用户 itheima 可以在 localhost 上运行以下命令:
  (root) /bin/more                              #itheima 用户可以 root 身份执行的命令
```

(3) 通过 itheima 用户执行 more 命令查看/etc/shadow 文件。

```
[itheima@localhost ~]$ sudo more /etc/shadow   #查看/etc/shadow 文件
[sudo] itheima 的密码:                          #输入 itheima 用户密码
root:$6$oJT9MF2trFI.Xf6v$JEfqL2N4XECcNAPi5t2IKGP2OK97HpLTAVDH9vParEuxs.aB
pdksdPymYyResk
tV1qs49oC.UxF24hJ3ZvZtk/::0:99999:7:::
…                                              #省略文件内容
```

/etc/shadow 文件原本不能被普通用户查看,但案例 2-14 在/etc/sudoers 文件中设置 itheima 用户权限之后,itheima 用户就能够以 root 身份执行 more 命令查看/etc/shadow 文件了。

当需要提升权限的用户较多时,逐个提升用户权限显然太麻烦。为此,Linux 操作系统支持以用户组为单位设置组内所有用户的权限。使用 visudo 命令打开/etc/sudoers 文件,在第 108 行左右，可以查看到如下语句。

```
#%wheel    ALL=(ALL)        ALL
```

上述语句中，%表示一个用户组，wheel 表示用户组名称。该语句表示 wheel 用户组内的所有用户都能通过任意主机连接服务器、以任何身份执行任意的命令。因此，如果要提升某些用户的权限，可以将这些用户添加到 wheel 用户组内。需要注意的是，语句前面的 # 表示注释，在实际设置时需要删除。

【案例 2-15】 编辑/etc/sudoers 文件，使 Addy 用户组内的所有用户能够以 root 身份使用 more 命令。

在 root 用户下，使用 visudo 命令打开/etc/sudoers 文件，添加如下语句。

```
%Addy     ALL=(root)    /bin/more
```

添加完毕之后，保存并退出文件，Addy 用户组内的所有用户都能以 root 身份执行 more 命令了。

2.2　文件管理的相关概念和命令

在 Linux 操作系统中，一切皆文件。Linux 操作系统将文件、目录、设备等通通当作文件进行管理。因此，文件管理是 Linux 操作系统非常重要的一部分。本节将针对文件管理的相关知识进行详细讲解。

2.2.1　Linux 文件系统

操作系统的一个重要的任务就是管理文件，不仅要把众多文件存储在存储设备上，还要对这些文件进行管理，同时为用户访问文件提供服务。文件系统正是 Linux 操作系统管理文件的系统软件以及管理文件所需要的各种数据结构的统称。不同的操作系统管理文件的方法不同，用于管理文件的数据结构和对存储设备的使用方式也不相同。

UNIX 操作系统及类 UNIX 的 Linux 操作系统采用的文件系统通称为 UFS（UNIX File System），一个简单的 UFS 分为 4 个部分：引导块、超级块、索引节点表及数据块区，如图 2-1 所示。

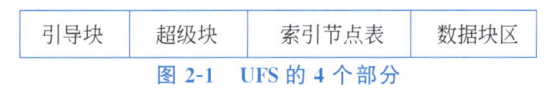

| 引导块 | 超级块 | 索引节点表 | 数据块区 |

图 2-1　UFS 的 4 个部分

下面结合图 2-1 讲解 UFS 的 4 个部分。

- 引导块（Boot Block）：在一个分区的第一个块上，其中包含用于引导该分区内操作系统的引导程序。
- 超级块（Super Block）：在引导块之后，由若干个块（如磁盘块）组成，存放了该 UFS 的一些重要参数，如该文件系统的总块数、空闲块数、索引节点总数、空闲索引节点总数等。
- 索引节点表（inode List）：位于超级块和数据块区之间，由若干个块组成，其中包含很多索引节点。在 UFS 中，使用一个称为索引节点（inode）的结构来保存每一个文件的属性信息,如文件类型、文件存取权限、存取时间、存储位置等。UFS 中有一个索引节点的集合,每一个保存在该文件系统中的文件都有唯一的索引节点保存该文件信息。

- 数据块区(Data Blocks):数据块区是存储文件具体内容的区域,占据文件系统的绝大部分空间。

当用户将一个文件保存到 UFS 上时,操作系统会根据超级块中存储关于空闲块的参数,从数据块区找出足够的空闲磁盘块来存放文件具体内容,并根据超级块中关于空闲索引节点的参数,找出一个空闲索引节点存储文件的属性信息。

当用户读取文件时,操作系统根据文件名在索引节点表中找到该文件的索引节点,获取文件属性信息,进行存取权限的验证,并根据索引节点中记录的文件存储位置找到相应的数据块,从数据块中读取具体的文件内容。

Linux 操作系统最初使用的是 Minix 文件系统,后来引入了扩展文件系统(Ext FS),随着技术的发展,人们也开发出了更多、性能更好的文件系统,目前 Linux 操作系统常用的文件操作系统包括 ext3、ext4 和 xfs,下面分别进行介绍。

1. ext3

ext3 是一个日志文件系统,可以在系统出现故障时保护数据不丢失,并且自动修复数据。但 ext3 文件系统也有自身的不足与限制,例如,在系统出现故障时,它并不能完全保证数据不丢失;当数据量较大时,它的修复速度比较慢。

2. ext4

ext4 是 ext3 的改进版,它的最初目标是改进 ext3 的性能,但因为提升性能所需延伸包会影响文件系统的稳定性,部分 Linux 开发者拒绝在 ext3 中添加延伸包,因此 ext4 只作为 ext3 的分支进行开发。2008 年,ext4 开发基本完成,它支持的存储容量高达 1EB(1073741824GB),可以有无限多子目录,并且能够批量分配 block 块,极大提高了文件读写效率。CentOS Stream 9 操作系统支持 ext4 文件系统。

3. xfs

xfs 是一个高性能的日志文件系统,最高支持 18EB 的存储容量,但它最大的优势是在系统出现故障时,可以根据日志记录在很短的时间内迅速恢复数据。此外,xfs 文件系统采用最优算法,查询和分配存储空间非常快,而且对特大和特小文件的存储都有非常好的支持。xfs 是 CentOS Stream 9 操作系统默认的文件系统。

📖 多学一招:虚拟文件系统

虚拟文件系统(Virtual File System)简称为 VFS,VFS 是建立在各种具体文件系统之上的一个抽象层,其目的是为了使用户能够以统一的方式访问不同的文件系统。VFS 定义了一组统一的接口用于访问具体文件系统的文件,如 open()、read()、write()、close()等。用户通过 VFS 访问文件时也可以使用统一的接口,而不必关心具体文件系统的类型。

2.2.2 Linux 目录结构

目录结构是磁盘等存储设备上文件的组织形式。Linux 操作系统使用标准的目录结构,在安装操作系统时,安装程序会为用户创建文件系统,并根据文件系统目录标准

（Filesystem Hierarchy Standard，FHS）建立完整的目录结构。FHS 采用树状结构组织文件，它定义了系统中每个区域的用途、所需要的最小数量的文件和目录等。

Windows 操作系统以磁盘为树状组织结构的根节点，每个磁盘都有各自的树状结构，而 Linux 操作系统只有一个树状结构，根目录"/"位于所有目录和文件的顶端，是唯一的根节点。Linux 操作系统中的目录树结构如图 2-2 所示。

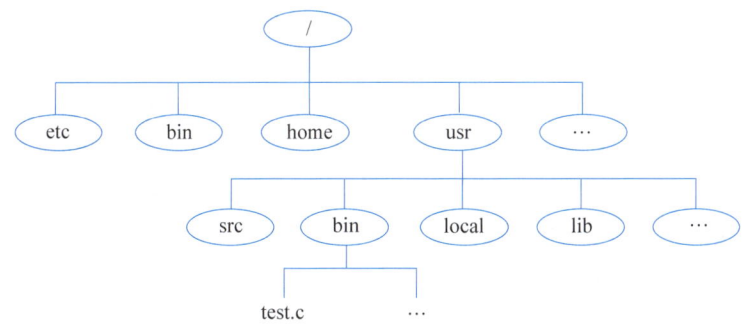

图 2-2 Linux 操作系统中的目录树结构

Linux 操作系统是一个多用户的操作系统，该操作系统制定了一个固定的基础目录结构，方便对系统文件与不同用户的文件进行统一管理。在 Linux 操作系统目录结构中，每一个目录都按照规定存储功能相似的文件，RHEL 发行版本常用的目录如下。

- /：根目录，只包含目录，不存放任何文件。
- /etc：主要用于存储系统或软件的管理文件和配置文件。
- /bin：用于存储可执行的文件，例如，常用的 ls、mkdir、rm 等命令的可执行文件都存储在/bin 目录下。
- /home：普通用户的工作目录，每个用户都有一个/home 目录，也称为用户主目录或用户家目录。
- /usr：用于存储用户程序（/usr/bin）、库文件（/usr/lib）、文档（/usr/share/doc）等，是占用空间最大的目录。
- /dev：用于存储设备文件，包括块设备文件（如磁盘对应文件）、字符设备文件（如键盘对应文件）等。
- /root：root 用户工作目录，即管理员工作目录。
- /lib：用于存储动态链接共享库文件，共享库文件类似于 Windows 操作系统的.dll 文件。/lib 目录也会存储与内核模块相关的文件，该目录中的文件一般以.a、.dll、.so 结尾（后缀不代表文件类型）。
- /boot：用于存储操作系统启动时需要用到的文件，如内核文件、引导程序文件等。
- /mnt：用于存储挂载存储设备的挂载目录。
- /proc：用于存储系统内存的映射，可直接通过访问/proc 目录下的文件获取系统信息。
- /opt：用于存储附加的应用程序软件包。
- /tmp：用于存储临时文件，重启系统后，该目录下的临时文件就会被清除（实际能否清除取决于系统配置）。每个用户都能在/tmp 目录创建临时文件，也可以读取其他用户存储在/tmp 目录的临时文件，但不能修改、删除其他用户的临时文件，只有

root 用户有权限修改、删除其他用户的临时文件。
- /swap：用于存储虚拟内存交换时所用的文件。

在上述目录介绍过程中，提到用户工作目录与用户主目录。从逻辑上来讲，用户登录到 Linux 操作系统之后，时刻都处在某个目录之中，该目录就是用户的工作目录或当前目录。工作目录可以随时切换改变。

用户主目录是用户登录到系统时的工作目录，该目录是用户创建时，系统在/home 目录下为用户创建的，目录名与用户名相同。用户一般在自己的主目录下进行工作。

在访问文件时，除了正确指出文件名，还必须指出文件的存储位置，即访问路径。路径用于表示文件或目录在文件系统中所处的层次，分为绝对路径与相对路径。

- 绝对路径：以根目录"/"为起点，表示系统中某个文件或目录的位置。例如，表示 a.txt 文件位置的绝对路径是/home/itheima/file/a.txt。
- 相对路径：以当前目录为起点，表示系统中某个文件或目录的位置。例如，用户当前在/home/itheima 目录下，那么 a.txt 的相对路径就是 file/a.txt。

Linux 操作系统还提供了几个特殊路径符号，可以在指定文件路径时使用，方便用户进行目录操作。这些特殊的路径符号具体如下。

- .表示当前目录。
- ..表示上一级目录。
- ~表示用户主目录。
- -表示用户上一次所在目录。

2.2.3　Linux 文件类型

Linux 操作系统中，一切皆文件，无论是软件还是硬件都以文件的形式进行组织管理。Linux 操作系统支持多种类型的文件，分别如下所示。

- 普通文件：Linux 操作系统中的文件大部分都是普通文件，包括文本文件、数据文件、可执行的二进制程序文件等。
- 目录文件：目录文件是一种特殊的文件，Linux 操作系统利用它构成文件系统的树状结构。
- 设备文件：Linux 操作系统把每一个设备都看成一个文件，对设备文件进行操作就是对设备进行操作。设备文件一般存储在/dev 目录下。设备文件分为字符设备文件（如键盘、鼠标、打印机）与块设备文件（如磁盘）。字符设备文件以字节流的方式进行访问（每次访问一个字符）。块设备文件以块为单位访问数据。
- 链接文件：链接文件就是给系统中已有的文件提供另外一种访问方式，它为系统中多个用户以不同权限访问共享文件提供了一种机制。链接文件为硬链接文件与软链接文件，硬链接与软链接相关知识将在后面章节讲解。
- 管道文件：管道文件是建立在内存中可以同时被两个进程访问的文件。管道文件的数据传输是单向的，只能是一个进程从一端写入，另一个进程从另一端读取。
- socket 文件：socket 文件也是用于实现进程间的通信，进程通过 socket 文件读写数据消息的传递。

在 Linux 操作系统中，每一种类型的文件都使用不同的标识符标识，如表 2-10 所示。

表 2-10　Linux 操作系统中不同类型文件标识符

文件类型标识符	含　义
-	普通文件。文件属性信息长列表中以"-"开头
d	目录文件。文件属性信息长列表中以"d"开头
l	链接文件。文件属性信息长列表中以"l"开头
c	字符设备文件。文件属性信息长列表中以"c"开头
b	块设备文件。文件属性信息长列表中以"b"开头
p	管道文件。文件属性信息长列表中以"p"开头
s	socket 文件。文件属性信息长列表中以"s"开头

下面通过案例 2-16 演示文件类型的查看。

【案例 2-16】　分别查看/etc 目录下的文件类型。

```
[itheima@localhost ~]$ cd /etc           #切换到/etc 目录
[itheima@localhost etc]$ ls -l           #查看所有文件属性信息，ls 命令在 2.2.4 节讲解
总用量 1360
-rw-r--r--.  1 root root         16 7月  21 18:09 adjtime
-rw-r--r--.  1 root root       1529 4月   7 07:31 aliases
drwxr-xr-x.  3 root root         65 7月  21 18:04 alsa
drwxr-xr-x.  2 root root       4096 7月  21 18:07 alternatives
…
lrwxrwxrwx.  1 root root         10 5月  11 2019 rc0.d -> rc.d/rc0.d
lrwxrwxrwx.  1 root root         10 5月  11 2019 rc1.d -> rc.d/rc1.d
…
```

/etc 目录下文件非常多，限于篇幅，省略一部分内容。通过 ls 命令查看/etc 目录下所有文件属性信息，每一行输出结果表示一个文件的属性信息，第 1 列的字符表示文件类型。通过查看第 1 列的标识符就可以知道该文件的文件类型。例如，对于第 1 个文件 adjtime，它的第 1 列标识符为"-"，表示该文件是一个普通文件；第 3 个文件 alsa，它的第 1 列标识符为"d"，表示该文件是一个目录文件。

需要注意的是，如果文件以"."开头，表明该文件是一个隐藏文件，隐藏文件对用户不可见，需要使用 ls -a 命令才能显示。

2.2.4　目录管理命令

在 Linux 操作系统中，目录也是一种文件，目录文件常见操作包括切换目录、查看当前目录、创建目录等，针对这些操作，Linux 操作系统都提供了相应的命令，下面分别进行介绍。

1. pwd 命令

pwd 命令用于显示用户当前工作目录的绝对路径。在使用时，pwd 命令通常不添加选项与参数，直接在命令行中使用。

下面通过案例 2-17 演示 pwd 命令的用法。

【案例 2-17】　查看 itheima 用户当前工作目录。

```
[itheima@localhost ~]$ pwd               #查看用户当前工作目录
/home/itheima
```

2. cd 命令

cd 命令用于切换用户的工作目录。在使用时，cd 命令通常不加选项，后面直接跟要切换的目录。cd 命令基本格式如下。

cd 目录

下面通过案例 2-18 演示 cd 命令的用法。

【案例 2-18】 将用户的工作目录切换到/etc 目录。

```
[itheima@localhost ~]$ cd /etc              #切换工作目录为/etc
[itheima@localhost etc]$ pwd                #查看用户工作目录
/etc
```

需要注意的是，如果 cd 命令后面没有参数，则是切换到用户主目录，示例如下。

```
[itheima@localhost etc]$ cd                 #切换到用户主目录
[itheima@localhost ~]$ pwd                  #查看当前工作目录
/home/itheima
```

在上述示例中，itheima 用户的工作目录为/etc，使用 cd 命令后，itheima 用户工作目录切换到了用户主目录。

如果要回到上层目录，示例如下。

```
[itheima@localhost ~]$ cd ..                #回到上层目录
[itheima@localhost home]$ pwd               #查看当前目录
/home
```

需要注意的是，cd 命令与".."符号之间有一个空格。

3. ls 命令

ls 命令用于列出参数的属性信息，其参数可以是目录也可以是文件。ls 命令基本格式如下。

ls 选项 参数

ls 命令的常用选项如表 2-11 所示。

表 2-11　ls 命令的常用选项

选项	说　明
-l	以详细信息的形式展示出当前目录下的文件
-a	显示当前目录下的全部文件（包括隐藏文件）
-d	查看目录属性
-t	按创建时间顺序列出文件
-i	输出文件的 i-node 编号
-R	列出当前目录下的所有文件信息，并以递归方式显示各个子目录中的文件和子目录信息

下面通过案例 2-19 和案例 2-20 演示 ls 命令的用法。

【案例 2-19】 查看当前目录下的文件。

```
[itheima@localhost ~]$ ls                   #查看当前目录下的文件
公共    模板    视频    图片    文档    下载    音乐    桌面
```

【案例2-20】 查看当前目录下的所有文件，包括隐藏文件。

```
[itheima@localhost ~]$ ls -a              #查看当前目录下的所有文件
.  模板  文档  桌面   .bash_profile  .config       .local         .Xauthority
..    视频  下载   .bash_history  .bashrc       .esd_auth      .mozilla
公共    图片  音乐   .bash_logout   .cache        .ICEauthority  .pki
```

4. mkdir

mkdir 命令用于创建目录，mkdir 命令基本格式如下。

```
mkdir 选项 参数
```

mkdir 命令的常用选项如表 2-12 所示。

表 2-12　mkdir 命令的常用选项

选项	说　　明
-p	若路径中的目录不存在，则先创建目录
-v	查看文件创建过程

mkdir 命令的参数一般为目录或路径名。当参数为目录时，为保证目录成功创建，使用 mkdir 命令前应确保新创建的目录不与同路径下的其他目录同名。

下面通过案例 2-21 和案例 2-22 演示 mkdir 命令的用法。

【案例2-21】 在当前目录下创建 itheima 目录。

```
[itheima@localhost ~]$ mkdir itheima
[itheima@localhost ~]$ ls
公共  模板  视频  图片  文档  下载  音乐  桌面  itheima
```

当 mkdir 命令的参数为路径时，需要保证路径的前部分目录都已存在，只通过命令创建最后一层目录。

【案例2-22】 在当前目录下，创建 itheima/itcast/a 目录。

```
[itheima@localhost ~]$ mkdir itheima/itcast/a
mkdir: 无法创建目录 "itheima/itcast/a": 没有那个文件/目录
[itheima@localhost ~]$ mkdir itheima/itcast
[itheima@localhost ~]$ mkdir itheima/itcast/a
```

在上述命令中，第 1 次创建 itheima/itcast/a 目录时，由于 itheima 目录下并没有 itcast 目录，因此命令提示"无法创建目录"。第 2 次创建 itheima/itcast 目录，创建成功之后，第 3 次创建 itheima/itcast/a 目录，创建成功。当 mkdir 命令后是路径时，只能创建最后一层目录。

当然，当指定的目录不存在时，可以使用 -p 选项直接创建全部目录，命令如下。

```
[itheima@localhost ~]$ mkdir -pv a/b/c
mkdir: 已创建目录 'a'
mkdir: 已创建目录 'a/b'
mkdir: 已创建目录 'a/b/c'
```

5. rmdir

rmdir 命令用于删除目录，rmdir 命令基本格式如下。

```
rmdir -p 参数
```

rmdir 命令的参数既可以是目录也可以是路径。rmdir 命令只有一个常用的选项-p，-p 选项表示递归删除，当参数为路径时，如果子目录被删除后，其上层目录也成为空目录，则上层目录会一并删除。当参数为一个空目录时，不需要使用选项，直接删除目录。

下面通过案例 2-23 演示 rmdir 命令的用法。

【案例 2-23】 删除 itheima/itcast/a 目录。

```
[itheima@localhost ~]$ rmdir itheima
rmdir: 删除 'itheima' 失败：目录非空
[itheima@localhost ~]$ rmdir -p itheima/itcast/a
```

在上述命令中，第 1 次使用 rmdir 命令删除目录 itheima，命令提示"目录非空"，无法完成删除。第 2 次使用 rmdir 命令的-p 选项删除 itheima/itcast/a 目录。在删除过程中，rmdir 命令首先删除最后一层目录 a，当删除目录 a 之后，itcast 目录变成了空目录，也一并被删除；itcast 目录被删除之后，itheima 目录也变成了空目录，则 itheima 目录也一并被删除。

2.2.5 文件查找命令

文件查找命令可以根据文件名或关键字，查找文件所在的路径，或者根据关键字查找文件内容。Linux 操作系统常用的文件查找命令有 find、which、whereis 等，下面分别进行介绍。

1. find

find 用于在文件系统中查找文件和目录，它提供了强大的搜索功能，可以根据文件类型、文件名、文件修改时间、文件大小等条件进行搜索。在使用 find 命令查找文件时，如果不指定查找路径，则默认是在当前路径下查找；如果查找路径下不存在要查找的文件，则系统会进入子目录逐级搜索。

如果查找到符合条件的文件，则输出文件路径；如果没有查找到符合条件的路径，则什么也不输出。

find 命令基本格式如下。

```
find 路径 选项 查找条件
```

find 命令的常用选项如表 2-13 所示。

表 2-13 find 命令的常用选项

选 项	说 明
-name	根据文件名查找文件
-lname	根据文件名查找符合条件的符号链接文件
-size	根据文件大小查找文件
-user	根据文件所有者查找文件
-group	根据用户组查找文件
-uid n	查找 UID 为 n 的用户所有的文件
-gid n	查找 GID 为 n 的用户组所有的文件
-empty	查找大小为 0 的目录或文件
-type x	查找类型为 x 的文件
-atime n	查找 n 天以前访问过的文件

下面通过案例 2-24 和案例 2-25 演示 find 命令的用法。

【案例 2-24】 查找/etc 目录下名称为 passwd 的文件。

```
[itheima@localhost ~]$ find /etc -name passwd
find: '/etc/pki/rsyslog': 权限不够
find: '/etc/lvm/archive': 权限不够
…
/etc/pam.d/passwd
/etc/passwd
…
find: '/etc/firewalld': 权限不够
find: '/etc/sudoers.d': 权限不够
```

在案例 2-24 中,通过 itheima 用户查找/etc 目录下名称为 passwd 的文件,由输出结果可知,查找到了两个,其他名称为 passwd 的文件由于 itheima 用户权限不够,无法完成查找。如果切换到 root 用户,就可以完成查找,读者可以自行切换到 root 用户,完成查找。

【案例 2-25】 查找当前目录下名称为 passwd 的文件。

```
[itheima@localhost ~]$ find -name passwd
```

find 命令没有输出任何结果,表明当前目录下没有名称为 passwd 的文件。

2. which

which 命令主要用于查找可执行文件的位置。Linux 操作系统中的每一个命令都对应一个可执行的文件,使用 which 命令可以查找命令对应的可执行文件的位置。which 命令的用法比较简单,基本格式如下。

```
which 命令
```

下面通过案例 2-26 演示 which 命令的用法。

【案例 2-26】 查看 ls 命令的文件位置。

```
[itheima@localhost ~]$ which ls
alias ls='ls --color=auto'
    /usr/bin/ls
```

3. whereis

whereis 命令的功能与 which 命令类似,但 whereis 命令除了可以查找可执行文件,还可以查找帮助文件。whereis 命令基本格式如下。

```
whereis 选项 命令
```

whereis 命令的常用选项如表 2-14 所示。

表 2-14 whereis 命令的常用选项

选项	说明
-b	只查找可执行文件的位置
-m	只查找帮助文件

下面通过案例 2-27 演示 whereis 命令的用法。

【案例 2-27】 分别查找 ls 命令的可执行文件和帮助文档位置。

```
[itheima@localhost ~]$ whereis -b ls          #查找 ls 命令的可执行文件
ls: /usr/bin/ls
[itheima@localhost ~]$ whereis -m ls          #查找 ls 命令的帮助文档
ls: /usr/share/man/man1/ls.1.gz /usr/share/man/man1p/ls.1p.gz
```

2.2.6 文件内容显示命令

文件内容显示命令也称为文件查看命令，主要用于查看文件内容。常用的文件内容显示命令有 cat、more、less、head、tail 等，下面分别进行介绍。

1. cat

cat 命令用于将文件内容输出到标准输出设备，cat 命令基本格式如下。

cat 选项 文件名

cat 命令的常用选项如表 2-15 所示。

表 2-15　cat 命令的常用选项

选项	说明
-n	在输出文件内容时进行编号
-b	与 -n 选项类似，在输出文件内容时进行编号，但空白行不编号
-s	当遇到连续两行以上的空白行时，合并为一个空白行
-E	在每行结尾处显示 $ 符号

下面通过案例 2-28 演示 cat 命令的用法。

【案例 2-28】 显示 /etc/passwd 文件内容，并对每一行进行编号。

```
[itheima@localhost ~]$ cat -n /etc/passwd
1  root:x:0:0:root:/root:/bin/bash
2  bin:x:1:1:bin:/bin:/sbin/nologin
3  daemon:x:2:2:daemon:/sbin:/sbin/nologin
...
47 itheima:x:1000:1000:itheima:/home/itheima:/bin/bash
48 itcast:x:1002:1002::/usr/itcast:/bin/bash
49 wangxiao:x:1003:1000::/home/wangxiao:/bin/sh
50 Addy:x:2000:1024::/home/Addy:/bin/bash
```

2. more

有时一个文件内容可能非常多，当前屏幕无法全部显示，这时可以使用 more 查看文件内容，more 命令用于分页显示文件内容，more 命令基本格式如下。

more 选项 文件名

more 命令的常用选项如表 2-16 所示。

表 2-16　more 命令的常用选项

选项	说明
+n	从第 n 行开始显示文件内容
-n	定义屏幕大小为 n 行
-c	从顶部清屏，然后显示后面的内容

续表

选项	说　明
-p	与-c 选项类似,通过清屏换页
-s	把连续的多个空行显示为一行
-u	去掉文件内容中的下画线

在使用 more 命令分页显示文件内容时,可以使用快捷键进行翻页等操作。more 命令常用的快捷键如表 2-17 所示。

表 2-17　more 命令常用的快捷键

快捷键	说　明	快捷键	说　明
Space	显示下一页	q/Q	退出
Enter	显示下一行		

下面通过案例 2-29 演示 more 命令的用法。

【案例 2-29】　分页显示/etc/passwd 文件内容。

```
[itheima@localhost ~]$ more /etc/passwd
```

3. less

less 命令也用于分页显示文件内容,与 more 命令不同的是,less 既支持向下翻页,也支持向上翻页。less 命令基本格式如下。

```
less 选项 文件名
```

less 命令的常用选项如表 2-18 所示。

表 2-18　less 命令的常用选项

选项	说　明
-e	文件显示结束后,自动退出文件。如果不加该选项,必须按 q 键退出文件
-i	忽略搜索时的大小写
-m	显示查看文件内容的百分比
-N	显示每行的行号
-s	将连续空行显示为一行

使用 less 命令查看文件内容时,Linux 操作系统提供了很多快捷键用于翻页、搜索等操作。less 命令常用的快捷键如表 2-19 所示。

表 2-19　less 命令常用的快捷键

快　捷　键	说　明
/字符串	向下搜索字符串
? 字符串	向上搜索字符串
b 或 PageUp 或 ↑	向上翻页
d 或 PageDown 或 ↓	向下翻页
空格键	向下翻页
q	退出

下面通过案例 2-30 演示 less 命令的用法。

【案例 2-30】 分页显示/etc/passwd 文件内容,要求可以向上翻页。

```
[itheima@localhost ~]$ less /etc/passwd
```

4. head

head 命令用于查看文件的前 n 行内容,head 命令基本格式如下。

```
head 选项 文件名
```

head 命令的常用选项如表 2-20 所示。

表 2-20　head 命令的常用选项

选　项	说　明
-n	显示的行数,默认显示 10 行
-v	显示文件名

下面通过案例 2-31 演示 head 命令的用法。

【案例 2-31】 显示/etc/passwd 的前 6 行内容。

```
[itheima@localhost ~]$ head -6v /etc/passwd
==> /etc/passwd <==                              #显示文件名
root:x:0:0:root:/root:/bin/bash
bin:x:1:1:bin:/bin:/sbin/nologin
daemon:x:2:2:daemon:/sbin:/sbin/nologin
adm:x:3:4:adm:/var/adm:/sbin/nologin
lp:x:4:7:lp:/var/spool/lpd:/sbin/nologin
sync:x:5:0:sync:/sbin:/bin/sync
```

5. tail

tail 命令用于显示文件的后 n 行内容,tail 命令基本格式如下。

```
tail 选项 文件名
```

tail 命令的常用选项及含义与 head 命令相同,只是 tail 命令从文件末尾开始计算行数。下面通过案例 2-32 演示 tail 命令的用法。

【案例 2-32】 显示/etc/passwd 后 4 行内容。

```
[itheima@localhost ~]$ tail -4 /etc/passwd
itheima:x:1000:1000:itheima:/home/itheima:/bin/bash
itcast:x:1002:1002::/usr/itcast:/bin/bash
wangxiao:x:1003:1000::/home/wangxiao:/bin/sh
Addy:x:2000:1024::/home/Addy:/bin/bash
```

2.2.7　文件复制、移动、删除

在 Linux 操作系统中,经常需要复制、移动、删除文件等,针对这些操作,Linux 操作系统也提供了相应的命令,下面分别进行介绍。

1. 文件复制命令 cp

cp 命令原意为"copy",即拷贝,该命令可以将一个或多个文件复制到指定目录,cp 命令基本格式如下。

```
cp 选项 原文件或目录 目标文件或目录
```

cp 命令的常用选项如表 2-21 所示。

表 2-21 cp 命令的常用选项

选项	说　明
-a	递归复制目录及目录下的文件,在复制时保留原有文件的属性信息(如时间戳)
-R	递归复制目录及目录下的文件,在复制时使用新的文件属性信息
-p	复制的同时不修改文件属性,包括所有者、所属组、权限和时间
-f	强行复制文件或目录,无论目的文件或目录是否存在,即覆盖原文件
-i	与-f 选项相反,在覆盖原文件之前给出提示

cp 命令功能比较强大,可以复制文件内容、复制文件到指定目录、复制目录等,下面分别进行介绍。

（1）复制文件内容。

cp 命令可以将一个文件内容复制到另一个文件当中。下面通过案例 2-33 演示 cp 命令复制文件内容的操作。

【案例 2-33】　在 itheima 用户当前目录下新建 a.txt 文件,并写入内容。使用 cp 命令将 a.txt 文件中的内容复制到 b.txt 文件中。

```
[itheima@localhost ~]$ echo "hello world">>a.txt      #新建 a.txt 文件
[itheima@localhost ~]$ ls
公共  模板  视频  图片  文档  下载  音乐  桌面  a.txt
[itheima@localhost ~]$ cat a.txt
hello world
[itheima@localhost ~]$ cp a.txt b.txt                 #复制
[itheima@localhost ~]$ ls
公共  模板  视频  图片  文档  下载  音乐  桌面  a.txt  b.txt
[itheima@localhost ~]$ cat b.txt                      #查看 b.txt 文件内容
hello world
```

在上述命令中,echo 命令的作用是输出数据到屏幕,>>符号的作用是重定向,整个命令的功能是将数据 hello world 重定向到 a.txt 文件中,即创建 a.txt 文件,文件内容为 hello world。

cp 命令将 a.txt 文件中的内容复制到了 b.txt 文件中。复制之后,通过 ls 命令查看当前目录,结果生成了 b.txt 文件;使用 cat 命令查看 b.txt 文件内容,其结果为 hello world,与 a.txt 文件内容相同,表明 cp 命令复制文件内容成功。

如果 b.txt 文件本身已经存在,且文件不为空,则 cp 命令在复制时,b.txt 文件中的内容会被覆盖。

（2）复制文件到指定目录。

除了复制文件内容,cp 命令也可以复制文件到指定目录。下面通过案例 2-34 演示 cp 命令复制文件到指定目录的用法。

【案例 2-34】　在当前目录下创建 dir 目录,将案例 2-33 中的 a.txt 文件和 b.txt 文件复制到 dir 目录下。

```
[itheima@localhost ~]$ mkdir dir                       #创建 dir 目录
[itheima@localhost ~]$ cp a.txt b.txt dir              #复制 a.txt、b.txt 文件到 dir 目录
```

```
[itheima@localhost ~]$ cd dir
[itheima@localhost dir]$ ls
a.txt   b.txt
```

复制完成之后，使用 cd 命令进入 dir 目录，使用 ls 命令查看 dir 目录下的文件，结果显示出了 a.txt 文件和 b.txt 文件，表明 cp 命令成功将 a.txt、b.txt 文件复制到了 dir 目录下。

（3）复制目录。

cp 命令还可以复制目录，即将一个目录复制到另一个目录。复制目录时，使用-R 选项，可以将目录下的文件递归复制到另一个目录。

下面通过案例 2-35 演示 cp 命令复制目录的用法。

【案例 2-35】 在 itheima 用户当前目录下创建 itcast 目录，将案例 2-34 中的 dir 目录复制到 itcast 目录。

```
[itheima@localhost ~]$ mkdir itcast                    #创建 itcast 目录
[itheima@localhost ~]$ cp -R dir itcast                #复制 dir 目录到 itcast 目录
[itheima@localhost ~]$ cd itcast                       #进入 itcast 目录
[itheima@localhost itcast]$ ls
dir                                                    #itcast 目录下有 dir 目录
[itheima@localhost itcast]$ cd dir                     #进入 dir 目录
[itheima@localhost dir]$ ls -l                         #查看 dir 目录下的文件
总用量 8
-rw-rw-r--. 1 itheima itheima 6 8月   6 17:01 a.txt    #文件时间戳为新时间
-rw-rw-r--. 1 itheima itheima 6 8月   6 17:01 b.txt
```

2. 文件移动命令 mv

mv 命令有两个功能，第一个功能是重命名文件，第二个功能是移动文件或目录到指定目录。mv 命令基本格式如下。

```
mv 选项 文件或目录 目标文件或目录
```

mv 命令的常用选项如表 2-22 所示。

表 2-22 mv 命令的常用选项

选项	说　　明
-f	强制移动文件或重命名文件
-i	与-f 选项相反，在移动文件或重命名文件之前给出提示

如果 mv 命令后面最后一个参数是一个已经存在的目录，则 mv 命令的作用是将前面的文件或目录移动到最后一个目录中。

下面通过案例 2-36 演示 mv 命令的用法。

【案例 2-36】 在 itheima 用户当前目录下创建 mvdir 目录，并将 a.txt、b.txt 文件、dir 目录移动到 mvdir 目录。

```
[itheima@localhost ~]$ mkdir mvdir                     #创建 mvdir 目录
[itheima@localhost ~]$ mv a.txt b.txt dir mvdir        #移动文件和目录
[itheima@localhost ~]$ cd mvdir                        #进入 mvdir 目录
[itheima@localhost mvdir]$ ls                          #查看 mvdir 目录下的文件
a.txt   b.txt   dir
```

在案例 2-36 中，使用 mkdir 命令创建 mvdir 目录，然后通过 mv 命令将 a.txt、b.txt 文件和 dir 目录移动到 mvdir 目录。通过 cd 命令进入 mvdir 目录，查看该目录下的文件，由 ls 命令的输出结果可知，文件移动成功。

如果 mv 命令后面是相同路径下的两个文件，则 mv 命令的作用就是重命名文件，例如，在 mvdir 目录下，将 a.txt 文件重命名为 c.txt，命令如下。

```
[itheima@localhost mvdir]$ mv a.txt c.txt      #重命名 a.txt 文件为 c.txt
[itheima@localhost mvdir]$ ls
b.txt   c.txt   dir
```

3．文件删除命令 rm

rm 命令用于删除文件或目录，rm 命令基本格式如下。

```
rm 选项 文件或目录
```

rm 命令的常用选项如表 2-23 所示。

表 2-23 rm 命令的常用选项

选项	说　　明
-f	强制删除文件或目录
-rf	选项-r 与-f 结合，删除指定目录中所有文件和子目录，并且不一一确认
-i	在删除文件或目录时对要删除的内容逐一进行确认（y/n）

下面通过案例 2-37 演示 rm 命令的用法。

【案例 2-37】　删除 itheima 用户主目录下的 itcast 目录和 mvdir 目录。

```
[itheima@localhost ~]$ rm -rf itcast            #删除 itcast 目录
[itheima@localhost ~]$ rm -rf mvdir             #删除 mvdir
```

2.2.8　压缩解压命令

为了节约磁盘空间，提高文件传输效率，Linux 操作系统也支持文件的压缩和解压。Linux 操作系统中压缩包扩展名有.gz、.zip、.bz2、.xz 等。扩展名不同，表示压缩方式不同，使用的压缩命令也不相同。下面将针对常用的压缩解压命令进行讲解。

1．gzip 命令与 gunzip 命令

gzip 命令在压缩文件时可以获得.gz 格式的压缩包。gzip 命令压缩文件后不保存原文件，如果有多个文件需要压缩，gzip 命令对这些文件单独压缩，而不是将所有文件压缩成一个压缩包。gzip 命令基本格式如下。

```
gzip 选项 文件名
```

gzip 命令的常用选项如表 2-24 所示。

表 2-24 gzip 命令的常用选项

选项	说　　明
-c	将压缩后的文件输出到标准输出设备，并保留原文件
-d	解开压缩文件
-f	强制压缩文件，无论文件名称是否存在，以及该文件是否为符号文件
-l	列出压缩文件的相关信息

续表

选项	说　　明
-L	显示版本与版权信息
-r	递归查找指定目录,并压缩其中的所有文件及子目录
-v	显示压缩文件的压缩比信息

与 gzip 命令相对应的就是 gunzip 命令,gunzip 命令用于解压 .gz 格式的压缩包,gunzip 命令基本格式如下。

gunzip 选项 压缩包

gunzip 命令的常用选项如表 2-25 所示。

表 2-25　gunzip 命令的常用选项

选项	说　　明
-c	将解压缩后的文件输出到标准输出设备
-f	强制解压缩,无论文件名称是否存在,以及该文件是否为符号文件
-l	列出压缩文件的相关信息
-L	显示版本与版权信息
-r	递归查找指定目录,并解压缩其中的所有文件及子目录
-v	显示压缩文件的压缩比信息

gunzip 命令的功能与 gzip -d 命令相同,在使用时,可以单独使用 gzip 命令完成压缩解压过程。

下面通过案例 2-38 演示 gzip 命令和 gunzip 命令的用法。

【案例 2-38】 在 itheima 用户当前目录下创建 a.txt 文件、b.txt 文件,使用 gzip 命令和 gunzip 命令分别对两个文件进行压缩与解压缩。

```
[itheima@localhost ~]$ echo "hello world">>a.txt        #创建 a.txt 文件
[itheima@localhost ~]$ echo "hello world">>b.txt        #创建 b.txt 文件
[itheima@localhost ~]$ ls
公共　模板　视频　图片　文档　下载　音乐　桌面　a.txt　b.txt
[itheima@localhost ~]$ gzip a.txt b.txt                 #压缩 a.txt 和 b.txt
[itheima@localhost ~]$ ls
公共　模板　视频　图片　文档　下载　音乐　桌面　a.txt.gz　b.txt.gz
[itheima@localhost ~]$ gunzip -v a.txt.gz b.txt.gz      #解压缩,显示解压缩过程
a.txt.gz:    -16.7% -- replaced with a.txt
b.txt.gz:    -16.7% -- replaced with b.txt
[itheima@localhost ~]$ ls
公共　模板　视频　图片　文档　下载　音乐　桌面　a.txt　b.txt
```

在案例 2-38 中,使用 gzip 命令压缩 a.txt 文件和 b.txt 文件,得到 a.txt.gz 和 b.txt.gz 两个压缩包,而原文件没有保留。使用 gunzip 命令解压 a.txt.gz 和 b.txt.gz 压缩包时,得到 a.txt 文件和 b.txt 文件,压缩包没有保留。

由于 gzip 命令只针对单个文件进行压缩,Linux 操作系统提供了一个可以查看 .gz 格式压缩包内容的命令——zcat,zcat 的用法与 cat 命令类似,zcat 命令后面只需要跟上 .gz 格式压缩包名称即可查看该压缩包的内容。例如,查看 a.txt.gz 的内容,命令如下。

```
[itheima@localhost ~]$ gzip a.txt
[itheima@localhost ~]$ zcat a.txt.gz          #查看 a.txt.gz 压缩包的内容
hello world
```

2. bzip2 命令和 bunzip2 命令

bzip2 命令在压缩时可以获得.bz2 格式的压缩包。bzip2 命令是 gzip 命令的升级版，与 gzip 命令功能类似，如果多个文件需要压缩，bzip2 命令对这些文件单独压缩。但 bzip2 命令的压缩效率要高于 gzip 命令。

bzip2 命令基本格式如下。

```
bzip2 选项 文件名
```

bzip2 命令的常用选项如表 2-26 所示。

表 2-26 bzip2 命令的常用选项

选项	说　　明
-d	解压缩
-k	保留原文件
-f	强制压缩，如果已经有压缩包，则覆盖原有压缩包
-L	显示软件版本和许可证
-v	显示压缩文件详细信息

与 bzip2 命令相对应的是 bunzip2 命令，bunzip2 命令用于解压缩.bz2 格式的压缩包，它的功能与 bzip2 -d 功能相同。

```
bunzip2 选项 压缩包
```

bunzip2 命令的常用选项如表 2-27 所示。

表 2-27 bunzip2 命令的常用选项

选项	说　　明
-c	将压缩包内容输出到标准输出设备
-f	强制解压缩，如果有同名文件，则覆盖同名文件
-k	保留原文件
-v	显示解压缩过程
-L	显示软件版本和许可证

下面通过案例 2-39 演示 bzip2 命令和 bunzip2 命令的用法。

【案例 2-39】　使用 bzip2 命令压缩 a.txt 文件和 b.txt 文件，并使用 bunzip2 命令解压缩。

```
[itheima@localhost ~]$ bzip2 a.txt b.txt               #压缩文件
[itheima@localhost ~]$ ls
公共  模板  视频  图片  文档  下载  音乐  桌面  a.txt.bz2  b.txt.bz2  dir
[itheima@localhost ~]$ bunzip2 -c a.txt.bz2 b.txt.bz2   #解压文件,输出到屏幕
hello world
hello world
[itheima@localhost ~]$ ls
公共  模板  视频  图片  文档  下载  音乐  桌面  a.txt.bz2  b.txt.bz2  dir
```

在案例 2-39 中，使用 bzip2 命令压缩 a.txt 文件和 b.txt 文件，然后又使用 bunzip2 命令解压，并通过 -c 选项将压缩包内容输出到标准输出设备。由命令执行结果可知，bunzip2 -c 命令成功将解压结果输出到了标准输出。通过 ls 命令查看当前目录下文件，由输出结果可知，a.txt.bz2 和 b.txt.bz2 并没有被解压，bunzip2 -c 命令只是将压缩包内容输出到了标准输出。

bzip2 命令也是对单个文件进行压缩，Linux 操作系统提供了 bzcat 命令用于查看 .bz2 格式的压缩包内容，例如，查看 a.txt.bz2 的内容，命令如下。

```
[itheima@localhost ~]$ bzcat a.txt.bz2
hello world
```

3. zip 命令和 unzip 命令

zip 命令在压缩时可以获得 .zip 格式的压缩包。zip 命令压缩文件后会保留原文件，使用 zip 命令对多个文件进行压缩时，zip 命令会将这多个文件压缩成一个压缩包。zip 命令基本格式如下。

```
zip 选项 压缩包 文件名
```

zip 命令的常用选项如表 2-28 所示。

表 2-28　zip 命令的常用选项

选项	说　　明
-j	只保留文件名称及其内容，不存放任何目录名称
-m	文件压缩完成后，删除原始文件
-o	以压缩文件内拥有最新更改时间的文件为准，更新压缩文件的更改时间
-r	当参数为目录时，递归处理目录下的所有文件和子目录

与 zip 命令相对应的是 unzip 命令，unzip 命令用于解压缩 .zip 格式的压缩包，unzip 命令基本格式如下。

```
unzip 选项 压缩包
```

unzip 命令的常用选项如表 2-29 所示。

表 2-29　unzip 命令的常用选项

选项	说　　明
-l	显示指定压缩包中所包含的文件
-M	将输出结果送到 more 程序处理
-n	解压时不要覆盖原有文件
-o	命令执行后直接覆盖原有文件
-d	指定解压后文件要存放的目录

下面通过案例 2-40 演示 zip 命令和 unzip 命令的用法。

【案例 2-40】　使用 zip 命令压缩 a.txt 文件和 b.txt 文件，并使用 unzip 命令将压缩包解压到 dir 目录。

```
[itheima@localhost ~]$ zip ab a.txt b.txt        #压缩 a.txt 和 b.txt 文件
adding: a.txt (stored 0%)
```

```
  adding: b.txt (stored 0%)
  [itheima@localhost ~]$ ls                    #查看当前目录下文件
  公共   模板   视频   图片   文档   下载   音乐   桌面   ab.zip   a.txt   b.txt
  [itheima@localhost ~]$ mkdir dir             #创建 dir 目录
  [itheima@localhost ~]$ unzip ab.zip -d dir   #解压缩 ab.zip 到 dir 目录
  Archive:   ab.zip
  extracting: dir/a.txt
  extracting: dir/b.txt
  [itheima@localhost ~]$ cd dir                #进入 dir 目录
  [itheima@localhost dir]$ ls                  #查看 dir 目录下的文件
  a.txt   b.txt
```

在案例 2-40 中,使用 zip 命令将 a.txt 文件和 b.txt 文件压缩成了 ab.zip 压缩包。压缩完成之后,使用 ls 命令查看,zip 命令将 a.txt 文件和 b.txt 文件压缩成了一个压缩包 ab.zip,并且保留了两个原文件。在使用 unzip 命令解压缩时,通过-d 选项解压到指定的 dir 目录。

4. 文件打包命令 tar

tar 命令是一个文件或目录打包归档命令,它可以把许多文件或目录打包成.tar 格式的文件包(通常称为 tar 包)。但 tar 命令不是压缩命令,因为它打包之后的文件与原来文件大小相同。在压缩文件时,通常先用 tar 命令将文件打包,再使用 gzip 或 bzip2 命令压缩,因此在 Linux 操作系统中经常会见到.tar.gzip、.tar.bz2 格式的压缩包。

tar 命令基本格式如下。

  tar 选项 包名 文件或目录

tar 命令的常用选项如表 2-30 所示。

表 2-30   tar 命令的常用选项

选项	说明
-c	创建新的备份文件
-f	指定备份文件名,该选项通常是必选项
-x	从备份文件中还原文件
-t	列出备份文件内容,即查看备份了哪些文件
-v	显示打包过程
-z	打包完成后使用 gzip 命令将包压缩
-j	打包完成后使用 bzip2 命令将包压缩
-p	打包时保留文件原来的属性
-k	保留原文件,例如,还原包中文件时,遇到同名文件不覆盖

tar 命令用法比较多,在 Linux 操作系统中使用也比较多,下面介绍 tar 命令的常见用法。

(1)创建 tar 包。

创建 tar 包时,通常使用选项-cf,如果需要显示更详细的打包过程,可以添加-v 选项。创建 tar 包时,会保留原文件。

下面通过案例 2-41 演示 tar 命令将多个文件打包的用法。

【案例 2-41】 将/usr/bin 目录下的文件打成 tar 包 usrbin.tar。

```
[itheima@localhost ~]$ tar -cvf usrbin.tar /usr/bin        #创建 tar 包
tar: 从成员名中删除开头的"/"
/usr/bin/
/usr/bin/tar
…
/usr/bin/sg_write_x
/usr/bin/sg_xcopy
[itheima@localhost ~]$ ls                                  #查看文件
公共   模板   视频   图片   文档   下载   音乐   桌面   a.txt   b.txt   usrbin.tar
```

在案例 2-41 中，使用 tar 命令将/usr/bin 目录下的文件打成了一个 tar 包 usrbin.tar。通过 ls 命令查看当前目录下的文件，可以看到生成的 usrbin.tar 包。

(2) 查看并还原 tar 包。

创建好的 tar 包可以通过-t 选项查看 tar 包内容，通过-x 选项还原 tar 包内容。需要注意的是，查看 tar 包内容时也必须带-f 选项。

下面通过案例 2-42 演示 tar 命令查看并还原 tar 包的用法。

【案例 2-42】 查看并还原 usrbin.tar 包内容。

```
[itheima@localhost ~]$ tar -tf usrbin.tar usr/bin          #查看 usrbin.tar 包内容
usr/bin/
usr/bin/tar
usr/bin/cmp
…
usr/bin/sg_write_x
usr/bin/sg_xcopy
[itheima@localhost ~]$ tar -xf usrbin.tar usr/bin          #还原 usrbin.tar 包内容
[itheima@localhost ~]$ ls
公共   模板   视频   图片   文档   下载   音乐   桌面   a.txt   b.txt   usr   usrbin.tar
```

在案例 2-42 中，使用 tar 命令的-tf 选项和-xf 选项分别查看并还原了 usrbin.tar 包。还原 usrbin.tar 包之后，在当前目录下生成一个 usr 目录（打包时的最外层目录），读者可以进入 usr 目录查看打包的文件。

(3) 打包之后压缩文件。

gzip 命令和 bzip2 命令在压缩文件时，只能压缩单个文件，这样会导致压缩包比较多，难以管理。tar 命令可以结合 gzip 命令、bzip2 命令，将文件先打成一个包，然后压缩，这样可以将多个文件打包压缩成一个压缩包，便于文件管理。

下面通过案例 2-43 演示使用 tar 命令打包压缩多个文件的用法。

【案例 2-43】 将/usr/bin 目录下的文件打包并使用 gzip 命令压缩。

```
[itheima@localhost ~]$ tar -zcvf usrbin.tar.gzip /usr/bin
[itheima@localhost ~]$ ls
公共   视频   文档   音乐   a.txt   usr         usrbin.tar.gzip
模板   图片   下载   桌面   b.txt   usrbin.tar
```

在案例 2-43 中，通过-zcvf 选项将/usr/bin 目录下的文件打包并完成了压缩，其中-z 选项指定使用 gzip 命令压缩打包后的文件。打包压缩完成之后，使用 ls 命令查看当前目录下的文件，可以看到生成了 usrbin.tar.gzip 文件。需要注意的是，-z 选项需要放在其他选项前面,否则无法执行 gzip 命令完成压缩。

读者可以查看 usrbin.tar.gzip 文件和 usrbin.tar 文件的大小验证 usrbin.tar.gzip 是否为压缩文件,命令如下。

```
[itheima@localhost ~]$ ls -lht usrbin.tar
-rw-rw-r--. 1 itheima itheima 241M 8月   7 17:51 usrbin.tar
[itheima@localhost ~]$ ls -lht usrbin.tar.gzip
-rw-rw-r--. 1 itheima itheima 79M 8月   7 18:11 usrbin.tar.gzip
```

由上述命令的查询结果可知,usrbin.tar 文件大小为 241MB,而 usrbin.tar.gzip 文件大小为 79MB,表明 usrbin.tar.gzip 是压缩文件。

2.2.9 权限管理

根据用户的权限,Linux 操作系统中的用户大体分为两类:root 用户和普通用户。其中 root 用户拥有 Linux 操作系统的所有权限,但为保证系统安全,一般不使用 root 用户登录,而是使用普通用户登录并进行一系列操作。为避免普通用户权限过大,或权限不足,通常需要由 root 用户对普通用户的权限进行管理,此时便需用到一系列的权限管理命令。下面将针对 Linux 操作系统的权限管理和权限管理命令进行详细讲解。

1. 文件权限

根据用户和文件的关系,Linux 操作系统将用户分为文件所有者、同组用户和其他用户。文件的所有者也称为文件属主、用户主等,一般是文件的创建者。同组用户指与文件所有者同一用户组的用户,属于同一组的用户对于属于该组群的文件一般拥有相同的访问权限。其他用户指除了文件所有者和同组用户的用户。

用户对文件或目录的访问权限可分为 3 种,分别为读、写、执行。在 Linux 操作系统中,这 3 种访问权限可以用两种方式表示,分别是字符表示法和数字表示法,下面分别进行介绍。

(1) 字符表示法。

在字符表示法中,使用字符 r 表示读权限,使用字符 w 表示写权限,使用字符 x 表示执行权限。文件的执行权限是指用户可以执行该文件,执行权限一般针对脚本文件、可执行的二进制文件等才有意义,对于不可执行的文件,如文本文件,即使设置了执行权限,也没有意义。

用户对文件和目录的访问权限的含义如表 2-31 所示。

表 2-31 用户对文件和目录的访问权限的含义

权　　限	对 应 字 符	文　　件	目　　录
读权限	r	可查看文件内容	可以列出目录中的内容
写权限	w	可修改文件内容	可以在目录中创建、删除文件
执行权限	x	可执行该文件	可以进入目录

在查看文件权限时,如果用户对文件具有相应的权限,就显示对应字符;如果用户对文件不具有某一项权限,对应的权限位会显示"-"。

当使用 ls -l 命令显示文件或目录的详细信息时,就可以查看不同用户对文件或目录的访问权限。

下面通过案例 2-44 演示文件权限的查看。

【案例 2-44】 查看 itheima 用户当前目录下文件详细信息。

```
[itheima@localhost ~]$ ls -l
总用量 326852
drwxr-xr-x. 2 itheima itheima          6 7月  21 18:11 公共
drwxr-xr-x. 2 itheima itheima          6 7月  21 18:11 模板
drwxr-xr-x. 2 itheima itheima          6 7月  21 18:11 视频
drwxr-xr-x. 2 itheima itheima          6 7月  21 18:11 图片
drwxr-xr-x. 2 itheima itheima          6 7月  21 18:11 文档
drwxr-xr-x. 2 itheima itheima          6 7月  21 18:11 下载
drwxr-xr-x. 2 itheima itheima          6 7月  21 18:11 音乐
drwxr-xr-x. 2 itheima itheima          6 7月  21 18:11 桌面
-rw-rw-r--. 1 itheima itheima         12 8月   7 11:36 a.txt
-rw-rw-r--. 1 itheima itheima         12 8月   7 11:36 b.txt
drwxrwxr-x. 3 itheima itheima         17 8月   7 17:56 usr
-rw-rw-r--. 1 itheima itheima  252119040 8月   7 17:51 usrbin.tar
-rw-rw-r--. 1 itheima itheima   82566068 8月   7 18:14 usrbin.tar.gzip
```

在案例 2-44 输出的文件和目录的信息中,第 1 列有 11 个字符,第 1 个字符表示文件类型,第 11 个字符为"."表示当前目录。中间有 9 个字符,这 9 个字符每 3 个一组,分别表示文件所有者、同组用户和其他用户对文件的访问权限。每组中的 3 个字符又依次对应用户的读、写和执行权限,若对应权限位为"-",表示用户没有此项权限。

例如,对于 a.txt 文件,第 2~4 位为 rw-,表示 a.txt 所有者对 a.txt 文件具有读(r)和写(w)权限,而无执行权限。第 5~7 位为 rw-,表示同组用户对 a.txt 文件具有读(r)和写(w)权限,而无执行权限。第 8~10 位为 r--,表示其他用户对 a.txt 文件具有读(r)权限,而无写权限和执行权限。

(2) 数字表示法。

在数字表示法中,用户对文件或目录的权限可以用二进制数表示。如果用户具有某一项权限,则对应位置为 1,否则为 0,这样用户对文件或目录的访问权限就可以表示为一个 9 位的二进制数。例如,一个文件 a.txt 的访问权限为 110110100(rw-rw-r--),则每 3 位一组,分别表示文件所有者、同组用户和其他用户的访问权限。

数字表示的 9 位二进制数,每 3 位一组,每一组可以转换为一个八进制数字,例如,文件 a.txt 的访问权限 110110100,分为 3 组转换为八进制后分别为 6(110)、6(110)、4(100),因此 a.txt 的访问权限可以表示为 664。

a.txt 文件字符表示法与数字表示法的对应关系如表 2-32 所示。

表 2-32　a.txt 文件字符表示法与数字表示法的对应关系

权限 表示法 用户	文件所有者			同组用户			其他用户		
字符表示法	r	w	-	r	w	-	r	-	-
数字表示法	1	1	0	1	1	0	1	0	0
	6			6			4		

2. chmod 命令

chmod 命令用于更改文件或目录的权限。在更改文件或目录权限时，chmod 既可以采用字符方式(rwx)，也可以采用数字方式。下面分别介绍 chmod 命令的这两种使用方式。

(1) 采用字符方式更改文件或目录权限。

采用字符方式更改文件或目录权限时，chmod 命令基本格式如下。

```
chmod  选项  a|u|g|o  +|-|=  mode  文件或目录
```

在上述命令格式中，a|u|g|o 表示用户，各个字符含义分别如下。

- a 表示所有用户。
- u 表示所有者。
- g 表示同组用户。
- o 表示其他用户。

+|-|= 表示对权限的设置，各个字符含义分别如下。

- ＋表示添加权限。
- -表示取消权限。
- ＝表示设置权限。

mode 表示所设置的权限，即读(r)、写(w)、执行(x)权限。

chmod 命令的常用选项如表 2-33 所示。

表 2-33 chmod 命令的常用选项

选项	说 明
-f	不显示错误信息
-v	显示指令执行过程
-R	递归处理，处理指定目录及其中所有文件与子目录

下面通过案例 2-45 演示 chmod 命令的用法。

【案例 2-45】 在 itheima 用户的当前目录下，创建 file 文件，并设置所有者有执行权限，其他用户有读写权限。

```
[itheima@localhost ~]$ echo "hello rwx" >> file            #创建 file 文件
[itheima@localhost ~]$ ls -l file                          #查看 file 文件权限
-rw-rw-r--. 1 itheima itheima 10 8月  19 15:36 file
[itheima@localhost ~]$ chmod u+x file                      #设置所有者有执行权限
[itheima@localhost ~]$ ls -l file                          #查看 file 文件权限
-rwxrw-r--. 1 itheima itheima 10 8月  19 15:36 file
[itheima@localhost ~]$ chmod o+w file                      #设置其他用户有写权限
[itheima@localhost ~]$ ls -l file                          #查看 file 文件权限
-rwxrw-rw-. 1 itheima itheima 10 8月  19 15:36 file
```

在案例 2-45 中，创建 file 文件之后，通过 ls -l 命令查看 file 文件的权限，file 文件所有者和同组用户有读写权限，没有执行权限，而其他用户只有读权限。通过 chmod u+x file 命令设置 file 文件所有者对 file 文件具有执行权限，通过 chmod o+w file 命令设置其他用户对 file 文件具有写权限。设置完成之后，再次通过 ls -l 命令查看 file 文件权限，发现 file 文件所有者对 file 文件具有了执行(x)权限，其他用户对 file 文件具有了写(w)权限。

需要注意的是，如果要设置文件或目录所有者的权限，可以省略用户，例如，chmod ＋x

file命令也表示设置file文件所有者对file文件具有执行权限。

(2)采用数值方式更改文件或目录权限。

使用数值设置文件或目录权限时,不同的权限对应不同的数值,读权限对应数值为4,写权限对应数值为2,执行权限对应数值为1。用户对文件或目录的权限由读、写、执行这3种权限的数值相加结果表示,例如,如果一个文件所有者同时拥有对文件的读、写、执行权限,则文件所有者对文件的权限可以用7(4+2+1)表示;如果其他用户对文件具有读写权限,没有执行权限,则其他用户对文件的权限可以用6(4+2)表示。如果设置某个文件的权限为777,则表示所有用户对该文件都有读权限、写权限和执行权限。

使用数值方式更改文件或目录权限时,chmod命令格式更简洁,具体如下。

> chmod 　数值表示的权限 　文件或目录

下面通过案例2-46演示使用chmod命令以数值方式更改文件权限的用法。

【案例2-46】 设置file文件的权限,所有者具有读、写、执行权限,同组用户和其他用户只具有读权限。

```
[itheima@localhost ~]$ chmod 744 file              #设置file文件权限
[itheima@localhost ~]$ ls -l file                  #查看file文件权限
-rwxr--r--. 1 itheima itheima 10 8月  19 15:36 file
```

在案例2-46中,设置file文件所有者具有读、写、执行权限,则file文件所有者对file文件的权限为rwx,对应数值为7;同组用户和其他用户只有读权限,即r--,则同组用户和其他用户对应的数值为4,因此,file文件所有者、同组用户、其他用户对file文件的访问权限为744。

2.3　软件管理命令

Linux操作系统提供了软件包的集中管理机制,该机制将软件以包的形式存储在仓库中,方便用户搜索、安装和管理。软件包的管理不仅包括软件包的安装,还包含软件包的升级、卸载与更新。Linux操作系统中常用的两种软件包管理工具为RPM和DNF,本节将对这两种工具分别进行介绍。

2.3.1　RPM

RPM(RedHat Package Manager,RedHat软件包管理)是由RedHat公司开发的一款软件包管理工具,因遵循GPL协议且功能强大而广受欢迎,很多Linux操作系统发行版本(如CentOS、Fedora、SUSE等)都使用RPM工具管理软件包。

RPM提供了一个命令rpm,用于实现RPM软件包的管理,rpm命令可以实现RPM软件包的安装、查询、验证、更新、删除等操作,下面分别进行讲解。

1. 安装软件包

rpm命令安装RPM软件包的基本格式如下。

> rpm 选项 RPM软件包

rpm命令常用的安装选项如表2-34所示。

表 2-34　rpm 命令常用的安装选项

选项	含　义
-i	安装指定的一个或多个软件包
-v	显示安装过程
-h	以♯号显示安装进度

下面通过案例 2-47 演示使用 rpm 命令安装软件包的用法。

【案例 2-47】　安装 JDK 软件包。

在 Oracle 官网下载 JDK 安装包 jdk-8u151-linux-x64.rpm，打开终端切换到 root 用户，执行安装命令，安装命令及过程如下。

```
[root@localhost ~]# rpm -ivh jdk-8u151-linux-x64.rpm
Verifying…                        ################################# [100%]
准备中…                           ################################# [100%]
正在升级/安装…
  1:jdk1.8-2000:1.8.0_151-fcs      ################################# [100%]
Unpacking JAR files…
    tools.jar…
    plugin.jar…
    javaws.jar…
    deploy.jar…
    rt.jar…
    jsse.jar…
    charsets.jar…
    localedata.jar…
```

上述命令将-i、-v、-h 三个选项组合使用，命令执行后会显示安装过程的详细信息，并以♯符号显示安装进度。

2. 查询软件包

rpm 命令查询 RPM 软件包的基本格式如下。

rpm 选项 RPM 软件包

rpm 命令常用的查询选项如表 2-35 所示。

表 2-35　rpm 命令常用的查询选项

选项	含　义
-q	查询软件包信息
-a	查询已安装的包
-c	显示软件包的配置文件列表(后面是已经安装的软件包名称)
-d	显示软件包的文本文件列表(后面是已经安装的软件包名称)
-p	查询软件包文件，通常和其他选项组合使用
-g	查询所属组的软件包
-f	查询文件属于哪个软件包
-l	列出已安装的软件包内所有文件(后面是已经安装的软件包名称)
-s	列出软件包内所有文件状态(后面是已经安装的软件包名称)

在表 2-35 中，-q 选项是执行查询操作时最常使用的选项，它通常与其他选项组合使用

来完成不同的查询功能。

下面通过案例 2-48 和案例 2-49 演示 rpm 命令查询软件包的用法。

【案例 2-48】 查询 jdk-8u151-linux-x64.rpm 软件安装包中的文件。

```
[root@localhost ~]# rpm -qp jdk-8u151-linux-x64.rpm
jdk1.8-1.8.0_151-fcs.x86_64
```

案例 2-48 通过-qp 选项组合查询 jdk-8u151-linux-x64.rpm 软件包中的文件。由上述命令运行结果可知，jdk-8u151-linux-x64.rpm 软件包中的文件为 jdk1.8-1.8.0_151-fcs.x86_64。

需要注意的是，在输入 RPM 软件包时，如果包名太长，可以通过 Tab 键补全包名。在不知道具体包名的情况下，rpm 命令可以与 grep 命令结合使用，通过关键字对查询结果进行筛选。

【案例 2-49】 查询 JDK 是否已经安装。

```
[root@localhost ~]# rpm -qa | grep jdk
jdk1.8-1.8.0_151-fcs.x86_64
```

案例 2-49 通过-qa 选项组合查询 JDK 是否已经安装，命令后面的 grep 命令用于在查询结果中筛选包含 JDK 关键字的信息。由查询结果可知，系统已经安装了 JDK 1.8。

3．升级软件包

rpm 命令升级 RPM 软件包的基本格式如下。

rpm 选项 RPM 软件包

rpm 命令常用的升级选项如表 2-36 所示。

表 2-36　rpm 命令常用的升级选项

选项	含　　义	选项	含　　义
-U	升级指定软件包	-h	以＃号显示升级进度
-v	显示升级过程		

若要升级软件，需要先下载一个软件对应的高版本软件包，使用 rpm 命令搭配-U 选项（-U 通常与-vh 组合使用）安装高版本的软件包。在安装过程中，RPM 会先将旧版本的软件包从系统中移除，再安装新版本的软件，以实现版本更新。

下面通过案例 2-50 演示 rpm 命令升级软件包的用法。

【案例 2-50】 下载更高版本的 jdk-8u261-linux-x64.rpm 软件包，更新 JDK。

在 Oracle 官网下载 jdk-8u261-linux-x64.rpm，使用 rpm 命令安装 jdk-8u261-linux-x64.rpm 软件包，升级命令及过程如下。

```
[root@localhost ~]# rpm -Uvh jdk-8u261-linux-x64.rpm
警告：jdk-8u261-linux-x64.rpm: 头 V3 RSA/SHA256 Signature, 密钥 ID ec551f03: NOKEY
Verifying…                          ################################# [100%]
准备中…                              ################################# [100%]
正在升级/安装…
   1:jdk1.8-2000:1.8.0_261-fcs       ############################# [ 50%]
Unpacking JAR files…
     tools.jar…
```

```
        plugin.jar…
        javaws.jar…
        deploy.jar…
        rt.jar…
        jsse.jar…
        charsets.jar…
        localedata.jar…
正在清理/删除…
  2:jdk1.8-2000:1.8.0_151-fcs          ############################# [100%]
[root@localhost ~]# rpm -qa | grep jdk#查看安装的jdk
jdk1.8-1.8.0_261-fcs.x86_64
```

在案例2-50中,通过rpm -Uvh命令升级安装jdk-8u261-linux-x64.rpm软件包,在安装过程中,RPM会清理删除原有的JDK软件包,然后安装新版本JDK软件包。升级完成之后,使用rpm查询系统中安装的JDK,由输出结果可知,安装的JDK为jdk1.8-1.8.0_261-fcs.x86_64。

4．卸载软件包

rpm命令使用-e选项卸载软件包。在卸载软件包时,rpm命令可以一次卸载多个软件包,若卸载成功,rpm命令没有输出结果,如果卸载失败,rpm命令会给出提示信息。

下面通过案例2-51演示rpm命令卸载软件包的用法。

【案例2-51】 删除安装的jdk。

```
[root@localhost ~]# rpm -e jdk1.8
[root@localhost ~]# rpm -qa | grep jdk
```

在案例2-51中,使用rpm -e命令卸载了安装的JDK 1.8,再次使用rpm命令查询系统中是否安装了JDK,则无输出结果,表明系统中安装的JDK已经被卸载。

至此,RPM的基本用法已讲解完毕。需要说明的是,一些软件包不是独立使用的,它可能与其他软件包存在依赖关系,在操作某个软件包时,需要同时处理与其有依赖关系的软件包。但是RPM无法处理有依赖关系的软件包,因此一般不使用RPM管理存在依赖关系的软件包。

2.3.2 DNF

在学习DNF之前,需要先了解一下YUM,YUM是"Yellow dog updater, Modified"的缩写,它是RedHat公司发行的一款高级软件包管理工具,与RPM相比,YUM最大的优势就是可以自动解决软件包之间的依赖关系。YUM提供了一个命令yum,用于实现对RPM软件包的管理。一直以来,CentOS Linux 5/6/7系统默认使用YUM管理RPM软件包。

但是,由于YUM长期存在一些问题,如性能低下、内存占用高以及依赖包解决方案不佳等,降低了用户体验,为此,人们在YUM的基础上开发了DNF包管理工具,DNF(Dandified YUM)是YUM的扩展版本,它克服了YUM存在的一些瓶颈问题,改进了用户体验。CentOS Stream 9操作系统使用DNF代替YUM成为新一代软件包管理工具。DNF提供了dnf命令用于实现软件包的管理,dnf的用法、选项、命令与yum相同。在CentOS Stream 9操作系统中,yum命令是dnf命令的软链接,两个命令可以相互替换使用。

dnf 命令基本格式如下。

dnf 选项 命令 RPM 软件包

dnf 命令的常用选项如表 2-37 所示。

表 2-37 dnf 命令的常用选项

选项	含义	选项	含义
-h	显示帮助信息	-v	详细模式
-y	全部问题自动回答为"yes"		

在表 2-37 中，dnf 命令最常用的选项为-y，使用该选项安装软件时，安装过程中遇到的所有问题将自动给出肯定回答，避免用户手动一一确认。dnf 后面的命令主要包括安装、查询、更新、删除等，下面分别进行讲解。

1. 安装软件包

dnf 的安装命令为 install，使用 install 安装软件包时，系统会查询软件仓库，如果软件仓库有相应的软件包，则检查软件包的依赖关系，如果没有依赖关系冲突，则下载安装软件包；如果有依赖关系冲突，则询问用户是否要安装依赖，或删除有冲突的软件包。

下面通过案例 2-52 演示 dnf 命令安装软件包的用法。

【案例 2-52】 使用 dnf 命令安装 telnet 软件。

```
[root@localhost ~]# dnf install telnet
...
依赖关系解决。
================================================================
软件包        架构        版本                仓库            大小
================================================================
...
总下载:72 k
安装大小:153 k
确定吗?[y/N]: y
下载软件包:
telnet-0.17-73.el8_1.1.x86_64.rpm        344 kB/s |  72 kB    00:00
----------------------------------------------------------------
总计                                      41 kB/s |  72 kB    00:01
运行事务检查
...
已安装:
telnet-1:0.17-73.el8_1.1.x86_64

完毕!
```

在案例 2-52 中，使用 dnf install 命令安装 telnet 软件时，系统询问用户是否确定安装，当输入字符 y 时，系统就会下载 telnet 软件对应的 telnet-0.17-73.el8_1.1.x86_64.rpm 软件包进行安装。在安装时，如果添加-y 选项，表示对所有问题都回答 y，系统不会再提出询问。

2. 查询软件包

dnf 常用的查询命令有 2 个，分别为 list 和 info。dnf list 命令用于列出软件仓库中的软件包，如果 dnf list 命令后面指定软件包，则列出该软件包的信息；如果 dnf list 命令后面没有指定软件包，则列出软件仓库中的所有软件包。dnf info 命令用于显示软件包的详细信息，如果 dnf info 命令后面没有指定软件包，则列出软件仓库中所有软件包的详细信息。

下面通过案例 2-53 和案例 2-54 演示 dnf 查询软件包的用法。

【案例 2-53】 使用 dnf list 命令查询 telnet 软件包。

```
[root@localhost ~]# dnf list telnet
…
已安装的软件包
telnet.x86_64                    1:0.17-73.el8_1.1                    @AppStream
```

【案例 2-54】 使用 dnf info 命令查询 telnet 软件包。

```
[root@localhost ~]# dnf info telnet
…
已安装的软件包
名称        : telnet
时期        : 1
版本        : 0.17
发布        : 73.el8_1.1
架构        : x86_64
大小        : 153 k
源          : telnet-0.17-73.el8_1.1.src.rpm
仓库        : @System
来自仓库    : AppStream
概况        : The client program for the Telnet remote login protocol
URL         : http://web.archive.org/web/20070819111735/www.hcs.harvard.edu/
~dholland/computers/old-netkit.html
协议        : BSD
描述        : Telnet is a popular protocol for logging into remote systems over
            : the Internet. The package provides a command line Telnet client
```

在案例 2-54 中，使用 dnf info 命令查询 telnet 软件包时，输出了 telnet 软件包的详细信息，包括软件包的名称、时期、版本、架构、大小等。

3．更新软件包

dnf 也可以更新软件包，它常用的检查更新命令有多个，如表 2-38 所示。

表 2-38　dnf 常用的检查更新命令

命　　令	作　　用
dnf update 软件包名称	更新指定软件包。如果不指定软件包名称，则更新所有可更新的软件包。update 命令已过时，逐渐被 upgrade 命令替代
dnf upgrade 软件包名称	更新指定软件包。如果不指定软件包名称，则更新所有可更新的软件包
dnf check-update 软件包名称	检查可以更新的 RPM 软件包。如果没有指定软件包名称，则列出软件仓库中所有可用的软件包更新
dnf groupupdate 用户组	更新软件包组里面的所有软件包

下面通过案例 2-55 演示 dnf 更新软件包的用法。

【案例 2-55】 更新安装的 telnet 软件。

```
[root@localhost ~]# dnf upgrade telnet
…
依赖关系解决。
无须任何处理。
完毕！
```

在案例 2-55 中,使用 dnf upgrade 命令更新 telnet 软件,由输出结果可知,telnet 软件暂无更新。

4. 卸载软件包

dnf 卸载软件的命令为 remove,remove 命令可以从系统中卸载一个或多个软件包。dnf remove 命令在卸载软件时也会自动解决软件包之间的依赖关系。

下面通过案例 2-56 演示 dnf 卸载软件包的用法。

【案例 2-56】 卸载 telnet 软件。

```
[root@localhost ~]# dnf -y remove telnet
依赖关系解决。
================================================================
软件包           架构          版本                   仓库              大小
================================================================
移除:
telnet          x86_64        1:0.17-73.el8_1.1      @AppStream        153 k
…
已移除:
telnet-1:0.17-73.el8_1.1.x86_64

完毕!
[root@localhost ~]# telnet
-bash: /usr/bin/telnet: 没有那个文件或目录
```

在案例 2-56 中,使用 dnf remove 命令卸载 telnet 软件之后,再次输入 telnet 软件,系统提示无此文件或目录,表明 telnet 软件已经被卸载。

除了 remove 命令,dnf 还提供了 clean 命令用于清除过期无用的缓存数据。在使用 dnf clean 清除缓存时,必须要指定软件包名称,如果要清除所有过期无用的缓存数据,则使用 all 选项,示例如下。

```
[root@localhost ~]# dnf clean all
20 文件已删除
```

2.4 进程管理命令

在 Linux 操作系统中,进程管理也是通过命令实现的,Linux 操作系统提供了丰富的进程管理命令。本节将针对常用的进程管理命令进行详细讲解。

2.4.1 进程查看命令

在 Linux 进程管理中,最重要的操作之一就是查看进程,包括查看正在运行的进程、查看进程运行状态等,下面介绍几个常用的进程查看命令。

1. ps 命令

ps 命令用于查看当前系统中正在运行的进程信息,包括进程状态、占用的资源等,它是最基本也是最强大的进程查看命令。ps 命令基本格式如下。

```
ps  选项
```

ps 命令的常用选项如表 2-39 所示。

表 2-39 ps 命令的常用选项

选项	说　　明
-a	显示除会话组长（第 6 章讲解）之外的所有进程，包括其他用户的进程
-e	显示所有进程
-f	相比-a、-e 选项，它可以显示进程更多详细信息，多与其他选项组合使用
-u	显示与指定用户相关的进程信息，如-u itheima，如果省略参数，则显示当前用户相关的进程信息
-x	显示没有控制终端的进程，如后台进程
-l	以长格式显示进程信息，相比于-f 选项，它可以显示更多信息，如 F（进程标识位）、S（进程状态）、PRI（进程调度优先级）等
-p	显示指定 PID 的进程信息，如-p 10000

ps 命令的选项常以组合形式使用，最常见的组合方式为-aux 选项和-ef 选项。-aux 选项可以显示所有终端上所有用户有关进程的详细信息；-ef 选项用于显示系统中所有进程的主要信息，如进程的用户 ID、进程 ID、进程的父进程 ID 等。

下面通过案例 2-57 演示 ps 命令的用法。

【案例 2-57】　使用-aux 选项显示所有用户有关进程的详细信息。

```
[itheima@localhost ~]$ ps -aux
USER        PID %CPU %MEM    VSZ   RSS TTY      STAT START   TIME COMMAND
...
root         13  0.0  0.0      0     0 ?        S    09:34   0:00 [cpuhp/0]
root         14  0.0  0.0      0     0 ?        S    09:34   0:00 [cpuhp/1]
...
itheima    2718  0.0  0.4  93992  7508 ?        Ss   10:42   0:00 /usr/lib/system
itheima    2723  0.0  0.2 253588  4480 ?        S    10:42   0:00 (sd-pam)
...
root       5426  0.0  0.0   7492   728 ?        S    13:50   0:00 sleep 60
root       5428  0.0  0.0      0     0 ?        I    13:50   0:00 [kworker/0:3-cg
itheima    5429  0.0  0.2  60944  3968 pts/0    R+   13:51   0:00 ps -aux
```

案例 2-57 输出了所有用户有关进程的详细信息，每一个进程都有 11 个字段，每个字段的含义如下。

（1）USER：启动进程的用户。

（2）PID：进程标识符。

（3）%CPU：进程本次运行时间占进程总运行时间的百分比，有的选项（如-f 选项）显示时，会将该字段显示为 C。

（4）%MEM：进程运行占用内存占总内存的百分比。

（5）VSZ：进程占用的虚拟内存大小，单位为 KB。

（6）RSS：进程占用的实际内存大小，单位为 KB。

（7）TTY：进程启动终端。如果终端显示为"?"，表示该进程没有控制终端。

（8）STAT：进程当前状态。ps 命令显示的进程状态包括主要状态和次要状态，它们通常以单个字符来表示。主要状态有以下几种。

- R：运行状态，表示进程正在运行或处于就绪状态。
- S：中断状态，当条件实现或接收到信号时，可脱离该状态。

- D：不可中断状态，即便用 kill 命令也不能将其终止。
- Z：僵死状态，进程已经终止，但进程占用的资源未得到释放。
- T：终止状态。

次要状态是这些主要状态的补充，提供了进程的状态信息，通常附加在主要状态的后面，次要状态有以下几种。

- ＋：在前台运行（Foreground）。
- -：在后台运行（Background）。
- ＜：高优先级的进程。
- N：低优先级的进程。
- L：闲置状态，等待某个事件的发生。
- s：会话组长进程，通常是启动会话的第一个进程。
- l：多线程，表示该进程包含多个线程。
- I：空闲进程。
- W：进入内存交换或远程文件系统的进程。

（9）START：进程开始运行的时间，有的选项（如-f 选项）在显示时，会将该字段显示为 STIME。

（10）TIME：进程从启动以来占用 CPU 的总时间。

（11）COMMAND：启动该进程的命令，有的选项（如-f 选项）显示时，会将该字段显示为 CMD。

2. top 命令

ps 命令查看的进程结果不是动态的、连续的，它相当于快照功能，只显示当前时刻进程的状态信息。如果想要动态地显示进程状态信息，则可以使用 top 命令。

top 命令基本格式如下。

top 选项 参数

top 命令的常用选项如表 2-40 所示。

表 2-40 top 命令的常用选项

选项	说 明
-b	以批处理模式执行 top 命令，即将 top 命令的输出发送到标准输出流（stdout），而不是以交互方式在终端中显示
-d	自定义刷新时间间隔
-i	忽略任何空闲进程或僵死进程
-p	监视指定的 PID 进程
-c	显示进程命令行，包括路径

top 命令可以实时观察系统的整体运行情况，显示结果默认每隔 3 秒刷新一次，类似于 Windows 操作系统的任务管理器，是一个很实用的系统性能监测工具。

使用 top 命令查看进程状态信息，显示结果如图 2-3 所示。

由于 top 命令的运行结果是动态显示的，信息是连续变化的，结果信息不容易复制，所以使用截图方式显示结果。top 命令执行结果的前 5 行为整体统计的系统信息，每一行的

图 2-3 top 命令显示结果

含义如下。

第 1 行：显示系统相关信息，分别是系统当前时间、系统运行时间、登录的用户数量、系统 1 分钟、5 分钟、15 分钟的平均负载。

第 2 行：显示进程总数、运行中的进程数、睡眠中的进程数、终止的进程数和僵死的进程数。

第 3 行：显示 CPU 资源的使用情况。

第 4 行：显示内存资源的使用情况。

第 5 行：显示 swap 交换分区的使用情况。

在 top 命令的运行界面，用户可以通过快捷键进行交互操作，top 命令常用的交互快捷键如表 2-41 所示。

表 2-41 top 命令常用的交互快捷键

快捷键	说明
l	控制是否显示平均负载和启动时间（第 1 行）
t	快捷键 t 有两个作用：第一，切换进程统计信息和 CPU 状态信息（第 2、3 行）的显示模式；第二，控制是否显示这两行信息
m	快捷键 m 有两个作用：第一，切换内存信息（第 4、5 行）的显示模式；第二，控制是否显示这两行信息
M	按内存使用率排序
P	按 CPU 使用率排序
T	按进程运行时间排序
i	忽略闲置和僵死的进程
q	退出 top 命令

在 top 命令的运行界面，使用快捷键 i 忽略闲置和僵死的进程，交互结果如图 2-4 所示。

在图 2-4 中，使用快捷键 i 忽略闲置和僵死的进程，则进程信息就减少了很多。读者可以在 top 命令的运行界面，使用其他交互快捷键完成不同的操作。

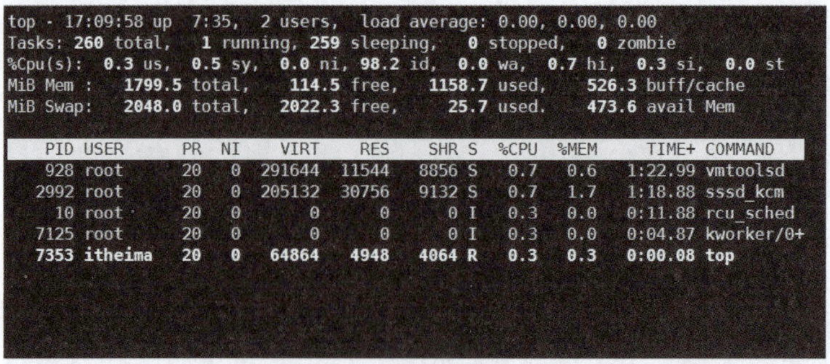

```
top - 17:09:58 up  7:35,  2 users,  load average: 0.00, 0.00, 0.00
Tasks: 260 total,   1 running, 259 sleeping,   0 stopped,   0 zombie
%Cpu(s):  0.3 us,  0.5 sy,  0.0 ni, 98.2 id,  0.0 wa,  0.7 hi,  0.3 si,  0.0 st
MiB Mem :   1799.5 total,    114.5 free,   1158.7 used,    526.3 buff/cache
MiB Swap:   2048.0 total,   2022.3 free,     25.7 used.    473.8 avail Mem

    PID USER      PR  NI    VIRT    RES    SHR S  %CPU  %MEM     TIME+ COMMAND
    928 root      20   0  291644  11544   8856 S   0.7   0.6   1:22.99 vmtoolsd
   2992 root      20   0  205132  30756   9132 S   0.7   1.7   1:18.88 sssd_kcm
     10 root      20   0       0      0      0 I   0.3   0.0   0:11.88 rcu_sched
   7125 root      20   0       0      0      0 I   0.3   0.0   0:04.87 kworker/0+
   7353 itheima   20   0   64864   4948   4064 R   0.3   0.3   0:00.08 top
```

图 2-4 快捷键 i 的交互结果

3. pstree 命令

在 Linux 操作系统中,除了初始化进程 systemd,其他进程都有父进程。一个父进程可以创建多个子进程,这些子进程互称为兄弟进程。因此,Linux 操作系统中的进程之间都相互关联。

Linux 操作系统提供了一个命令 pstree,可以树状形式显示系统中的进程,即显示一个进程树,从进程树中,可以直接观察进程之间的派生关系。

pstree 命令基本格式如下。

```
pstree 选项
```

pstree 命令的常用选项如表 2-42 所示。

表 2-42 pstree 命令的常用选项

选项	说 明
-a	显示每个进程的完整命令(包括路径、参数等)
-c	不使用精简标识法
-h	列出树状图,特别标明当前正在执行的进程
-u	显示 UID 转换。每当进程的 UID 与其父进程的 UID 不同时,新的用户名称会显示在进程名称后面的圆括号中
-n	使用程序识别码排序(默认以程序名称排序)

下面通过案例 2-58 演示 pstree 命令的用法。

【案例 2-58】 以进程树形式显示系统当前进程,并着重显示当前正在执行的进程。

```
[itheima@localhost ~]$ pstree -h
systemd─┬─ModemManager───2*[{ModemManager}]
        ├─NetworkManager───2*[{NetworkManager}]
        ├─VGAuthService
        ├─accounts-daemon───2*[{accounts-daemon}]
        ├─alsactl
        ├─atd
        ...
        ├─sshd───sshd───sshd───bash───pstree
        ├─sssd─┬─sssd_be
        │      └─sssd_nss
        ├─sssd_kcm
        ...
        ├─upowerd───2*[{upowerd}]
        ├─vmtoolsd───2*[{vmtoolsd}]
        └─wpa_supplicant
```

4. pgrep 命令

pgrep 命令可以根据服务名称，从进程队列中查找与该服务有关的进程，查找成功后显示进程的 PID。pgrep 命令基本格式如下。

```
pgrep 选项 参数
```

pgrep 命令的常用选项如表 2-43 所示。

表 2-43　pgrep 命令的常用选项

选项	说明
-o	仅显示同名进程中 pid 最小的进程
-n	仅显示同名进程中 pid 最大的进程
-P	指定进程父进程的 pid

下面通过案例 2-59 演示 pgrep 命令的用法。

【案例 2-59】 查找与 sshd 服务相关的进程。

```
[itheima@localhost ~]$ pgrep sshd
1093
3790
3794
```

在案例 2-59 中，使用 pgrep 命令查找与 sshd 服务相关的进程，由输出结果可知，与 sshd 服务相关的进程有 3 个，这 3 个进程的 PID 分别为 1093、3790 和 3794。

2.4.2　进程终止命令

除了查看进程，有时还会终止一些无用的进程，针对进程的终止，Linux 操作系统提供了 kill 和 killall 两个命令。下面分别对这两个命令进行介绍。

1. kill 命令

kill 命令可以终止指定的进程。kill 命令的工作原理是发送某个信号给指定进程，以改变进程的状态。kill 命令基本格式如下。

```
kill 选项 参数
```

kill 命令的选项一般是信号，参数为 PID。Linux 操作系统提供了很多预定义的信号，读者可以使用 kill -l 命令查看这些预定义的信号。

```
[itheima@localhost ~]$ kill -l
 1) SIGHUP       2) SIGINT       3) SIGQUIT      4) SIGILL       5) SIGTRAP
 6) SIGABRT      7) SIGBUS       8) SIGFPE       9) SIGKILL     10) SIGUSR1
11) SIGSEGV     12) SIGUSR2     13) SIGPIPE     14) SIGALRM     15) SIGTERM
16) SIGSTKFLT   17) SIGCHLD     18) SIGCONT     19) SIGSTOP     20) SIGTSTP
21) SIGTTIN     22) SIGTTOU     23) SIGURG      24) SIGXCPU     25) SIGXFSZ
26) SIGVTALRM   27) SIGPROF     28) SIGWINCH    29) SIGIO       30) SIGPWR
31) SIGSYS      34) SIGRTMIN    35) SIGRTMIN+1  36) SIGRTMIN+2
37) SIGRTMIN+3  38) SIGRTMIN+4  39) SIGRTMIN+5  40) SIGRTMIN+6
41) SIGRTMIN+7  42) SIGRTMIN+8  43) SIGRTMIN+9  44) SIGRTMIN+10
45) SIGRTMIN+11 46) SIGRTMIN+12 47) SIGRTMIN+13 48) SIGRTMIN+14
49) SIGRTMIN+15 50) SIGRTMAX-14 51) SIGRTMAX-13 52) SIGRTMAX-12
53) SIGRTMAX-11 54) SIGRTMAX-10 55) SIGRTMAX-9  56) SIGRTMAX-8
```

```
57) SIGRTMAX-7    58) SIGRTMAX-6    59) SIGRTMAX-5    60) SIGRTMAX-4
61) SIGRTMAX-3    62) SIGRTMAX-2    63) SIGRTMAX-1    64) SIGRTMAX
```

上述信号中,最常用的是 9 号信号 SIGKILL 和 15 号信号 SIGTERM。9 号信号可以无条件终止指定进程,15 号信号是 kill 命令默认发送的信号,即在使用 kill 命令终止进程时,如果不指定发送的信号,则 kill 命令默认发送 15 号信号。

下面通过案例 2-60 演示 kill 命令的用法。

【案例 2-60】 终止 PID 为 3794 的进程。

```
[itheima@localhost ~]$ kill -9 3794
```

2. killall 命令

killall 命令用于终止某个服务所对应的全部进程。通常,复杂程序会有多个进程协同为用户提供服务,当要终止服务时,如果使用 kill 命令逐个结束进程会比较麻烦,此时可以使用 killall 命令批量结束该服务的所有进程。

killall 命令基本格式如下。

```
killall 选项 参数
```

killall 命令的选项通常也是信号,参数一般为服务名称。下面通过一个案例演示 killall 命令的用法。

【案例 2-61】 在 Linux 操作系统中,进入/usr/local/nginx/sbin 目录下,启动 nginx 服务,查看 nginx 服务的相关进程,然后终止 nginx 服务的所有进程。

```
[root@localhost ~]# cd /usr/local/nginx/sbin
[root@localhost sbin]# ./nginx                    #启动 nginx
[root@localhost sbin]# pgrep nginx                #查看 nginx 相关进程
2875
2876
[root@localhost sbin]# killall nginx              #终止 nginx 服务所有进程
[root@localhost sbin]# pgrep nginx                #再次查看 nginx 服务进程
[root@localhost sbin]#
```

在案例 2-61 中,启动 nginx 服务之后,使用 pgrep 命令查看 nginx 服务相关进程,发现 nginx 服务有 2 个进程,分别是 2875 和 2876。使用 killall 命令终止 nginx 服务所有进程,再次使用 pgrep 命令查看 nginx 服务相关进程时没有输出,表明 killall 命令成功终止了 nginx 服务的所有进程。

2.4.3 服务管理

在操作系统中,服务是一类常驻在内存中,且可以提供一些功能来满足用户需求的进程。这些服务进程一旦启动就会在后台一直持续不断地运行,它们不需要和用户进行交互,因此服务进程又称为守护进程(daemon)。Linux 操作系统中有各种各样的服务,如 crond、atd、syslog、Apache 等,为了提升服务质量,CentOS Stream 9 使用 systemctl 命令进行服务管理。

systemctl 命令基本格式如下。

```
systemctl 命令 服务进程
```

systemctl 的常用命令如表 2-44 所示。

表 2-44 systemctl 的常用命令

命令	说　　明
start	启动服务进程
stop	终止服务进程
status	查询服务进程运行情况，列出该服务的详细信息
restart	重启服务进程
enable	设置服务开机自启动
disable	取消服务开机自启动
reload	重新加载指定服务的配置文件（并非所有服务都支持该参数，使用 restart 可实现相同功能）

systemctl 命令管理服务的用法示例如下。

```
[root@localhost ~]# systemctl start httpd            #开启 http 服务
[root@localhost ~]# systemctl status httpd           #查询 http 服务运行状态
[root@localhost ~]# systemctl stop httpd             #终止 http 服务
```

2.5 网络管理与通信命令

网络是计算机与外界通信的基础，因此，在 Linux 操作系统中，网络管理也是非常重要的一部分内容，熟悉网络管理才能更好地使用 Linux 操作系统。本节将针对常用的网络管理与通信命令进行详细讲解。

2.5.1 ping

ping 命令用于测试主机之间网络的连通性，其基本格式如下。

```
ping 选项 参数
```

ping 命令的参数通常是 IP 地址或域名。如果两台主机是连通的，则 ping 命令默认一直输出测试（可以使用快捷键 Ctrl+D 停止输出）。

ping 命令的常用选项如表 2-45 所示。

表 2-45 ping 命令的常用选项

选　项	说　　明
-c	设置回应次数，如-c 4 表示回应 4 次
-s	设置数据包大小，如-s 1024 表示每次发送 1024B 的数据
-v	显示命令详细的执行过程

下面通过案例 2-62 演示 ping 命令的用法。

【案例 2-62】 使用 ping 命令测试当前 Linux 主机与 Windows 主机的网络连通性。

```
#读者要将 IP 地址修改为自己主机的 IP 地址
[itheima@localhost ~]$ ping  172.16.43.36
PING 172.16.43.36 (172.16.43.36) 56(84) bytes of data.
64 bytes from 172.16.43.36: icmp_seq=1 ttl=128 time=52.0 ms
```

```
64 bytes from 172.16.43.36: icmp_seq=2 ttl=128 time=0.949 ms
^C
--- 172.16.43.36 ping statistics ---
5 packets transmitted, 5 received, 0% packet loss, time 11ms
rtt min/avg/max/mdev = 0.949/11.199/52.044/20.422 ms
```

在案例 2-62 中，使用 ping 命令测试 Linux 主机与 Windows 主机的网络连通性，由输出结果可知，Linux 主机与 Windows 主机之间的网络是连通的。Windows 主机的 IP 地址可以在 DOS 命令行窗口，使用 ipconfig 命令查询获得。

2.5.2 ssh

ssh 命令用于登录到远程主机的命令行界面，执行各种操作和管理任务。ssh 登录远程主机的基本格式如下。

```
ssh 用户名@IP 地址 端口号
```

ssh 命令登录远程主机时，要确保远程主机支持 SSH 协议，并且正确配置了 SSH 配置信息，如主机名、端口号、用户名和密码等。在使用 ssh 命令远程登录时，如果不指定端口号，则默认登录到 22 端口（SSH 协议默认端口）。

下面通过案例 2-63 演示 ssh 命令登录到远程主机的用法。

【案例 2-63】 使用 ssh 命令远程登录一台主机，主机 IP 地址为 192.168.91.132，使用远程主机的用户 zhangsan 进行登录。

```
[itheima@localhost ~]$ ssh zhangsan@192.168.91.132
The authenticity of host '192.168.91.132 (192.168.91.132)' can't be established.
ED25519 key fingerprint is SHA256:wCOHJsoKG2e6TUrXxX0NWGBGqUApXMdy80/CG+pa5Tw.
This key is not known by any other names
Are you sure you want to continue connecting (yes/no/[fingerprint])? yes
Warning: Permanently added '192.168.91.132' (ED25519) to the list of known hosts.
zhangsan@192.168.91.132's password:           #输入 zhangsan 的密码
Last login: Fri May 24 14:15:43 2024
[zhangsan@localhost ~]$                       #已经登录成功,用户变为 zhangsan
```

远程登录成功之后，就会进入远程主机的命令行界面，远程操作执行完毕之后，使用 exit 命令退出即可。

```
[zhangsan@localhost ~]$ exit                  #退出远程登录
登出
Connection to 192.168.91.132 closed.
[itheima@localhost ~]$                        #返回到当前主机命令行界面
```

2.5.3 ip

ip 命令用于查看和配置网卡、路由、接口、隧道等网络设备的参数信息，它的功能十分强大，是管理 Linux 操作系统网络必备工具之一。ip 命令的用法比较复杂，它可以操作各种网络设备，通过不同的选项和命令设置这些网络设备的各种参数。

作为编程人员只需要掌握如何使用 ip 命令查看网络设备信息，包括 IP 地址、MAC 地址等。查看网络设备信息时，ip 命令基本格式如下。

ip 选项 参数

ip 命令的常用选项如表 2-46 所示。

表 2-46 ip 命令的常用选项

选项	说　　明
-s	输出更详细的统计信息，该选项可连续多次使用，如 ip -s -s 参数
-4	显示 IPv4 协议相关的信息，如 ip -4 参数
-6	显示 IPv6 协议相关的信息，如 ip -6 参数
-r	显示主机时，不使用 IP 地址，而使用主机的域名

ip 命令的常用参数如表 2-47 所示。

表 2-47 ip 命令的常用参数

参　　数	说　　明
address	网卡设备的协议（IPv4、IPv6）地址，address 可简写为 addr、a
link	网络连接
route	路由表
neigh	邻居表，即与本机直接相连的其他主机，通常是同一子网内主机

下面通过案例 2-64 和案例 2-65 演示 ip 命令查看网络设备信息的用法。

【案例 2-64】　查看网卡地址。

```
[itheima@localhost ~]$ ip a
1: lo: <LOOPBACK,UP,LOWER_UP> mtu 65536 qdisc noqueue state UNKNOWN group default qlen 1000
    link/loopback 00:00:00:00:00:00 brd 00:00:00:00:00:00
    inet 127.0.0.1/8 scope host lo
       valid_lft forever preferred_lft forever
    inet6 ::1/128 scope host
       valid_lft forever preferred_lft forever
2: ens33: <BROADCAST,MULTICAST,UP,LOWER_UP> mtu 1500 qdisc fq_codel state UP group default qlen 1000
    link/ether 00:0c:29:51:7a:7f brd ff:ff:ff:ff:ff:ff
    altname enp2s1
    inet 192.168.91.129/24 brd 192.168.91.255 scope global dynamic noprefixroute ens33
       valid_lft 1786sec preferred_lft 1786sec
    inet6 fe80::20c:29ff:fe51:7a7f/64 scope link noprefixroute
       valid_lft forever preferred_lft forever
```

由 ip a 命令的输出结果可知，本机一共两块网卡，第 1 块网卡为 lo，称为本地回环网卡，用于本地主机的自我通信和测试，其 IP 地址为 127.0.0.1。第 2 块网卡为 ens33，是本机与外部连接通信的网卡，其 IP 地址为 192.168.91.129。

【案例 2-65】　查看本机邻居表信息。

```
[itheima@localhost ~]$ ip neigh
192.168.91.2 dev ens33 lladdr 00:50:56:e0:c0:9c STALE
192.168.91.254 dev ens33 lladdr 00:50:56:fb:d5:36 STALE
192.168.91.132 dev ens33 lladdr 00:0c:29:9d:42:a6 STALE
192.168.91.1 dev ens33 lladdr 00:50:56:c0:00:08 REACHABLE
```

由上述命令输出结果可知,本机有 4 个网络邻居,ip 命令显示出了这些网络邻居的 IP 地址、网络设备(dev)、链路层地址(lladdr)、状态信息。

2.6 帮助命令

在 Linux 操作系统中,存在大量命令,为了帮助用户快速了解这些命令的用法,Linux 操作系统配置了各种帮助手册。用户可以通过 Linux 操作系统提供的帮助命令来查阅这些手册。Linux 操作系统提供了 man 和 info 两个常用的帮助命令,本节将针对这两个帮助命令进行讲解。

2.6.1 man

man 是 manual 的缩写,意思是帮助手册,如果需要查找某个命令、函数、库的用法,可以在终端输入 man,后面输入要查找的命令、函数、库即可。

man 命令基本格式如下。

man 选项 参数

上述格式中的选项并不常用,往往会省略;参数可以是命令、函数、库等。下面通过案例 2-66 演示 man 命令的用法。

【案例 2-66】 使用 man 命令查看 ls 命令的用法。

[itheima@localhost ~]$ man ls

man 命令查询 ls 命令用法的结果如图 2-5 所示。

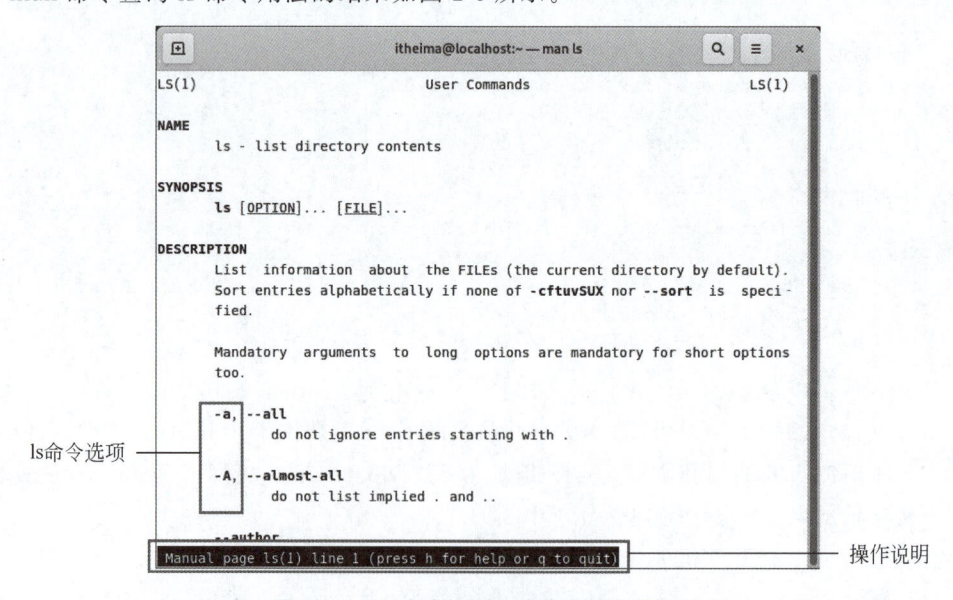

图 2-5 man 命令查询 ls 命令用法的结果

图 2-5 显示了 ls 命令的用法介绍,读者可以使用快捷键操作显示内容,常用的快捷键如下。

- "↑""↓"实现向上、向下移动查看。

- Page Up、Page Down 实现向上、向下翻页查看。
- 空格键实现一次向下翻一页。
- Enter 键可以实现一次向下移动一行。
- Q 键实现退出。

man 命令显示的帮助文档手册包括多个字段，常见的字段及含义如表 2-48 所示。

表 2-48 man 命令常见的字段及含义

字 段	含 义
NAME	要查询命令的简单说明
SYNOPSIS	命令的使用说明
DESCRIPTION	关于
OPTIONS	命令
EXPRESSION	表
EXAMPLES	
REPORTING BUGS	造成的影响
NOTES	
AUTHOR	
COPYRIGHT	
SEE ALSO	

2.6.2 info

info 是 Linux 操作系 功能相似。相比 man 命令提供的帮助手册，info 构化更高，也更易于阅读。
info 命令的用法

info 选项 参数

与 man 命令相 省略；参数可以是命令、函数、库等。

下面通过案

【案例 2-67

[itheima

info 命

info 不同，因此在查看 info 命令提供的帮助文档信息时， 助手册常用的快捷键如下。

- n(next)：显示与 点。
- p(previous)：显示与本节 个节点。
- l(last)：跳转到上一次浏览的节点。
- u(upper node)：跳转到上层节点。
- d(directory node)：到 info 手册的根节点。

图 2-6　info 命令查询 ls 命令用法的结果

- t(top node)：跳转到当前手册的顶层节点。
- s(search)：全文检索，也可以使用"/"搜索。
- q(quit)：退出。

通过上述快捷键，读者可以快速地查看某个命令、函数等的相关信息。

2.7　vim 编辑器

使用任何一个操作系统，文件编辑都是非常重要的一项内容，例如，在 Windows 操作系统中，使用 Word、文本编辑器（TXT 文本编辑器）等各种工具编辑文件。在 Linux 操作系统中，比较常用的文件编辑器是 vim，本节将针对 vim 编辑器进行详细讲解。

2.7.1　vim 编辑器的基本操作

vim 编辑器是 Linux 操作系统比较常见的交互式文件编辑器，由于 vim 工作在字符模式下，不使用图形界面，因此它更节省资源。此外，vim 编辑器的操作也比较便捷。使用一个编辑器，最基本的操作就是启动、编辑、保存和退出，下面分别介绍 vim 编辑器的启动、编辑、保存和退出。

1. 启动

vim 编辑器的启动非常简单，直接在命令行输入 vim 和文件名就可以启动，其基本格式如下。

```
vim 文件名
```

例如，使用 vim 编辑器打开 file 文件，命令如下。

```
[itheima@localhost ~]$ vim file
```

使用 vim 编辑器打开 file 文件，file 文件会全屏显示，如图 2-7 所示。

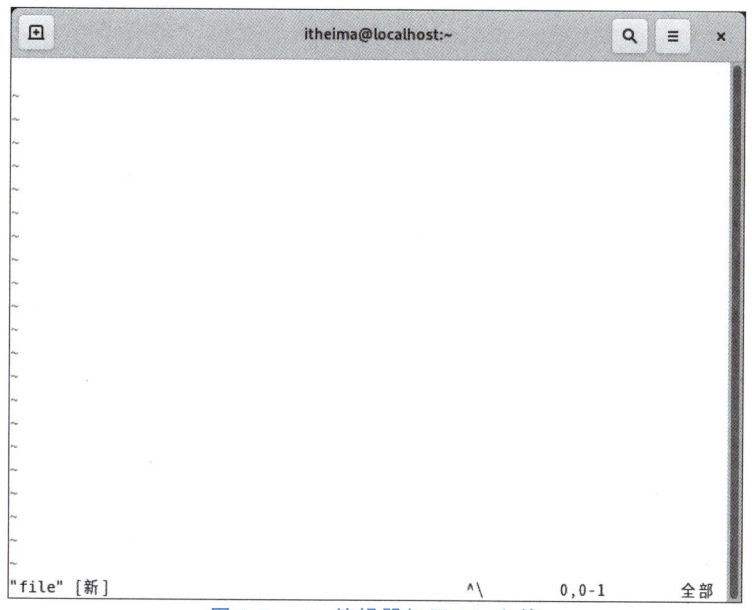

图 2-7　vim 编辑器打开 file 文件

在图 2-7 中，左下角显示"file"[新文件]，表明 file 是一个新文件。使用 vim 编辑器打开文件时，以~符号开头的行是无内容的行。

2. 编辑

图 2-7 使用 vim 打开文件 file 的状态，是无法编辑的。在图 2-7 所示的界面，按 i 快捷键进入编辑模式，可以输入数据。例如，输入"nihao"，如图 2-8 所示。

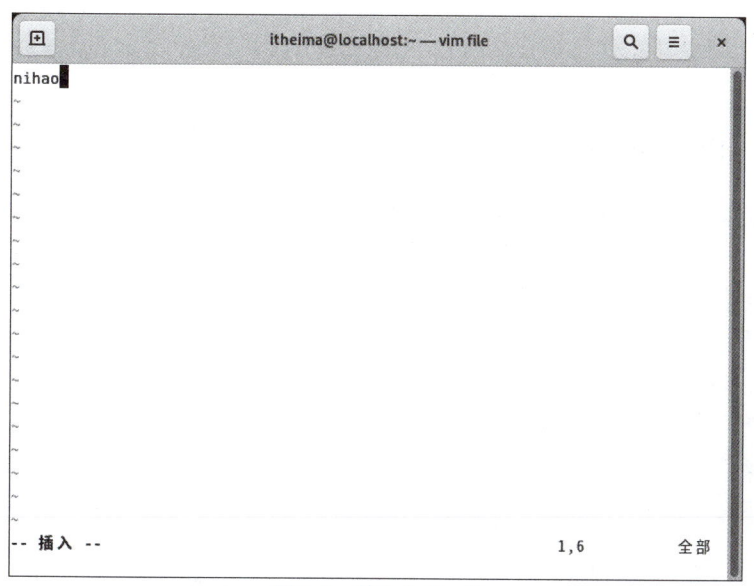

图 2-8　输入"nihao"

3. 保存和退出

使用 vim 编辑器编辑文件之后，需要保存文件，在保存文件时，先按 Esc 键退出编辑模式,再按":",在":"后面输入"wq"命令,如图 2-9 所示。

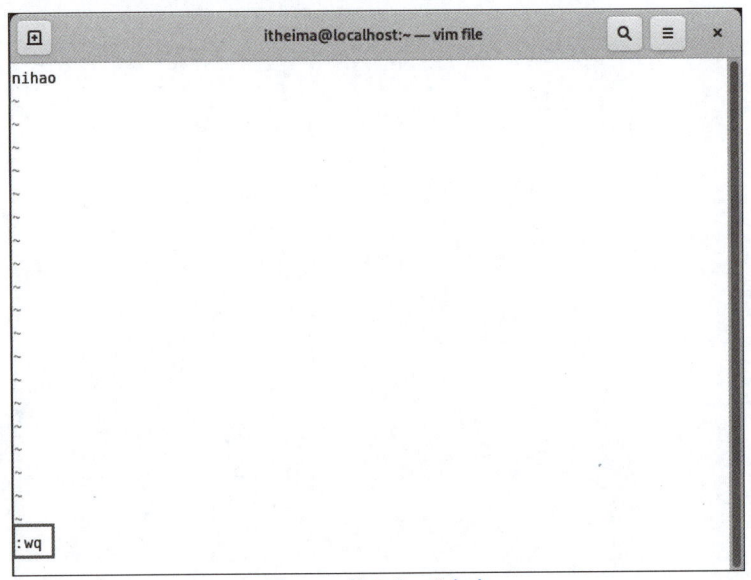

图 2-9 输入"wq"命令

输入 wq 命令之后,按 Enter 键即可保存退出文件。保存退出之后,使用 ls 命令可以看到当前目录下出现一个 file 文件。

```
[itheima@localhost ~]$ ls
公共    模板    视频    图片    文档    下载    音乐    桌面    file    usr
```

vim 编辑器提供了两种退出方式:保存退出和不保存退出。不保存退出的命令是"q!",输入该命令后按下 Enter 键即可不保存退出文件。需要注意的是,如果使用 vim 编辑器打开一个新文件(即文件不存在),执行不保存退出时,文件不会被保存,也就是新建操作不会成功。

2.7.2 vim 编辑器的工作模式

vim 编辑器提供了 3 种工作模式,分别是命令模式、编辑模式和末行模式。每种模式又分别支持不同的命令快捷键,极大地提高了工作效率。下面将针对 vim 编辑器的这 3 种工作模式及模式之间的转换进行详细讲解。

1. 命令模式

每次使用 vim 编辑器打开文件时,文件默认进入命令模式。在命令模式下,用户可以控制光标移动,对文本进行复制、粘贴、删除和查找等操作,但无法对文件执行手动的输入、修改等编辑操作。图 2-7 中的 file 文件就处于命令模式,当前该文件无法输入内容。

下面介绍命令模式下 vim 编辑器移动光标、复制和粘贴文本、删除文本等常用操作。

(1) 移动光标。

在命令模式下,vim 编辑器光标的移动可分为 6 个级别,分别为字符级、单词级、行级、段落级、屏幕级和文档级。vim 编辑器各个级别的光标移动快捷键及含义如表 2-49 所示。

表 2-49　vim 编辑器各个级别的光标移动快捷键及含义

级　　别	命令快捷键	含　　义
字符级	← 或 h	使光标向字符的左边移动
	→ 或 l	使光标向字符的右边移动
单词级	w	使光标移动到下一个单词的首字母
	e	使光标移动到本单词的尾字母
	b	使光标移动到本单词的首字母
行级	↑ 或 k	使光标移动到上一行
	↓ 或 j	使光标移动到下一行
	$	使光标移动到当前行尾
	0	使光标移动到当前行首
段落级	}	使光标移至段落结尾
	{	使光标移至段落开头
屏幕级	H	使光标移至屏幕首部
	L	使光标移至屏幕尾部
文档级	G	使光标移至文档尾行
	n(正整数)+G	使光标移至文档的第 n 行开头,例如,先按 5 再按 G,表示将光标移至文档第 5 行开头

（2）复制和粘贴文本。

在命令模式下,用户可以使用快捷键对文件执行复制和粘贴操作,复制和粘贴操作相关快捷键及含义如表 2-50 所示。

表 2-50　复制和粘贴操作相关快捷键及含义

快　捷　键	含　　义
yy	yy 快捷键(连续按两次 y)可以复制光标当前所在行内容,按 p 键将复制的内容粘贴到当前光标的下一行
n(正整数)+yy	从当前光标所在行开始(包括光标所在行),复制 n 行内容,例如,先按 3 再连续按两次 y,表示从当前行开始,复制 3 行内容(包括当前行)
y+e	从光标所在位置开始复制直到当前单词结尾
y+$	从光标所在位置开始复制直到当前行结尾
y+{	从当前段落开始的位置复制到光标所在位置
p	将复制的内容粘贴到光标所在位置

需要注意的是,在表 2-50 中,使用"+"符号连接两个不同按键,如 y+e,表示先按 y,松开之后,再按 e。

（3）删除文本。

在命令模式下,用户可以使用快捷键对文本执行删除操作,文本删除操作相关快捷键及含义如表 2-51 所示。

表 2-51　文本删除操作相关快捷键及含义

快　捷　键	含　　义
x	删除光标所在的单个字符

续表

快 捷 键	含 义
dd	删除光标所在的当前行
n(正整数)+dd	删除包括光标所在行的后边 n 行内容
d+$	删除光标位置到行尾的所有内容

(4) 其他操作。

在命令模式下,除了移动光标、复制和粘贴文本等,vim 编辑器还有一些其他常用操作,对应的快捷键及含义如表 2-52 所示。

表 2-52 其他常用操作快捷键及含义

快 捷 键	含 义
u	撤销上一个快捷键操作
.	重复执行上一个快捷键操作
J	将光标所在行与下一行内容合并成一行,下一行内容与当前行内容以空格分隔
r+字符	快速替换光标所在字符,例如,光标定位在 nihao 中的字符 n,先按 r 键再按 N,可以将 n 替换为 N

2. 编辑模式

编辑模式也称为输入模式,在编辑模式下,用户可以正常地输入、修改文件内容。编辑模式可由命令模式切换进入,在命令模式下按 i、a、o 或 s 等快捷键可以进入编辑模式,这些快捷键大小写均可切换到编辑模式,只是切换作用不同。由命令模式切换到编辑模式的常用快捷键及含义如表 2-53 所示。

表 2-53 由命令模式切换到编辑模式的常用快捷键及含义

快 捷 键	含 义	快 捷 键	含 义
i	光标定位到字符之前	o	在本行下面新插入一行
I	光标定位到本行行首	O	在本行上面新插入一行
a	光标定位到字符之后	s	删除光标所在处的字符
A	光标定位到本行行尾	S	删除光标所在的整行文本

切换到编辑模式后,用户就可以输入文本了。

3. 末行模式

所谓末行模式就是在文件最后一行输入命令完成一定的操作。末行模式主要用于保存或不保存退出文件,以及设置 vim 编辑器的工作环境。在命令模式按":"符号可以切换到末行模式。末行模式常用的命令及含义如表 2-54 所示。

表 2-54 末行模式常用的命令及含义

命 令	含 义
q	不保存退出 vim 编辑器
wq	保存并退出 vim 编辑器
q!	强制不保存退出 vim 编辑器
wq!	强制保存文件并退出 vim 编辑器
set nu	设置行号,仅对本次操作有效,当重新打开文本时,若需要行号,要重新设置

续表

命　　令	含　　义
set nonu	取消行号,仅对本次操作有效
n	使光标移动到第 n 行
/字符串	在文件中从上至下搜索字符串,例如,输入/abc,表示在文本中从上至下搜索字符串"abc"
?字符串	在文件中从下至上搜索字符串,例如,输入? abc,表示在文本中从下至上搜索字符串"abc"
s/字符串 1/字符串 2	将当前光标所在行的第一个字符串 1 替换成字符串 2,例如,输入 s/abc/ABC,表示将当前行的第一个字符串"abc"替换为字符串"ABC"
s/字符串 1/字符串 2/g	将当前光标所在行的所有字符串 1 都替换成字符串 2,例如,输入 s/abc/ABC/g,表示将当前行所有的字符串"abc"都替换为字符串"ABC"
%s/字符串 1/字符串 2/g	将全文中的字符串 1 都替换成字符串 2,例如,输入%s/abc/ABC/g,表示将文件中所有的字符串"abc"都替换为字符串"ABC"
%s/字符串 1/字符串 2/gc	将全文中的字符串 1 都替换成字符串 2,且每替换一个内容都有相应的提示,例如,输入%s/abc/ABC/gc,表示将文件中所有的字符串"abc"都替换为字符串"ABC",每替换一个都会有一个提示:替换为 ABC (y/n/a/q/l/^E/^Y)?,在"?"后面输入 Y 或 y 表示同意替换,输入 N 或 n 则结束替换

2.8　本章小结

本章主要讲解了 Linux 操作系统中常用的命令。首先讲解了用户和用户组管理命令、文件管理的相关概念和命令、软件管理命令;然后讲解了进程管理命令、网络管理与通信命令、帮助命令;最后讲解了 vim 编辑器。通过本章的学习,读者可以掌握 Linux 操作系统常用的命令,为后面深入地学习编程做好铺垫。

2.9　本章习题

请读者扫描右方二维码,查看本章习题。

第 3 章

Shell 编 程

学习目标

- 掌握 Shell 脚本的创建与执行,能够成功创建与执行一个 Shell 脚本。
- 掌握用户自定义变量,能够根据需求定义变量。
- 了解环境变量,能够说出常用的环境变量及其功能。
- 掌握位置变量,能够使用位置变量完成脚本的参数传递。
- 掌握预定义变量,能够利用预定义变量查看脚本信息。
- 掌握 read 命令与 echo 命令,能够使用 read 命令和 echo 命令完成数据的输入输出。
- 掌握标准 I/O 与重定向,能够将标准 I/O 重定向到指定文件。
- 掌握引号的使用,能够利用引号完成特定命令的执行。
- 掌握通配符,能够利用通配符完成相应的数据匹配。
- 掌握连接符,能够利用连接符简化命令的执行。
- 掌握管道,能够利用管道简化命令的书写。
- 掌握数值运算相关命令,能够利用数值运算命令完成数值表达式的运算。
- 掌握 Shell 条件语句,能够使用 if 语句和 case 语句处理程序中的判断逻辑。
- 掌握 Shell 循环语句,能够使用 for、while、until、select 循环语句处理程序中的循环逻辑。
- 掌握 Shell 函数,能够利用函数完成功能代码的封装。
- 掌握 Shell 数组,能够利用数组完成数据的批量处理。

Shell 既是一种命令语言,又是一种程序设计语言(即 Shell 脚本)。作为一种基于命令的语言,Shell 交互式地解释和执行用户输入的命令,或自动解释用户预先设定的一系列命令;作为程序设计语言,Shell 中定义了各种变量和参数,提供了许多高级语言拥有的流程控制结构。本章将针对 Shell 程序设计的相关知识进行讲解。

3.1 Shell 脚本的创建与执行

Shell 编程实质是将 Shell 中的命令、变量和控制语句等语法元素按照一定的规则编写成文本文件,这个文本文件称为 Shell 脚本。在执行时,Shell 对脚本中的内容逐行分析,并加以解释和执行。

Shell 脚本的创建比较简单,下面通过案例 3-1 演示 Shell 脚本的创建与执行。

【案例 3-1】 创建一个 Shell 脚本 demo3-1,编写代码实现在终端输出"Hello Shell"。
demo3-1:

```
1   #!/bin/bash
2   #定义一个变量 words 并初始化
3   words="Hello Shell"
4   #输出变量 words
5   echo $words
6   exit 0
```

输入完毕,保存退出。至此,一个简单的 Shell 脚本就创建完成了。demo3-1 脚本中一共有 6 行代码,每一行代码的功能与含义如下。

- 第 1 行代码:一种特殊的注释,"♯!"后的参数表明了系统将会调用哪个程序来执行该脚本。在本案例中,/bin/bash 是默认的 Shell 程序。
- 第 2 行代码:注释行,"♯"类似于 C 语言中的"//"。
- 第 3 行代码:定义了一个名称为 words 的变量,为其赋值"Hello Shell"。
- 第 4 行代码:注释行。
- 第 5 行代码:使用 echo 命令输出变量 words 的值,符号"＄"表示对变量的引用。
- 第 6 行代码:表示程序结束,exit 类似 C 语言函数中的 return 关键字,其作用是确保该脚本程序能够返回一个有意义的退出码。

Shell 脚本创建完成之后,需要执行脚本,下面介绍两种执行 Shell 脚本的方式。
(1) 直接执行脚本。
Shell 脚本本身是一个可执行文件,但是 Shell 脚本在创建时默认没有执行权限,因此在执行之前,需要为 Shell 脚本赋予执行权限,具体操作如下。

```
[itheima@localhost chapter03]$ chmod +x demo3-1        #为 demo3-1 脚本赋予执行权限
[itheima@localhost chapter03]$ ./demo3-1               #直接执行脚本
Hello Shell                                            #输出结果
```

(2) 使用 sh 命令执行脚本。
如果没有为 Shell 脚本赋予执行权限,可以将脚本文件作为一个参数传递给 sh 命令执行,具体操作如下。

```
[itheima@localhost chapter03]$ sh demo3-1              #使用 sh 命令执行脚本
Hello Shell
```

3.2 Shell 变量

Shell 提供了用户自定义变量和内置变量,包括环境变量、位置变量和预定义变量。变量在 Shell 程序设计中有着重要作用,本节将针对 Shell 变量进行详细讲解。

3.2.1 用户自定义变量

在 Shell 中,用户可以自定义变量并引用变量。在特定情况下,用户也可以将变量设置为只读变量,如果变量不再使用,用户也可以清除变量。下面将从变量的定义、变量的引用、设置只读变量、变量的清除 4 个方面讲解用户自定义变量。

1. 变量的定义

Shell 变量名由字母、数字和下画线组成，开头只能是字母或下画线。Shell 中的变量没有数据类型，在定义变量时直接书写变量名并为其赋值即可，格式如下。

```
变量名=值
```

给变量赋值时，"="两边不能有空格。Shell 脚本编程中有很多细节需要注意，因此在学习时，读者要培养编程的良好学习习惯和专业态度。

定义变量的示例代码如下。

```
num=100                           #定义变量 num,值为 100
name=zhangsan                     #定义变量 name,值为 zhangsan
```

若变量值中包含空格，必须使用引号（单引号或双引号）把变量值包裹起来。例如，定义一个值为"hello itheima"的变量 var，定义形式如下。

```
var='hello itheima'
```

或

```
var="hello itheima"
```

若要给变量赋空值，有两种方式，第 1 种方式，省略变量定义中"值"的部分，注意等号不能省略；第 2 种方式，使用引号包裹一个空字符串给变量赋值。定义空值变量的示例代码如下。

```
var1=                             #定义变量 var1,值为空
var2=""                           #定义变量 var2,值为空
var3=''                           #定义变量 var3,值为空
```

2. 变量的引用

变量定义完成之后就可以引用变量，Shell 中通常使用"＄"符号引用变量。例如，引用上述定义的变量 var，使用 echo 命令将变量 var 的值输出到终端显示，具体如下。

```
[itheima@localhost chapter03]$ echo $var     #使用$符号引用变量 var
hello itheima
```

除了直接使用"＄"符号，Shell 还提供了其他很多方式引用 Shell 中的变量，这些引用方式除了可以获取变量的值，还可以获取变量的长度、子串等。Shell 中变量常见的引用方式如表 3-1 所示。

表 3-1　Shell 中变量常见的引用方式

引用格式	返回值	举例
＄var	返回变量值	var＝"itheima"，＄var 即 itheima
＄{var}	返回变量值	var＝"itheima"，＄{var}即 itheima
＄{♯var}	返回变量长度	var＝"itheima"，＄{♯var}即 7
＄{var:start_index}	返回从 start_index 开始到字符串末尾的子串，字符串中的下标从 0 开始	var＝"itheima"，＄{var:2}即 heima

续表

引用格式	返回值	举例
${var:start_index:length}	返回从 start_index 开始的 length 个字符。若 start_index 为负值,表示从末尾往前数 start_index 个字符	var="itheima" ${var:2:3} 即 hei ${var:-4:3} 即 eim
${var#string}	返回从左边删除 string 前的字符串,包括 string,匹配最近的字符,在匹配时可以使用通配符	var="itheimaitheima", ${var#*e} 即 imaitheima
${var##string}	返回从左边删除 string 前的字符串,包括 string,匹配最长的字符,在匹配时可以使用通配符	var="itheimaitheima", ${var##*e} 即 ima
${var:=newstring}	若 var 为空或未定义,则返回 newstring,并把 newstring 赋给 var;否则返回原值	var="", ${var:=itheima} 即 itheima, var=itheima; var = "itheima", ${var:=hello} 即 itheima
${var:-newstring}	若 var 为空或未定义,则返回 newstring;否则返回原值	var="", ${var:-itheima} 即 itheima,var 仍为空; var = "itheima", ${var:-hello} 即 itheima
${var:+newstring}	若 var 为空,则返回空值;否则返回 newstring	var="", ${var:+itheima} 为空; var="itheima", ${var:+hello} 即 hello
${var:? newstring}	若 var 为空或未定义,则将 newstring 写入标准错误流,该语句失败;否则返回原值	var = "", ${var:? itheima}, 将 "itheima"写入标准错误流,此时输出为: "bash:var:itheima"; var = "itheima", ${var:? hello} 即 itheima
${var/substring/newstring}	将 var 中第一个 substring 替换为 newstring 并返回新的 var	var = "itheima", ${var/ma/xy} 即 itheixy
${var//ubstring/newstring}	将 var 中所有 substring 替换为 newstring 并返回新的 var	var="itheimaitheima", ${var//ma/xy} 即 itheixyitheixy

3. 设置只读变量

默认情况下,Shell 变量是可读写的,如果用户定义一个变量,不允许程序对其修改,则可以将该变量设置为只读变量。Shell 提供了 readonly 关键字用于将某个变量设置为只读变量,其格式如下。

```
readonly 变量名
```

设置只读变量的示例代码如下。

```
[itheima@localhost chapter03]$ readonly len=10      #定义只读变量 len
[itheima@localhost chapter03]$ len=100              #修改 len 的值
-bash: len:只读变量                                  #提示 len 为只读变量
```

4. 变量的清除

如果某个变量确定不再使用,可以使用 unset 命令清除该变量,以释放其占据的内存空间。使用 unset 命令清除变量的格式如下。

```
unset 变量名
```

清除变量的示例代码如下。

```
[itheima@localhost chapter03]$ name=zhangsan
[itheima@localhost chapter03]$ echo $name
zhangsan
[itheima@localhost chapter03]$ unset name
[itheima@localhost chapter03]$ echo $name
```

在上述示例中,首先定义了变量 name,其值为"zhangsan",使用 echo 命令输出了变量 name 的值。然后调用 unset 命令清除变量 name,再次使用 echo 输出该变量的值,结果无输出,表明变量 name 已被清除。

3.2.2 环境变量

在 Linux 操作系统中,包括 Shell 脚本在内的应用程序、系统程序经常需要获取系统配置信息、用户身份信息、运行环境信息等。Linux 操作系统将这些信息保存在一组环境变量中,供应用程序、系统程序读取。系统定义的环境变量使用大写英文单词命名,如 PATH、HOME、SHELL 等。

在 Linux 操作系统和 Windows 操作系统中,Java、Android、大数据等开发平台都普遍使用环境变量来设置开发环境和运行环境。使用 Java、C/C++、Python 等语言编写的程序都提供了相应的方式来访问系统环境变量。

环境变量是 Shell 中非常重要的一个变量,下面将从常见的环境变量、环境变量的定义与设置两个方面对环境变量进行讲解。

1. 常见的环境变量

Linux 操作系统定义了很多环境变量,用户可以使用 env 命令查看系统中定义的环境变量,具体命令及输出结果如下。

```
[itheima@localhost chapter03]$ env            #查看系统中定义的环境变量
SHELL=/bin/bash
HISTCONTROL=ignoredups
HOSTNAME=localhost
HISTSIZE=1000
PWD=/home/itheima/chapter03
LOGNAME=itheima
HOME=/home/itheima
LANG=zh_CN.UTF-8
…                                             #内容较多,省略部分输出结果
```

在系统定义的环境变量中,有几个比较常见的环境变量,如 PATH、HOME、SHELL 等,Linux 操作系统及诸多应用程序的正常运行都依赖它们。下面对这一些常见的环境变量进行简单介绍。

(1) PATH。

PATH 是 Linux 操作系统中一个极为重要的环境变量,它用于帮助 Shell 找到用户输入的命令。用户输入的每个命令都是一个可执行程序,计算机执行这个程序以实现该命令的功能。这些可执行程序存储在不同的目录下,PATH 变量就记录了这一系列的目录。

输出 PATH 变量的值,结果如下。

```
[itheima@localhost chapter03]$ echo $PATH
/home/itheima/.local/bin:/home/itheima/bin:/usr/local/bin:/usr/bin:/usr/local/sbin:/usr/sbin
```

由输出结果可知,PATH 中包含了多个目录,它们之间用冒号(:)分隔,这些目录中保存着命令的可执行程序。例如,输入 ls 命令,PATH 就会去这些目录中查找 ls 命令的可执行程序,首先在 /home/itheima/.local/bin 目录查找,找到就执行该命令;没找到就继续查找下一个目录,直到找到为止。

如果 PATH 变量值存储的目录列表中的所有目录都不包含相应文件,则 Shell 会提示未找到命令。

PATH 变量的值可以被修改,但在修改时要注意不可以直接赋新值,否则 PATH 变量现有的值将会被覆盖。如果要在 PATH 中添加新目录,可以使用下面的命令格式。

```
PATH=$PATH:/new directory
```

上述格式中,$PATH 表示原来的 PATH 变量,/new directory 表示要添加的新目录,中间用冒号隔开,旧的 PATH 变量加上新增目录之后再赋值给 PATH 变量。

(2) HOME。

HOME 记录当前用户的家目录,例如,在本机中有两个用户 root、itheima,分别用这两个用户输出 $HOME 变量的值,具体如下。

```
[itheima@localhost chapter03]$ echo $HOME      #itheima 用户
/home/itheima
[itheima@localhost chapter03]$ su -            #切换到 root 用户
密码:                                           #输入 root 用户密码
[root@localhost ~]# echo $HOME                 #root 用户
/root
```

(3) SHELL。

SHELL 变量用于保存 Linux 操作系统使用的 Shell。CentOS Stream 9 操作系统默认使用的 Shell 为 bash。SHELL 变量的输出结果如下。

```
[itheima@localhost chapter03]$ echo $SHELL
/bin/bash
```

如果要使用其他 Shell,则需要重置 SHELL 变量的值。

(4) PWD 和 OLDPWD。

PWD 记录当前工作目录,当利用 cd 命令切换到其他目录时,系统自动更新 PWD 的值,OLDPWD 保存旧的工作目录。输出这两个变量的值,结果如下。

```
[itheima@localhost chapter03]$ echo $PWD
/home/itheima/chapter03
[itheima@localhost chapter03]$ echo $OLDPWD
/home/itheima
```

由 PWD 变量的输出结果可知,当前工作目录为 /home/itheima/chapter03,之前所在的工作目录为 /home/itheima。

(5) USER 和 UID。

USER 和 UID 用于保存用户信息。USER 保存已登录用户的名字，UID 则保存已登录用户的 ID。使用 echo 命令输出这两个环境变量的值，具体结果如下。

```
[itheima@localhost chapter03]$ echo $USER $UID
itheima 1000
```

由上述输出结果可知，当前登录用户为 itheima，用户 ID 为 1000。

(6) PS1 和 PS2。

PS1 和 PS2 用于设置命令提示符格式。例如"[itheima@localhost ~]＄"就是命令提示符，[]里包含了当前用户名、主机名和当前目录等信息，这些信息并不是固定不变的，可以通过 PS1 和 PS2 的设置而改变。

PS1 用于设置一级 Shell 提示符，也称为主提示符。使用 echo 命令查看 PS1 的值，输出结果如下。

```
[itheima@localhost chapter03]$ echo $PS1
[\u@\h \W]\$
```

由上述输出结果可知，变量 PS1 包含 4 项内容，这 4 项内容的含义分别如下。

- \u 表示当前用户名。
- \h 表示主机名。
- \W 表示当前目录名。
- \＄ 是命令提示符，普通用户是"＄"符号，root 用户是"♯"符号。

PS2 用于设置二级命令提示符，使用 echo 命令查看 PS2 的值，输出结果如下。

```
[itheima@localhost chapter03]$ echo $PS2
>
```

PS2 的值为＞符号，当输入命令不完整时，将出现二级提示符，具体示例如下。

```
[itheima@localhost chapter03]$ echo "hello
> "                                              #二级提示符
hello
```

2．环境变量的设置

用户可以设置环境变量，Linux 操作系统提供了两种设置环境变量的方式，第一种是使用 export 命令设置环境变量；第二种是通过配置文件设置环境变量。下面针对这两种方式进行讲解。

(1) 使用 export 命令设置环境变量。

export 命令的作用是显示或设置环境变量，单独使用 export 命令时，系统会显示所有已经定义的环境变量，其功能类似 env 命令。export 命令后面的参数用于设置环境变量，设置环境变量包括新增、修改、删除环境变量。

export 命令设置环境变量的基本格式如下。

```
export 选项 变量名称=值
```

export 命令的常用选项如表 3-2 所示。

表 3-2　export 命令的常用选项

选项	说　　明
-f	表示变量名称是一个函数名
-n	删除指定变量。使用-n 选项删除变量时，实质上并未删除变量，只是不会将变量输出到后续指令的执行环境中
-p	列出程序中设置的所有环境变量及其值

使用 export 命令设置环境变量时，只在当前 Shell 中有效，重启 Shell 之后，设置失效。下面通过案例 3-2 演示使用 export 命令设置环境变量的用法。

【案例 3-2】　使用 export 命令修改 USER 环境变量的值为 itcast。

USER 环境变量用于保存当前登录用户的用户名，当前登录用户为 itheima，将其修改为 itcast，具体操作如下。

```
[itheima@localhost chapter03]$ echo $USER              #输出 USER 环境变量的值
itheima
[itheima@localhost chapter03]$ export USER=itcast      #设置 USER 的值为 itcast
[itheima@localhost chapter03]$ echo $USER              #再次输出 USER 环境变量的值
itcast
```

由上述输出结果可知，最初 USER 环境变量的值为 itheima，使用 export 命令修改 USER 环境变量的值为 itcast，再次输出 USER 环境变量的值，其结果为 itcast，说明使用 export 命令成功修改了 USER 环境变量的值。但是当退出后重新登录 Shell，该设置会失效。

(2) 通过配置文件设置环境变量。

Linux 操作系统中的环境变量分为系统级环境变量和用户级环境变量，系统级环境变量对每个用户都有效，而用户级环境变量只对当前用户有效。

环境变量的配置文件也分为系统级和用户级，系统级的配置文件有很多，例如/etc/profile、/etc/profile.d、/etc/bashrc、/etc/environment 等，在这些配置文件中定义的环境变量对所有用户都是永久有效的。用户级的环境变量配置文件主要是.bash_profile 和.bashrc 两个文件，它们位于用户的家目录下，例如以 itheima 用户登录，它们位于/home/itheima/目录下。.bash_profile 文件主要定义当前 Shell 环境变量，.bashrc 文件主要用于定义子 Shell 环境变量。

设置系统级的环境变量可以在系统级环境变量配置文件当中设置，将设置语句"export 选项 变量名称=值"添加至相应配置文件末尾即可。针对单个用户设置环境变量，可以在.bash_profile 配置文件或.bashrc 配置文件中设置。

下面通过案例 3-3 演示通过配置文件设置环境变量的用法。

【案例 3-3】　定义一个环境变量 VERSION 用于保存本书的版本 2.0，永久有效。

该案例要求设置的环境变量 VERSION 适用于当前用户，并且永久有效，则可以在用户级环境变量配置文件.bash_profile 中设置。使用 vim 命令编辑.bash_profile 配置文件，在文件末尾添加"export VERSION=2.0"命令，具体如下。

```
[itheima@localhost chapter03]$ vim /home/itheima/.bash_profile
# .bash_profile
```

```
# Get the aliases and functions
if [ -f ~/.bashrc ]; then
    . ~/.bashrc
fi

# User specific environment and startup programs
export VERSIONI=2.0                                    #设置环境变量 VERSION
```

设置完成之后保存退出，重新登录 Shell，使用 echo 命令查看环境变量 VERSION 的值，具体命令及输出结果如下。

```
[itheima@localhost chapter03]$ echo $VERSION
2.0
```

3.2.3 位置变量

位置变量主要用于接收传入 Shell 脚本的参数，因此位置变量也被称为位置参数。位置变量的名称由"$"符号与整数组成，命名规则如下。

```
$n
```

$n 用于接收传递给 Shell 脚本的第 n 个参数。例如，$1 表示传入脚本的第一个参数，$2 表示传入脚本的第二个参数。

当位置变量名中的整数大于 9 时，需使用{}将其括起来。例如，脚本中的第 10 个位置参数应表示为${10}。需要注意的是，n 是从 1 开始的，$0 表示脚本自身的名称。

下面通过案例 3-4 演示位置变量的用法。

【案例 3-4】 编写一个 Shell 脚本 demo3-4，输出传递给脚本的参数。

demo3-4：

```
#!/bin/bash
echo "脚本名称:$0"
echo "第 1 个参数:$1"
echo "第 2 个参数:$2"
echo "第 3 个参数:$3"
echo "第 4 个参数:$4"
```

执行这个脚本，并传入相应的参数，具体命令及输出结果如下。

```
[itheima@localhost chapter03]$ bash demo3-4 java C/C++ Python 大数据
脚本名称:demo3-4
第 1 个参数:java
第 2 个参数:C/C++
第 3 个参数:Python
第 4 个参数:大数据
```

由上述输出结果可知，在脚本 demo3-4 中成功使用位置变量接收了传入脚本的参数。需要注意的是，位置变量在接收数据时，只根据位置顺序来接收相应参数，如果传入的参数不足，则对应位置的参数为空。例如，修改 demo3-4 脚本，修改后内容如下。

```
#!/bin/bash
echo "第 2 个参数:$2"
echo "第 4 个参数:$4"
```

修改之后的demo3-4脚本只保留第2个和第4个位置变量,再次执行这个脚本,只传入3个参数,输出结果如下。

```
[itheima@localhost chapter03]$ bash demo3-4 java C/C++ Python
第2个参数:C/C++
第4个参数:
```

由输出结果可知,第2个参数为"C/C++",第4个参数为空(即没有接收到参数),说明位置变量只根据位置顺序来接收相应参数。

3.2.4 预定义变量

除了上述几个变量之外,Shell还预定义了一些特殊变量,主要用来查看脚本的运行信息。Shell中常用的预定义变量如表3-3所示。

表3-3 Shell中常用的预定义变量

预定义变量	作用
$#	存储传递到脚本的参数数量
$*	存储传递到脚本的所有参数内容
$?	命令退出状态,0表示正常退出,非0表示异常退出
$$	存储当前进程的进程号

下面通过案例3-5演示预定义变量的用法。

【案例3-5】 修改案例3-4中的demo3-4脚本为demo3-5,增加预定义变量的输出。demo3-5:

```
#!/bin/bash
echo "脚本名称:$0"
echo "第1个参数:$1"
echo "第2个参数:$2"
echo "第3个参数:$3"
echo "第4个参数:$4"
#新增内容
echo "脚本参数数量:$#"
echo "参数内容:$*"
echo "本程序进程号:$$"
```

在demo3-5脚本中使用预定义变量显示该脚本运行的信息。执行demo3-5脚本,传入相应参数,具体命令及输出结果如下。

```
[itheima@localhost chapter03]$ sh demo3-5 java C/C++ Python 大数据
脚本名称:demo3-5
第1个参数:java
第2个参数:C/C++
第3个参数:Python
第4个参数:大数据
脚本参数数量:4
参数内容:java C/C++ Python 大数据
本程序进程号:651254
```

由输出结果的后3行可知,使用预定义变量成功获取了脚本运行信息。

3.3 Shell 的输入输出

Shell 编程提供了 read 命令与 echo 命令用于实现输入和输出，除此之外，Shell 编程也支持标准 I/O 的重定向。本节将针对 Shell 的输入输出进行讲解。

3.3.1 read 命令与 echo 命令

在为变量赋值时，除了直接使用"＝"符号为变量赋值外，还可以使用 read 命令读取用户的输入为变量赋值，这样就可以实现运行中的 Shell 脚本与用户之间的交互。同时，利用 echo 命令可以将各种信息输出到终端。下面分别讲解 read 命令与 echo 命令的用法。

1. read 命令

read 命令用于从终端或指定的文件描述符中读取单行文本，赋值给指定变量。read 命令基本格式如下。

```
read 选项 变量列表
```

变量列表中可以有一个变量，也可以有多个变量，如果变量列表中有多个变量，则变量之间使用空格分隔。

read 命令的常用选项如表 3-4 所示。

表 3-4 read 命令的常用选项

选项	说明
-p 提示信息	设置提示信息。如 read -p "输入整数：" num
-n 字符数量	设置读取的字符数量。如 read -n 2 num
-s	键盘输入时，屏幕不回显，即隐藏输入内容，可用于密码等敏感信息的输入
-r	取消转义字符的转义作用
-t	设置等待输入的时间，防止脚本无限期地等待用户输入，默认单位为秒

read 命令在读取数据时有以下 4 点需要注意。

- 如果变量列表中只有一个变量，则 read 读取的整个文本行都会赋值给该变量。
- 如果变量列表中有多个变量，输入数据时也按照空格分隔成多个字段，read 命令会依次将这些字段赋值给变量。
- 如果变量数量少于字段数量，则多余的字段和分隔符会被分配给最后一个变量。
- 如果变量数量多于字段数量，则多出的变量不会被赋值。

下面通过案例 3-6 和案例 3-7 演示 read 命令的用法。

【案例 3-6】 创建脚本 demo3-6，脚本功能：输入 3 个学生的成绩，这 3 个学生分别为 Lili、yan、zhouyi。输入 3 个学生的成绩之后，将他们的成绩输出到终端。

demo3-6：

```
1    #!/bin/bash
2    read -p "请输入 3 个学生的成绩:" Lili yan zhouyi
3    echo "3 个学生的成绩:" $Lili $yan $zhouyi
4    exit 0
```

在脚本 demo3-6 中，第 2 行代码使用 read 命令读取输入的数据，并为 3 个变量 Lili、yan、zhouyi 赋值，并使用-p 选项提示输入信息。第 3 行代码使用 echo 命令输出 3 个变量的值。

执行脚本 demo3-6，根据提示输入 3 个学生的成绩，具体命令及输出结果如下。

```
[itheima@localhost chapter03]$ sh demo3-6
请输入 3 个学生的成绩:96 88 93
3 个学生的成绩: 96 88 93
```

【**案例 3-7**】 创建脚本 demo3-7，脚本功能：模拟软件的注册功能，具体要求如下。

（1）输入用户名和密码。
（2）密码长度限制为 8 个字符。
（3）密码输入时不显示。
（4）如果密码输入超过 5 秒，则退出。

对案例进行分析，密码长度限制为 8 个字符，可以使用 read 命令的-n 选项实现；密码输入时不显示，可以使用 read 命令的-s 选项实现；密码输入时间超过 5 秒就退出，可以使用 read 命令的-t 选项实现。根据上述思路实现 demo3-7 脚本，具体实现如下。

demo3-7:

```
1    #!/bin/bash
2    echo "欢迎注册"
3    read -p "请输入用户名:" name
4    read -p "请输入密码:" -n 8 -s -t 5 password
5    echo ""
6    echo  $name "注册成功!"
7    exit 0
```

在脚本 demo3-7 中，第 4 行代码用于输入用户密码，使用选项较多；第 5 行代码使用 echo 命令输出一个空字符串，目的是换行。

执行脚本 demo3-7，根据提示输入用户名和密码，具体命令及输出结果如下。

```
[itheima@localhost chapter03]$ sh demo3-7
欢迎注册
请输入用户名:itheima
请输入密码:
itheima 注册成功!
```

2. echo 命令

echo 命令在前面的学习中已经使用过很多次，它是 Shell 中的输出命令，用于将指定的字符串输出到终端。echo 命令基本格式如下。

```
echo 选项 字符串
```

echo 命令的常用选项如表 3-5 所示。

表 3-5　echo 命令的常用选项

选项	说明	选项	说明
-n	不在最后自动换行	-E	不解释转义字符,为默认选项
-e	解释转义字符		

当使用选项-e时,如果字符串中出现转义字符,echo命令会解释转义字符,即输出转义字符的效果。echo命令支持的常用转义字符如表3-6所示。

表3-6　echo命令支持的常用转义字符

转 义 字 符	含　　义	转 义 字 符	含　　义
\\	反斜杠	\f	换页字符
\b	退格键	\n	换行字符
\c	取消行末的换行符号	\r	回车键
\e 或\E	Esc 键	\t	制表符

echo命令输出转义字符的用法示例如下。

```
[itheima@localhost chapter03]$ echo "hello \nworld"          #不解释转义字符
hello \nworld
[itheima@localhost chapter03]$ echo -e "hello \nworld"       #解释转义字符
hello
world
```

在上述命令中,第1次执行echo命令时,不解释转义字符,则字符串中的"\n"符号原样输出;第2次执行echo命令时,使用-e选项解释转义字符,则"\n"符号被解释为了换行。

3.3.2　标准 I/O 与重定向

Shell 默认可接收用户输入的命令,并在执行后将结果或错误信息输出到终端,终端的输入和输出称为 Shell 标准输入和输出(简称标准 I/O)。

Shell 中的标准 I/O 有 3 个,分别是标准输入(STDIN)、标准输出(STDOUT)和标准错误(STDERR),下面分别进行解释。

- 标准输入(STDIN):标准输入文件的编号是 0,默认的设备是键盘,命令在执行时从标准输入文件中读取需要的数据。
- 标准输出(STDOUT):标准输出文件的编号是 1,默认的设备是显示器,命令执行后其输出结果会被发送到标准输出文件。
- 标准错误(STDERR):标准错误文件的编号是 2,默认的设备是显示器,命令执行时产生的错误信息会被发送到标准错误文件。

Shell 中的输入输出大部分是通过标准 I/O 完成的,但在实际编程中,有时候用户希望从其他地方获取数据或者将数据输出到其他地方。例如,从某一个文件当中获取数据,或者将数据输出到某一个文件中,这时可以通过重定向实现。

所谓重定向,就是使用用户指定的文件,而非默认资源(键盘、显示器)来获取或接收数据。下面针对标准 I/O 的三种重定向方法进行讲解。

1. 标准输入重定向

标准输入重定向通过运算符"＜"实现,运算符"＜"可以将原先需要从终端读取的数据改为从文件中读取,其基本格式如下。

```
命令 < 文件路径
```

上述格式中,运算符"＜"可以从文件中读取数据输入给命令。下面通过案例 3-8 演示标准输入重定向。

【案例 3-8】 使用 read 命令从文件 demo3-8 中读取数据赋值给变量 text,然后将变量 text 的值输出到终端。文件 demo3-8 内容为：成功读取文件 demo3-8 的内容,输入重定向成功。

案例 3-8 的实现命令及输出结果如下。

```
[itheima@localhost chapter03]$ read text < demo3-8 #从文件 demo3-8 中读取数据
[itheima@localhost chapter03]$ echo $text
成功读取文件 demo3-8 的内容,输入重定向成功。
```

在案例 3-8 中,使用 read 命令和运算符"<"从文件 demo3-8 中读取数据传递给 read 命令,read 命令将读取到的数据赋值给变量 text。使用 echo 命令输出变量 text 的值到终端,由输出结果可知,运算符"<"成功地从文件 demo3-8 中读取了数据。

2. 标准输出重定向

标准输出重定向通过运算符">"实现,运算符">"可以将原先需要输出到终端的数据改为输出到文件中,其基本格式如下。

命令 > 文件路径

上述格式中,运算符">"可以将命令的输出结果输出到文件中。下面通过案例 3-9 演示输出重定向。

【案例 3-9】 使用 cat 命令读取文件 demo3-7 的内容,将其写入文件 demo3-9。

```
[itheima@localhost chapter03]$ cat demo3-7 > demo3-9
[itheima@localhost chapter03]$ cat demo3-9
#!/bin/bash
echo "欢迎注册"
read -p "请输入用户名:" name
read -p "请输入密码:" -n 8 -s -t 5 password
echo ""
echo  $name "注册成功!"
```

在案例 3-9 中,由第 2 次执行 cat 命令的输出结果可知,文件 demo3-9 中的内容就是文件 demo3-7 中的内容,表明第 1 次执行 cat 命令时,成功读取了文件 demo3-7 中的内容,由运算符">"重定向到了文件 demo3-9 中。

3. 标准错误重定向

标准错误默认也是输出到终端,因此它也通过运算符">"实现,但运算符">"是为了实现正常数据的标准输出,为了区分两者,在标准错误重定向时,需要在运算符">"前面加上标准错误文件的编号 2,其基本格式如下。

命令 2> 文件路径

上述格式中,2 表示标准错误文件,"2> 文件路径"的含义是将标准错误重定向到文件中。下面通过案例 3-10 演示标准错误重定向。

【案例 3-10】 使用 ls 命令查看一个不存在的文件 hello(系统会报错),将错误信息重定向到文件 error 中。

案例 3-10 具体实现命令及输出结果如下。

```
[itheima@localhost chapter03]$ ls -l hello 2> error
[itheima@localhost chapter03]$ cat error
ls: 无法访问 'hello': 没有那个文件或目录
```

在案例 3-10 中，使用 ls 命令查看不存在的文件 hello，并将错误信息重定向到文件 error 中。查看完毕之后，使用 cat 命令查看文件 error，由输出结果可知，标准错误重定向成功。

在重定向时，标准错误和标准输出可以同时实现重定向，"2＞"和"＞"可以将错误信息和标准输出分别重定向到不同文件。例如，使用 ls 命令查看文件 hello 和文件 first，其中，文件 hello 不存在，错误信息重定向到文件 error 中；文件 first 存在，标准输出重定向到文件 result 中，具体命令如下。

```
[itheima@localhost chapter03]$ ls -l hello first 2> error > result
[itheima@localhost chapter03]$ cat error
ls: 无法访问 'hello': 没有那个文件或目录
[itheima@localhost chapter03]$ cat result
-rwxr-xr-x. 1 itheima itheima 103  2 月 29 10:31 first
```

在上述示例中，使用 ls 命令查看文件 hello 和文件 first 的信息之后，使用 cat 命令查看文件 error 和文件 result 的内容，由输出结果可知，标准错误和标准输出成功实现了重定向。

3.4 Shell 中的特殊符号

Shell 除了命令，还有一些作用很强大的符号，比如引号、通配符、连接符等。这些符号在 Shell 命令中有着不同的作用，借助这些符号，用户可以实现更复杂的功能。本节将对 Shell 中常用的特殊符号进行讲解。

3.4.1 引号

Shell 中常用的引号有 3 种：单引号(')、双引号(")与反引号(`)，下面分别讲解这 3 种引号的作用。

1. 单引号

一对单引号中的字符会被还原为字面意义，即单引号会屏蔽特殊字符的含义。单引号里的字符串，每一个字符都是一个单纯的字符，没有任何特殊含义。例如，定义变量 NUM＝100，在输出变量时需要添加"＄"符号，如果使用单引号将＄NUM 括起来输出，则"＄"符号将与变量整体作为一个字符串输出，具体命令及输出结果如下。

```
[itheima@localhost chapter03]$ NUM=100
[itheima@localhost chapter03]$ echo '$NUM'
$NUM
```

上述命令中，使用 echo 命令输出'＄NUM'时，直接输出了字符串＄NUM，而不是变量 NUM 的值，这是因为单引号屏蔽了"＄"符号的功能。

2. 双引号

双引号包裹一串字符，这一串字符整体是一个字符串，但双引号不会屏蔽字符串中具有特殊含义的字符。例如，将刚才定义的变量 NUM 加双引号输出，具体命令及输出结果如下。

```
[itheima@localhost chapter03]$ echo "$NUM"
100
```

由上述命令输出结果可知，双引号没有屏蔽"$"符号的作用。

3. 反引号

反引号(`)在 Shell 程序设计中也经常使用，它通常与"$"符号结合使用，形式为 $`、$`可以实现命令替换，将一个命令的执行结果赋值给一个变量或重定向到其他文件中。

使用 $`实现命令替换时，将命令包裹在一对反引号中，Shell 会提取该命令的执行结果，其基本格式如下。

```
$`命令`
```

使用 $`实现命令替换的示例如下。

```
[itheima@localhost chapter03]$ time=$`date`    #将 date 执行结果赋值给变量 time
[itheima@localhost chapter03]$ echo $time      #输出变量 time 的值
$2024 年 12 月 17 日 星期二 15:34:51 CST
```

上述示例中，首先使用反引号提取了 date 命令的执行结果，赋值给变量 time，然后使用 echo 命令输出变量 time 的值，由输出结果可知，反引号提取 date 命令执行结果成功。

除了使用 $`实现命令替换，还可以使用 $()实现命令替换，$()用法与 $`相同，示例如下。

```
[itheima@localhost chapter03]$ dir=$(pwd)      #将命令 pwd 执行结果赋值给变量 dir
[itheima@localhost chapter03]$ echo $dir       #输出变量 dir 的值
/home/itheima/chapter03
```

上述示例中，使用 $()将 pwd 命令的执行结果赋值给变量 dir，使用 echo 命令输出变量 dir 的值。由输出结果可知，变量 dir 的值即为命令 pwd 的执行结果，表明使用 $()成功提取了 pwd 命令的执行结果。

3.4.2 通配符

通配符是一种用于匹配文件名或字符串的特殊字符，可以帮助用户快速定位、处理文件或字符串。Shell 中常用的通配符如表 3-7 所示。

表 3-7 Shell 中常用的通配符

通配符	说明
*	与零个或多个字符匹配
?	与任何单个字符匹配
[]	与[]中的任一字符匹配
[!]	与[]之外的任一字符匹配

下面结合表 3-1 对 Shell 中常用的通配符进行详细讲解。

1. 通配符"*"

通配符"*"可以匹配零个或多个字符。例如，如果用户想要列出/etc 目录下以 sys 开头的所有文件，则可以在/etc/sys 后面加上通配符"*"进行匹配，具体命令及输出结果如下。

```
[itheima@localhost chapter03]$ ls -d /etc/sys*
/etc/sysconfig     /etc/sysctl.d     /etc/system-release
/etc/sysctl.conf   /etc/systemd      /etc/system-release-cpe
```

在上述命令中,/etc/sys*表示匹配以字符串/etc/sys开头的所有文件;-d选项表示仅对目标目录本身进行匹配,不递归匹配目录中的子文件。

例如,输出/etc目录下以.conf结尾的所有文件,可以使用/etc/*.conf进行匹配,具体查找命令及输出结果如下。

```
[itheima@localhost chapter03]$ ls /etc/*.conf
/etc/anthy-unicode.conf /etc/idmapd.conf /etc/nfs.conf      /etc/sudo.conf
/etc/appstream.conf     /etc/kdump.conf  /etc/nfsmount.conf /etc/sudo
-ldap.conf
…
```

上述命令中,/etc/*.conf表示匹配/etc目录下所有以.conf字符串结尾的文件,由于文件太多,这里只截取一部分进行展示。

2. 通配符"?"

通配符"?"每次只能匹配一个字符。例如,如果想查找/etc目录下文件名是由两个字符组成的文件,则可以使用/etc/?? 进行匹配,具体查找命令及输出结果如下。

```
[itheima@localhost chapter03]$ ls -d /etc/??
/etc/hp   /etc/pm
```

3. 通配符"[]"

通配符"[]"表示与"[]"中的任一字符匹配,"[]"中的表达式通常是一个字符范围。例如,[a-g]表示匹配a~g范围内的任一字符。例如,在/etc目录下,列出以 f~h 范围字母开头,并且以.conf结尾的文件,可以使用/etc/[f-h]*.conf进行匹配,具体查找命令及输出结果如下。

```
[itheima@localhost chapter03]$ ls /etc/[f-h]*.conf
/etc/fprintd.conf   /etc/fuse.conf   /etc/host.conf
```

由上述输出结果可知,/etc目录下以 f~h 范围内的字母开头,并且以.conf结尾的文件有 3 个。

4. 通配符"[!]"

通配符"[!]"表示除了"[]"中的字符,与其他任一字符匹配。例如,[! a-g]表示 a~g 范围外的任一字符。如果查找以 y 开头且不以.conf 结尾的文件,可以使用/etc/y*[!.conf]进行匹配,具体查找命令及输出结果如下。

```
[itheima@localhost chapter03]$ ls -d /etc/y*[!.conf]
/etc/yum   /etc/yum.repos.d
```

3.4.3 连接符

Shell 提供了一组用于连接命令的符号,包括";""&&"和"||",这些符号称为连接符。使用连接符,可以将多个 Shell 命令进行连接,使这些命令按顺序执行,或者根据命令执行结果有选择地执行。下面将针对 Shell 连接符进行讲解。

1. 连接符";"

使用连接符";"可以连接多个命令,这些命令会按照先后顺序依次执行。假如现在有一系列确定的操作需要执行,且这一系列操作的执行需要耗费一定时间,比如安装 gdb 软件包时,在下载好安装包后,还需要逐个执行以下命令。

```
[root@localhost ~]# tar -xzvf gdb-14.2.tar.gz
[root@localhost ~]# cd gdb-14.2
[root@localhost gdb-14.2]# ./configure
[root@localhost gdb-14.2]# make
[root@localhost gdb-14.2]# make install
[root@localhost gdb-14.2]# gdb -v
```

上述命令中，多数命令的执行都需要一定时间，需要用户盯着命令执行，命令执行完毕再输入下一个命令。这时可以使用连接符";"连接上述命令，系统就会自动按顺序执行这一系列命令，使用连接符";"连接的命令如下。

```
[root@localhost ~]# tar -xzvf gdb-14.2.tar.gz ; cd gdb-14.2;./configure;make;
make install;gdb -v
```

2．连接符"&&"

使用连接符"&&"连接多个命令时，其前后命令的执行遵循逻辑"与"关系，只有连接符"&&"之前的命令执行成功，它后面的命令才被执行。

3．连接符"||"

使用连接符"||"连接多个命令时，其前后命令的执行遵循逻辑"或"关系，只有连接符"||"之前的命令执行失败时，它后面的命令才会执行。

3.4.4 管道

管道可以将多个简单的命令连接起来，将一个命令的输出，作为另外一个命令的输入，以实现更加复杂的功能。管道的符号为"|"，基本格式如下。

```
命令1 | 命令2 | 命令3 | … | 命令n
```

在上述格式中，命令1的执行结果将会通过管道传递给命令2，命令2的执行结果将会通过管道传递给命令3，直到执行结果传递给命令n为止。

管道用法示例如下。

```
[itheima@localhost chapter03]$ ls -l /etc | grep init
-rw-r--r--. 1 root root      490 2月 23 2022 inittab
```

上述命令的作用是查找/etc目录下包含"init"的文件，ls命令的执行结果通过管道传递给grep命令，grep命令执行查找操作，查找成功之后，将结果显示到终端。

如果不使用管道，则需要先将ls命令的执行结果存储到某个文件中，再使用grep命令在文件中进行查找，操作相对更烦琐。

3.5 数值运算

Shell脚本支持数值运算，包括算术运算和逻辑运算。针对数值运算，Shell脚本提供了3个运算命令，包括let、$(())、expr，本节将针对这3个数值运算命令进行讲解。

3.5.1 let命令

let命令是Shell提供的一个数值运算命令，用于计算一个或多个表达式。let命令基本格式如下。

```
let 命令表达式列表
```

在 let 命令的表达式中，变量不需要"$"符号引用。let 命令的用法示例如下。

```
[itheima@localhost chapter03]$ let x=3 y=5 z=9      #定义 x y z 三个变量并分别赋值
[itheima@localhost chapter03]$ echo $x $y $z        #输出 x y z 三个变量的值
3 5 9
[itheima@localhost chapter03]$ let x+=y             #变量前不需要加$符号
[itheima@localhost chapter03]$ echo $x              #输出变量 x 的值
8
```

如果表达式中包含了空格或其他特殊字符，则表达式必须使用双引号包裹起来，示例如下。

```
[itheima@localhost chapter03]$ let sum=5+3          #表达式中没有空格等特殊字符
[itheima@localhost chapter03]$ echo $sum
8
[itheima@localhost chapter03]$ let sum = 5 + 6      #表达式中有空格，未添加双引号
-bash: let: =:语法错误：需要操作数 (错误符号是 "=")
[itheima@localhost chapter03]$ let "sum = 5 + 6"    #表达式中有空格，添加双引号
[itheima@localhost chapter03]$ echo $sum
11
```

在上述 let 命令示例中，当表达式中有空格而没有使用双引号包裹时，系统报错；使用双引号将表达式包裹起来，表达式得到正确运算。

3.5.2 $(())

$(())是 Shell 中数值表达式的一种扩展运算，其基本格式如下。

```
$((数值表达式))
```

在上述格式中，$(())的作用是计算数值表达式，并使用数值表达式的计算结果替换"$((数值表达式))"整个部分。它的功能类似$()和$`，但$()和$`是替换具体命令，无法计算数值表达式，而$(())只适用于数值表达式。

$(())的用法示例如下。

```
[itheima@localhost chapter03]$ echo $((5-3))
2
```

3.5.3 expr 命令

expr 命令用于计算表达式的值，其基本格式如下。

```
expr 表达式
```

使用 expr 命令计算表达式时，表达式的运算符和操作数之间要使用空格分隔。expr 命令的用法示例如下。

```
[itheima@localhost chapter03]$ expr 1 + 1           #表达式运算符和操作数之间有空格
2
[itheima@localhost chapter03]$ x=10 y=12
```

```
[itheima@localhost chapter03]$ expr $x - $y
-2
```

> 📖 **多学一招：expr 命令处理字符串**

expr 是一个功能强大，用法也比较复杂的命令，它不但可以处理数值表达式，也可以对字符串进行处理，如计算字符串长度、提取字符串等。下面简单介绍几个比较常见的 expr 命令处理字符串的场景。

1. 计算字符串长度

使用 expr 命令计算字符串长度的基本格式如下。

```
expr length 字符串
```

在上述格式中，length 是关键字，不是变量。使用 expr 命令计算字符串长度的用法示例如下。

```
[itheima@localhost chapter03]$ expr length abc
3
```

2. 提取字符串

使用 expr 命令提取字符串的基本格式如下。

```
expr substr 字符串 start end
```

在上述格式中，substr 是关键字，表示子串；start 和 end 表示索引，即提取哪两个索引（索引从 1 开始）之间的字符串。

使用 expr 命令提取字符串的用法示例如下。

```
[itheima@localhost chapter03]$ expr substr helloworld 1 3
hel
```

3. 查找字符位置

使用 expr 命令可以查找某个字符在字符串中第一次出现的位置，其基本格式如下。

```
expr index 字符串 字符
```

在上述格式中，index 是关键字。使用 expr 命令可以查找某个字符在字符串中第一次出现的位置，用法示例如下。

```
[itheima@localhost chapter03]$ expr index hellohehe e
2
```

3.6 Shell 条件语句

条件判断是程序中不可或缺的组成部分，程序中往往需要先对某些条件进行判断，再根据判断的结果采取不同的行为。Shell 中也有条件语句，常用的条件语句包括 if 条件语句、select 语句和 case 语句，本节将针对 Shell 中的条件判断和条件语句进行讲解。

3.6.1 条件判断

条件语句的核心是条件判断,在学习条件语句之前,需要先学习如何判断条件。Shell 中通常使用 test 语句或"[]"符号对条件进行判断,其基本格式如下。

```
test 条件表达式
```

或

```
[条件表达式]
```

上述格式中,如果条件表达式为真,则返回 0,否则返回 1。

Shell 中常见的条件判断大致可分为 4 类,分别是字符串判断、算术判断、文件状态判断和逻辑判断,下面分别进行讲解。

1. 字符串判断

字符串判断主要是判断字符串的性质以及字符串之间的关系,如判断字符串是否为空。常见的字符串判断条件如表 3-8 所示。

表 3-8 常见的字符串判断条件

条件	说明
str1＝str2	若字符串 str1 等于 str2,则结果为真
str1!＝str2	若字符串 str1 不等于 str2,则结果为真
-n str	若字符串 str 不为空,则结果为真
-z str	若字符串 str 为空,则结果为真

2. 算术判断

算术判断中判断的内容一般为数值,常见的算术判断条件如表 3-9 所示。

表 3-9 常见的算术判断条件

条件	说明
expr1-eq expr2	若表达式 expr1 的值与表达式 expr2 的值相同,则结果为真
expr1-ne expr2	若表达式 expr1 的值与表达式 expr2 的值不同,则结果为真
expr1-gt expr2	若表达式 expr1 的值大于表达式 expr2 的值,则结果为真
expr1-ge expr2	若表达式 expr1 的值大于或等于表达式 expr2 的值,则结果为真
expr1-lt expr2	若表达式 expr1 的值小于表达式 expr2 的值,则结果为真
expr1-le expr2	若表达式 expr1 的值小于或等于表达式 expr2 的值,则结果为真
!expr	若表达式 expr 的值为假,则结果为真

3. 文件状态判断

文件状态判断主要用于判断文件是否具有某种属性,如文件是否为目录、文件是否存在等,常见的文件状态判断条件如表 3-10 所示。

表 3-10 常见的文件状态判断条件

条件	说明
-d file	若 file 是目录,则结果为真
-f file	若 file 是普通文件,则结果为真

续表

条　件	说　明
-r file	若 file 可读,则结果为真
-w file	若 file 可写,则结果为真
-x file	若 file 可执行,则结果为真
-s file	若 file 大小不为 0,则结果为真
-a file	若 file 存在,则结果为真

4. 逻辑判断

逻辑判断是指将多个条件进行逻辑运算,常见的逻辑判断条件如表 3-11 所示。

表 3-11　常见的逻辑判断条件

条　件	说　明
expr1 -a expr2	若表达式 expr1 的值和表达式 expr2 的值同时为真,整个表达式结果为真,否则结果为假
expr1 -o expr2	只要表达式 expr1 的值和表达式 expr2 的值有一个为真,整个表达式的结果就为真,否则结果为假
!expr	表达式 expr 的值为假,! expr 结果为真,否则结果为假

3.6.2　if 条件语句

Shell 中的 if 条件语句分为单分支 if 条件语句、双分支 if 条件语句和多分支 if 条件语句,其逻辑结构与其他程序设计语言中的 if 条件语句相似。下面我们将结合案例逐个讲解这 3 种 if 条件语句的用法。

1. 单分支 if 条件语句

单分支 if 条件语句是最简单的条件语句,它对条件进行判断,如果判断结果为真,则执行 if 下面的语句。单分支 if 条件语句的语法格式如下。

```
if [条件表达式]; then
    命令语句
fi
```

在上述语法格式中,"[条件表达式]"也可以替换成"test 条件表达式";then 可以与 if 在一行,也可以不在一行,当 then 与 if 不在同一行时,if 后面的分号需要去掉。

下面通过案例 3-11 演示单分支 if 条件语句的用法。

【案例 3-11】　编写一个脚本 demo3-11,功能如下:输入文件名,判断文件是否为目录,若是,则输出"[文件名]是个目录"。

demo3-11:

```
1   #!/bin/sh
2   #单分支 if 条件语句
3   read -p "请输入一个文件名:" filename
4   if [ -d $filename ];then
5       echo $filename" 是个目录"
6   fi
7   exit 0
```

在脚本 demo3-11 中,第 3 行代码使用 read 命令从键盘读取一个文件名赋值给变量 filename;第 4 行代码使用 if 条件语句判断输入的文件名 filename 是否为目录,如果是目录,则第 5 行代码输出相应的提示信息。

执行脚本 demo3-11,根据提示输入文件名为/etc,具体命令及输出结果如下。

```
[itheima@localhost chapter03]$ sh demo3-11
请输入一个文件名:/etc
/etc 是个目录
```

2. 双分支 if 条件语句

双分支 if 条件语句类似于 C 语言中的"if…else…"语句,其语法格式如下。

```
if [条件表达式]; then
    命令语句1
else
    命令语句2
fi
```

在上述格式中,如果 if 后面的条件表达式的值为真,则执行 then 后面的命令语句 1;否则执行 else 后面的命令语句 2。

下面通过案例 3-12 演示双分支 if 条件语句的用法。

【案例 3-12】 编写一个脚本 demo3-12 功能如下:从键盘读取用户输入的字符串,如果字符串为空,则输出字符串为空;如果字符串不为空,则输出字符串。

demo3-12:

```
1  #!/bin/bash
2  read -p "请输入一个字符串:" str
3  if [ -z $str ]; then
4     echo "字符串为空"
5  else
6     echo "字符串内容:$str"
7  fi
```

在脚本 demo3-12 中,第 2 行代码使用 read 命令从键盘读取一个字符串赋值给变量 str;第 3 行代码使用 if 语句判断字符串是否为空,如果字符串为空,则第 4 行代码输出字符串为空的提示信息;如果字符串不为空,则第 5、6 行代码输出字符串的具体内容。

执行脚本 demo3-12,根据提示,分别输入空字符串和不为空的字符串,具体命令及输出结果如下。

```
[itheima@localhost chapter03]$ sh demo3-12
请输入一个字符串:                          #输入空字符串
字符串为空
[itheima@localhost chapter03]$ sh demo3-12
请输入一个字符串:hello                     #输入不为空的字符串
字符串内容:hello
```

3. 多分支 if 条件语句

多分支 if 条件语句中可以出现多个条件判断,其语法格式如下。

```
if [条件表达式1];then
    命令语句1
```

```
elif [条件表达式 2]; then
    命令语句 2
elif [条件表达式 3]; then
    命令语句 3
...
else
    命令语句 n
fi
```

在上述语法格式中,如果 if 后面的[条件表达式 1]的值为真,则执行第一个 then 后面的命令语句 1;如果 if 后面的[条件表达式 1]的值为假,则判断 elif 后面的[条件表达式 2]的值是否为真,如果[条件表达式 2]的值为真,则执行命令语句 2;否则判断[条件表达式 3]的值是否为真,如果[条件表达式 3]的值为真,则执行命令语句 3,这样依次判断下去,如果所有条件都不成立,则执行 else 后面的命令语句 n。

下面通过案例 3-13 演示多分支 if 条件语句的用法。

【案例 3-13】 编写一个脚本 demo3-13,功能如下:从键盘读取学生成绩,判断学生成绩级别。如果成绩大于或等于 90 分,则级别为 A;如果成绩大于或等于 80 分,则级别为 B;如果成绩大于或等于 70 分,则级别为 C;否则级别为 D。

demo3-13:

```
1   #!/bin/bash
2   read -p "请输入学生成绩:" score
3   if [ $score -lt 0 -o $score -gt 100 ]; then    #判断分数是否在 0~100 外
4       echo 输入成绩不合理
5   elif [ $score -ge 90 ]; then                   #分数大于或等于 90
6       echo A
7   elif [ $score -ge 80 ]; then                   #分数大于或等于 80
8       echo B
9   elif [ $score -ge 70 ]; then                   #分数大于或等于 70
10      echo C
11  else                                           #分数在 70 以下
12      echo D
13  fi
```

在脚本 demo3-13 中,第 2 行代码使用 read 命令读取学生成绩赋值给变量 score;第 3、4 行代码使用 if 语句判断输入的成绩如果小于 0 或大于 100,输出成绩不合理的提示信息;第 5~12 行代码使用多个分支判断学生成绩,输出相应级别。

执行脚本 demo3-13,根据提示,分别输入各个级别的成绩和不合理的成绩,其输出结果如下。

```
[itheima@localhost chapter03]$ sh demo3-13
请输入学生成绩:98
A
[itheima@localhost chapter03]$ sh demo3-13
请输入学生成绩:86
B
[itheima@localhost chapter03]$ sh demo3-13
请输入学生成绩:73
C
[itheima@localhost chapter03]$ sh demo3-13
```

```
请输入学生成绩:64
D
[itheima@localhost chapter03]$ sh demo3-13
请输入学生成绩:120
输入成绩不合理
```

3.6.3　case 语句

在编程中经常会遇到这种情况：某个变量或表达式存在多种取值,不同的取值决定不同的操作。虽然使用 if 条件语句可以实现这种情况的判断,但 if 条件语句会导致代码过长,不易阅读。为此,Shell 脚本提供了 case 语句。

case 语句可以将一个变量或表达式的值与多个选项进行匹配,若匹配成功,则执行该条件下对应的命令语句。case 语句的语法格式如下。

```
case 变量或表达式 in
值1)
    命令语句1;;
值2)
    命令语句2;;
…
*)
    命令语句n;;
esac
```

在上述语法格式中,变量或表达式的值会逐一与值 1、值 2 进行比较,如果其值与值 1 匹配,则执行命令语句 1,然后跳转到 esac 语句结束匹配;如果变量或表达式的值与值 2 匹配,则执行命令语句 2,然后跳转到 esac 语句结束匹配。如果所有的值都无法与变量或表达式的值相匹配,则会执行"*"符号下的命令语句 n。

需要注意的是,case 语句中的每一个命令语句后面都是两个分号。

下面通过案例 3-14 演示 case 语句的用法。

【案例 3-14】　编写一个脚本 demo3-14,功能如下:用户输入一个整数,根据用户输入的整数,判断是周几。

demo3-14:

```
1   #!/bin/bash
2   read -p "请输入一个整数(0-7):" weekday
3   case "$weekday" in
4   1)
5       echo Monday;;
6   2)
7       echo Tuesday;;
8   3)
9       echo Wednesday;;
10  4)
11      echo Tursday;;
12  5)
13      echo Friday;;
14  6)
15      echo Saturday;;
16  7)
```

```
17      echo Sunday;;
18   *)
19      echo error day;;
20   esac
```

在脚本 demo3-14 中，第 2 行代码使用 read 命令读取用户输入的整数值并赋值给变量 weekday。第 3～20 行代码使用 case 语句将 weekday 的值与 1～7 数值进行匹配，如果匹配到某一个值，则执行其后面的命令语句；如果 7 个值都没有匹配成功，则会匹配"*"符号，执行其后面的命令语句。

执行脚本 demo3-14，根据提示，输入不同的整数值观察结果，具体命令及输出结果如下。

```
[itheima@localhost chapter03]$ sh demo3-14
请输入一个整数(0-7):6                         #输入 0-7 之内的数值 6
Saturday
[itheima@localhost chapter03]$ sh demo3-14
请输入一个整数(0-7):9                         #输入超出范围的数值 9
error day
```

3.7 Shell 循环语句

在编写 Shell 脚本时，经常会处理循环的情况，当条件满足时就重复执行某一个操作。例如，循环输出某一个范围内的整数。此时，就需要使用循环语句，Shell 脚本中常用的循环语句有 4 个，分别是 for 循环语句、while 循环语句、until 循环语句和 select 循环语句。本节将针对 Shell 中的循环语句进行讲解。

3.7.1 for 循环语句

for 循环语句可以从一个列表中逐个获取元素，执行具体的操作。for 循环语句的语法格式如下。

```
for 变量 in 列表
do
    命令语句
done
```

在上述语法格式中，"for 变量 in 列表"是循环条件，do…done 之间的命令语句是循环体。for 循环语句在执行时，会从列表中读取第一个元素赋予变量，执行循环体中的命令语句；接着从列表中读取第二个元素赋予变量，执行循环体中的命令语句，直到列表中的值被读取完毕，循环结束。

下面通过案例 3-15 和案例 3-16 演示 for 循环语句的用法。

【案例 3-15】 编写一个脚本 demo3-15，功能如下：使用 for 循环输出月份列表中的 12 个月份。

demo3-15：

```
1   #!/bin/sh
2   for month in Jan Feb Mar Apr May Jun Jul Aug Sep Oct Nov Dec
```

```
3    do
4        echo -e "$month\t\c"
5    done
6    exit 0
```

执行脚本 demo3-15，具体命令及输出结果如下。

```
[itheima@localhost chapter03]$ sh demo3-15
Jan    Feb    Mar    Apr    May    Jun    Jul    Aug    Sep    Oct    Nov    Dec
```

需要注意的是，变量列表中的每个变量可以使用引号（单引号或双引号）单独引起，但是不能将整个列表置于一对引号中，因为使用一对引号引起的值，会被视为一个变量。

【案例 3-16】 编写一个脚本 demo3-16，功能如下：使用 for 循环语句将用户家目录下的所有以 .bxg 结尾的文件删除。

demo3-16：

```
1    #!/bin/sh
2    for file in ~/*.bxg                        #~表示家目录,例如/home/itheima
3    do
4        rm $file
5        echo "$file 已被删除"
6    done
7    exit 0
```

在 /home/itheima 文件夹中准备多个以 .bxg 为后缀的文件，然后执行脚本 demo3-15，具体命令及输出结果如下。

```
[itheima@localhost chapter03]$ sh demo3-16
/home/itheima/c.bxg 已被删除
/home/itheima/java.bxg 已被删除
/home/itheima/python.bxg 已被删除
```

在 for 循环语句中，如果列表中元素是连续的整数，则中间可以使用两个点号省略中间的数值，外面使用{}括起来，表示一个数值范围。例如，循环数值 1～5，可以写成如下形式。

```
for var in {1..5}                              #中间使用两个点号,外面使用{}括起来
```

当列表中有很多元素时就可以使用这种方式来简写。除此之外，for 循环中的列表还可以按步长进行跳跃。例如，列表中元素是 1 到 100，每次只读取奇数，则可以 2 为步长跳跃读取，代码如下。

```
for var in {1..100..2}                         #以 2 为步长,从 1 开始读取 1 到 100 之间的元素
```

for 循环的这些使用技巧在编程中可以简化代码，读者在实际编程中，要多加练习，熟练掌握 for 循环的使用技巧。

3.7.2 while 循环语句

与 for 循环语句相比，while 循环语句要简单一些，它只有一个判断条件，条件为真则执行循环体中的命令语句，条件为假则退出循环，while 循环语句的语法格式如下。

```
while [ 条件表达式 ]
do
```

    命令语句
done
```

在上述语法格式中，只要条件表达式为真，就一直执行循环体，直到条件为假，退出循环。

下面通过案例 3-17 和案例 3-18 演示 while 循环语句的用法。

【案例 3-17】 编写一个脚本 demo3-17，功能如下：使用 while 循环语句计算整数 1～100 的和。

demo3-17：

```
1   #!/bin/sh
2   count=1
3   sum=0
4   while [ $count -le 100 ]
5   do
6       sum=`expr $sum + $count`
7       count=`expr $count + 1`
8   done
9   echo "sum=$sum"
10  exit 0
```

在脚本 demo3-17 中，第 2 行代码定义了变量 count，其初始值为 1；第 3 行代码定义了变量 sum，其初始值为 0；第 4 行代码使用 while 循环语句判断变量 count 是否小于或等于 100，如果变量 count 小于或等于 100，则执行 5～8 行的循环体，其中，第 6 行代码将变量 count 与变量 sum 相加，相加的和赋值给变量 sum，第 7 行代码将 count 加 1 之后再赋值给 count，继续下一次循环判断；第 9 行代码用于待循环结束之后，输出变量 sum 的值，即 1～100 的和。

执行脚本 demo3-17，输出结果如下。

```
[itheima@localhost chapter03]$ sh demo3-17
sum=5050
```

【案例 3-18】 编写一个脚本 demo3-18，功能如下：使用 while 循环语句输出当前目录下的所有文件，要求从命令行传递参数。

demo3-18：

```
1   #!/bin/bash
2   echo "参数个数: $#"              #通过预定义变量$#获取参数个数
3   echo "参数列表:"
4   while [ $# -ne 0 ]               #循环条件,参数数量不为 0
5   do
6       echo $1                      #输出单个参数
7       shift                        #shift命令保证逐个输出
8   done
```

在脚本 demo3-18 中，第 2 行代码使用 $# 统计传入的参数个数；第 4 行代码使用 while 循环判断参数个数是否为 0，如果参数个数不为 0，则执行循环体输出参数。

统计当前目录下的所有文件，可以使用 ls 命令，而本案例要求参数从命令行传递，则可以将 ls 命令的执行结果传递给脚本，因此，在执行脚本时，可以使用反引号实现 ls 命令的替
```

换。脚本 demo3-18 具体执行命令及输出结果如下。

```
[itheima@localhost chapter03]$ sh demo3-18 `ls`
参数数量：14
参数列表：
demo3-10
demo3-11
demo3-12
demo3-13
demo3-14
demo3-15
demo3-16
demo3-17
demo3-4
demo3-5
demo3-6
demo3-7
demo3-8
demo3-9
```

由上述输出结果可知，当前目录下一共有 14 个文件，脚本 demo3-18 将这 14 个文件逐个输出。

3.7.3 until 循环语句

until 循环语句的格式与 while 循环语句类似，但在判断循环条件时，只有循环条件为假时，until 循环语句才会执行循环体，如果循环条件为真，则退出循环。until 循环语句的语法格式如下。

```
until [ 条件表达式 ]
do
    命令语句
done
```

下面通过案例 3-19 演示 until 循环语句的用法。

【**案例 3-19**】 编写一个脚本 demo3-19，功能如下：使用 until 循环语句输出数值 1~5。
demo3-19：

```
1   #!/bin/bash
2   num=1
3   until [ $num -gt 5 ]                    #until 循环，循环终止条件是变量 num 大于 5
4   do
5       echo $num
6       let num++
7   done
```

在脚本 demo3-19 中，第 2 行代码定义变量 num，初始值为 1；第 3 行代码使用 until 循环语句判断 num 是否大于 5，如果变量 num 不大于 5，则执行循环体；第 5 行代码输出变量 num 的值；第 6 行代码使变量 num 自增。

执行脚本 demo3-19，输出结果如下。

```
[itheima@localhost chapter03]$ sh demo3-19
1
```

```
2
3
4
5
```

3.7.4　select 语句

select 语句可以将多个选项做成菜单形式供用户选择,它的语法格式类似于 for 循环语句,具体如下。

```
select 变量 in 列表
do
    命令语句
    break
done
```

在上述语法格式中,select 语句会将列表中的元素做成一个菜单,用户从菜单中选择某一项,执行具体操作。执行完具体操作之后,break 关键字退出循环。

下面通过案例 3-20 演示 select 语句的用法。

【案例 3-20】　编写一个脚本 demo3-20,功能如下:从 Android、Java、C++、Python 四个学科中选择一个进行考试。

demo3-20:

```
1    #!/bin/sh
2    #select 条件语句
3    echo "请选择要考试的学科:"
4    select subject in Android Java C++ Python
5    do
6        echo "你选择了 $subject"
7            break
8    done
9    exit 0
```

执行脚本 demo3-20,select 语句会将 Android、Java、C++、Python 四个学科做一个菜单,用户根据前面的序号选择一个学科,脚本会根据用户的选择输出对应的结果。执行脚本 demo3-20 的具体命令与输出结果如下。

```
[itheima@localhost chapter03]$ sh demo3-20
请选择要考试的学科:
1) Android
2) Java
3) C++
4) Python
#? 3
你选择了 C++
```

由上述输出结果可知,当用户输入 3 时,脚本输出"你选择了 C++"。在选择学科时,要输入菜单项前面的序号,而不是输入具体的内容,例如,选择 C++ 时,要输入其序号 3 而不是 C++。

需要注意的是,select 语句中的 break 关键字不能省略,否则循环会一直执行,除非使用

Ctrl+D 快捷键退出。

在 Shell 脚本编程中,条件和循环语句提供了多种实现方式,使同一个问题可以有多种不同的解决方案。这类似于现实世界中的情况,即面对问题时,我们往往有多种可能的解决方案,而不仅仅是单一的答案。因此,读者应该培养独立思考的能力,学会灵活地选择和应用不同的编程技巧来解决问题,而不是仅仅依赖固定的流程或模式。

3.8 Shell 函数

函数可以将某个要实现的功能模块化,使代码结构和程序的工作流程更为清晰。函数提高了程序的可读性和可重用性,本节将针对 Shell 中的函数进行详细讲解。

3.8.1 函数的定义与调用

Shell 中的函数相当于用户自定义的命令,函数名相当于命令名,代码段用来实现函数的核心功能。Shell 中函数的定义格式如下。

```
函数名()
{
    命令列表
    return 返回值
}
```

在上述格式中,{}中的内容表示函数体,用于实现函数具体功能。函数体中的 return 表示函数返回的值,如果函数没有返回值,则可以省略 return 后面的值,或者直接省略 return 语句。

定义函数之后,就可以调用函数了,函数的调用方式如下。

```
函数名 参数列表
```

关于函数的定义与调用,有以下 3 点需要注意。
- 函数调用前,必须先进行定义。
- 如果函数需要参数,则使用位置变量给函数传递参数,如 $1、$2 等。
- 如果函数有返回值,则返回值使用 $? 接收,用户可以通过 $? 获取函数返回值。

下面通过案例 3-21 和案例 3-22 演示函数的定义与调用。

【**案例 3-21**】 编写一个脚本 demo3-21,功能如下:定义一个函数 func,在终端输出"Hello,这是我的第一个 Shell 函数"。

demo3-21:

```
1   #!/bin/bash
2   #定义函数 func()
3   func()
4   {
5       echo "Hello,这是我的第一个 Shell 函数"
6       return
7   }
8   #调用函数 func()
9   func
10  exit 0
```

在脚本 demo3-21 中,第 3～7 行代码定义了 func()函数,在 func()函数内部使用 echo 命令输出一行数据。第 9 行代码调用 func()函数。

执行脚本 demo3-21,具体执行命令及输出结果如下。

```
[itheima@localhost chapter03]$ sh demo3-21
Hello,这是我的第一个 Shell 函数
```

【案例 3-22】 编写一个脚本 demo3-22,功能如下:定义一个函数 evenNum,判断用户输入的数是否是偶数。

demo3-22:

```
1   #!/bin/bash
2   evenNum()
3   {
4       if [ $(($1 % 2)) -eq 0 ];then      #$1 表示传入的参数,%表示取模运算
5           return 1
6       else
7           return 0
8       fi
9   }
10  read -p "请输入一个整数:" num
11  evenNum $num
12  if [ $?  -eq 1 ];then                  ##?中存储的是函数返回值
13      echo $num 是偶数
14  else
15      echo $num 是奇数
16  fi
17  exit 0
```

在 demo3-22 中,第 2～9 行代码定义了函数 evenNum,其中第 4 行代码使用 if 条件语句判断传入的参数 $1 对 2 取模的结果是否为 0,如果其结果为 0,表示参数 $1 是偶数,则返回 1,否则返回 0。

第 10 行代码使用 read 命令读取一个整数赋值给变量 num;第 11 行代码调用 evenNum 函数,并将变量 num 作为参数传入给 evenNum 函数。

第 12～16 行代码使用 if 语句判断 evenNum 函数返回的结果是否为 1,如果为 1,则输出为偶数,否则输出为奇数。

执行脚本 demo3-22,根据提示输入一个整数,当输入整数 10 时,输出结果如下。

```
[itheima@localhost chapter03]$ sh demo3-22
请输入一个整数:10
10 是偶数
```

3.8.2 函数中的变量

Shell 函数中也可以定义变量,函数中定义的变量称为局部变量,相对应的,函数外部定义的变量称为全局变量。

Shell 函数中定义的局部变量有以下几个特点。

- 在函数调用之前,局部变量只在函数内部有效。
- 在函数调用之后,局部变量的作用域扩大,在函数外部也有效。

- 如果局部变量与全局变量重名，局部变量会屏蔽全局变量。
- 如果想要定义只在函数内部有效的局部变量，定义局部变量时，在前面加 local 关键字进行限定。

下面通过案例 3-23 演示函数中变量的定义与使用。

【案例 3-23】 编写一个脚本 demo3-23，测试局部变量的定义与应用。

demo3-23：

```
1   #!/bin/bash
2   choice1()
3   {
4       course=C++
5       echo 张三喜欢的课程是 $course
6   }
7   choice2()
8   {
9       local course=Python
10      echo 李四喜欢的课程是 $course
11  }
12  course=Java
13  echo 本学期主课程是 $course
14  choice1
15  echo 本学期主课程是 $course
16  choice2
17  echo 本学期主课程是 $course
18  exit 0
```

在脚本 demo3-23 中，第 2~6 行代码定义了函数 choice1，其中第 4 行代码在该函数中定义了局部变量 course，其值为 C++，第 5 行代码使用 echo 命令输出 course 的值。

第 7~11 行代码定义了函数 choice2，第 9 行代码在该函数中定义了局部变量 course，其值为 Python，但在变量 course 前面添加了 local 关键字；第 10 行代码使用 echo 命令输出 course 的值。

第 12 行代码在函数外部定义了全局变量 course，其值为 Java；第 13 行代码使用 echo 命令输出变量 course 的值；第 14 行代码调用 choice1 函数；第 15 行代码在调用 choice1 函数之后输出变量 course 的值；第 16 行代码调用 choice2 函数；第 17 行代码在调用 choice2 函数之后输出变量 course 的值。

执行脚本 demo3-23，执行命令及输出结果如下。

```
[itheima@localhost chapter03]$ sh demo3-23
本学期主课程是 Java
张三喜欢的课程是 C++
本学期主课程是 C++
李四喜欢的课程是 Python
本学期主课程是 C++
```

由上述输出结果可知，第 1 次输出时，course 的值为 Java。调用 choice1 函数之后，再次输出 course，其值为 C++，表明 choice1 函数中的 course 变量在函数外部生效，且屏蔽掉了第 12 行代码所定义的全局变量 course。

调用 choice2 函数之后，再次输出 course，其值仍旧为 C++，表明本次输出的变量 course 仍旧是函数 choice1 中定义的变量 course，而不是函数 choice2 中定义的变量 course。

choice2 函数中定义的变量 course 没有扩大作用域,是因为 choice2 函数中的变量 course 前面有 local 修饰,它只在 choice2 函数内部有效。如果 choice2 函数中的局部变量 course 前面的 local 关键字去掉,则第 3 次输出的 course 值为 Python,读者可以自行测试。

3.9　Shell 数组

数组是一组数据的集合,数组中的数据称为数组的元素,数组元素使用索引标识它在数组中的位置,数组索引从 0 开始。

Shell 中的数组没有容量限制,因此在定义时不必指定数组大小。Shell 中的数组定义方式比较多,下面介绍一种比较常用的定义方式。

在 Shell 中,可以像定义变量一样直接定义数组,定义格式如下。

```
数组名=(元素 1 元素 2…)
```

在上述格式中,数组的元素要使用()括起来,元素之间使用空格分隔。如果定义一个空数组,则()为空,但()不能省略。需要注意的是,"="两边不能有空格。

数组定义完成之后,可以通过索引访问数组元素,其格式如下。

```
${数组名[索引]}
```

数组的定义与元素访问示例如下。

```
[itheima@localhost chapter03]$ arr=(1 2 hello 你好)     #定义数组 arr,有 4 个元素
[itheima@localhost chapter03]$ echo ${arr[0]}          #访问第 1 个元素
1
[itheima@localhost chapter03]$ echo ${arr[1]}          #访问第 2 个元素
2
[itheima@localhost chapter03]$ echo ${arr[2]}          #访问第 3 个元素
hello
[itheima@localhost chapter03]$ echo ${arr[3]}          #访问第 4 个元素
你好
```

数组的定义与访问比较简单,下面介绍几种数组常用的其他操作。

1. 访问数组所有元素

在访问数组元素时,如果索引为"@"符号或"＊"符号,则表示获取数组中的所有元素。具体访问示例如下。

```
[itheima@localhost chapter03]$ arr=(1 2 hello 你好)
[itheima@localhost chapter03]$ echo ${arr[@]}
1 2 hello 你好
[itheima@localhost chapter03]$ echo ${arr[*]}
1 2 hello 你好
```

在获取数组元素时,"@"符号和"＊"符号没有区别,但是当这两种访问方式加上双引号给另一个数组赋值时,两者是有区别的,"${数组名[@]}"可以按照原数组的顺序依次给新数组的元素赋值;"${数组名[＊]}"则把原数组的所有元素作为一个整体赋值给新数组的第一个元素。

例如,将上面定义的数组 arr 复制到新数组 arr1 和 arr2 中,分别使用"${数组名

[@]}"和"${数组名[*]}"两种方式实现复制,具体命令及输出结果如下。

```
[itheima@localhost chapter03]$ arr=(1 2 hello 你好)
[itheima@localhost chapter03]$ arr1=("${arr[@]}")     #"${arr[@]}"方式
[itheima@localhost chapter03]$ arr2=("${arr[*]}")     #"${arr[*]}"方式
[itheima@localhost chapter03]$ echo ${arr1[0]}        #访问数组 arr1 的第 1 个元素
1
[itheima@localhost chapter03]$ echo ${arr2[0]}        #访问数组 arr2 的第 1 个元素
1 2 hello 你好
```

2. 获取数组长度

使用${#数组名[@]}的方式获取数组长度。获取数组长度便于循环访问数组中的元素。获取数组长度的用法示例如下。

```
[itheima@localhost chapter03]$ arr=(1 2 hello 你好)
[itheima@localhost chapter03]$ echo ${#arr[@]}        #获取数组 arr 的长度
4
```

3. 提取数组元素片段

提取数组元素片段的格式如下。

```
${数组名[@]:m:n}
```

上述格式表示提取数组中索引 m 与索引 n 之间的元素,包含索引 m 与索引 n 上的元素。提取数组元素片段的用法示例如下。

```
[itheima@localhost chapter03]$ arr=(1 2 hello 你好)
[itheima@localhost chapter03]$ echo ${arr[@]:1:3}
2 hello 你好
```

4. 删除操作

数组的删除操作包括删除整个数组和删除数组中某一个元素,数组的删除操作使用 unset 命令实现,具体格式如下。

```
unset 数组名                                          #删除整个数组
unset 数组名[索引]                                    #删除数组中的某一个元素
```

数组删除操作用法示例如下。

```
[itheima@localhost chapter03]$ arr=(1 2 hello 你好)
[itheima@localhost chapter03]$ unset arr[0]           #删除第 1 个元素
[itheima@localhost chapter03]$ echo ${arr[@]}         #输出 arr 数组全部元素
2 hello 你好
[itheima@localhost chapter03]$ unset arr              #删除整个数组
[itheima@localhost chapter03]$ echo ${arr[@]}         #输出 arr 数组全部元素
```

由上述命令及输出结果可知,使用 unset 命令删除 arr 数组第 1 个元素之后,输出 arr 数组全部元素时,第 1 个元素被删除了。使用 unset 命令删除整个数组之后,再次输出数组中元素时没有输出结果,表明 arr 数组已经被删除。

上面关于数组的操作在编程中经常用到,读者在学习时要勤加练习,熟练掌握。除此之外,数组还有一些其他操作,在不断的学习中,可以慢慢探索了解。

函数和数组的运用不仅增强了代码的可扩展性和复用性,而且功能模块的重复利用提升了团队协作的难度。因此,在学习编程过程中,读者不仅要学习编程知识和技巧,还需培养良好的团队合作精神,进而提升自身的综合素养。

3.10　本章小结

本章主要介绍了 Shell 以及与 Shell 编程相关的知识。首先讲解了 Shell 脚本的创建与执行、Shell 变量、Shell 输入输出、Shell 中的特殊符号和数值运算;然后讲解了 Shell 条件语句和 Shell 循环语句;最后讲解了 Shell 函数和 Shell 数组。通过本章的学习,读者应对 Shell 编程有所了解,熟练掌握与 Shell 编程相关的基础知识,为后面学习 Linux 系统编程打下扎实基础。

3.11　本章习题

请读者扫描右方二维码,查看本章课后习题。

第 4 章
Linux C编译调试环境

学习目标

- 了解 GCC，能够说出 GCC 的作用与工作流程。
- 掌握 gcc 命令，能够使用 gcc 命令完成 C 语言程序的编译。
- 了解 GDB，能够说出 GDB 的作用。
- 掌握 gdb 命令，能够使用 gdb 命令调试程序。
- 掌握 make 工具，能够使用 make 工具完成复杂项目的编译。

C 语言属于高级语言，C 语言程序需要使用编译工具将其编译为可执行的程序。在不同的操作系统中，C 语言程序的编译工具也不相同。在 Windows 操作系统中，人们开发了很多功能完善的 IDE 工具，使用这些 IDE 工具可以很方便地进行 C 语言程序开发、编译和调试。在 Linux 操作系统中，人们也开发了如 Eclipse IDE 这样的集成工具，但为了更深入地学习 Linux 操作系统的编程环境，本书将使用比较原始的工具进行 C 语言程序的开发、编译和调试。本章将针对 C 语言的编译调试环境进行讲解。

4.1 GCC 编译工具

4.1.1 GCC 简介

GCC(GNU Compiler Collection，GNU 编译器套件)是 GNU 项目中的一员，它最初只能编译 C 语言，随着众多自由开发者加入，GCC 功能不断得到扩展，如今 GCC 支持多种语言的编译，如 C、C++、Java、Ada、Pascal 等。GCC 也从原来的 GNU Compiler Complier (GNU C 编译器)变为了 GNU Compiler Collection(GCC 编译器套件)。

GCC 将源文件编译成可执行文件主要经过 4 个步骤，分别是预处理、编译、汇编、链接，编译过程如图 4-1 所示。

下面结合图 4-1 讲解 GCC 的编译过程。

1. 预处理

在预处理阶段，GCC 会扫描源文件，检查源文件中的宏和预处理指令进行替换。预处理操作具体包括以下几项。

(1) 展开所有宏，如#define，将宏替换为它定义的值。

(2) 处理所有条件编译指令，如#ifdef、#ifndef、#endif。

(3) 处理文件包含语句，如#include，使用包含的文件内容替换原来的包含语句。

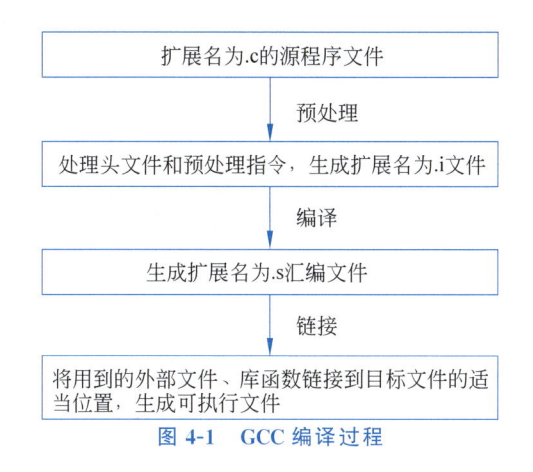

```
┌─────────────────────────────┐
│    扩展名为.c的源程序文件      │
└─────────────────────────────┘
              │ 预处理
              ▼
┌─────────────────────────────┐
│ 处理头文件和预处理指令,生成扩展名为.i文件 │
└─────────────────────────────┘
              │ 编译
              ▼
┌─────────────────────────────┐
│     生成扩展名为.s汇编文件     │
└─────────────────────────────┘
              │ 链接
              ▼
┌─────────────────────────────┐
│ 将用到的外部文件、库函数链接到目标文件的适 │
│     当位置,生成可执行文件      │
└─────────────────────────────┘
```

图 4-1　GCC 编译过程

（4）删除所有注释。

（5）添加行号和文件标识,以便在调试和编译出错时快速定位到错误所在行。

预处理完成之后,GCC 会生成扩展名为.i 的预处理文件。

2. 编译

编译过程是最复杂的过程,需要进行词法分析、语法分析、语义分析、优化处理等工作,最终将扩展名为.i 的预处理文件生成扩展名为.s 的汇编文件。编译的过程是优化过程,包括中间代码优化和目标代码优化。

3. 汇编

汇编操作是指将扩展名为.s 的汇编文件翻译成计算机能够执行的指令,称为目标文件或者中间文件,该文件是扩展名为.o 的二进制文件。

4. 链接

生成二进制文件后,文件尚不能运行,若想运行文件,需要将二进制文件与代码中用到的库文件、其他目标文件进行绑定,这个过程称为链接。链接的主要工作是处理程序各个模块之间的关系,完成地址分配、空间分配、地址绑定等操作,链接操作完成后将生成可执行文件。

4.1.2　gcc 命令

GCC 提供了 gcc 命令用于实现 C 语言程序的编译,gcc 命令是一个功能强大的编译工具,它可以完成编译 C 语言程序的所有过程,包括预处理、编译、汇编、链接等。CentOS Stream 9 默认没有安装 gcc 命令,在使用之前需要先安装,安装命令如下。

```
[root@localhost ~]# dnf -y install gcc        #安装需要 root 权限
...
已安装:
gcc-11.4.1-3.el9.x86_64
glibc-headers-2.34-100.el9.x86_64             glibc-devel-2.34-100.el9.x86_64
libxcrypt-devel-4.4.18-3.el9.x86_64           kernel-headers-5.14.0-427.el9.x86_64
完毕!                                          make-1:4.3-8.el9.x86_64
```

gcc 命令安装成功之后就可以使用它编译 C 语言程序了,使用 gcc 命令编译 C 语言程序的基本格式如下。

```
gcc 选项 目标文件 源文件
```

gcc 命令的常用选项如表 4-1 所示。

表 4-1 gcc 命令的常用选项

选　　项	说　　明
-E	仅作预处理，不进行编译、汇编、链接
-S	执行预处理、编译过程，不进行汇编和链接
-c	执行预处理、编译、汇编，不进行链接
-o 文件名	指定生成的文件名，如-o hello，即生成 hello 文件
-l	指定引用的库文件
-L	指定引用的库文件路径
-I	指定引用的头文件路径
-W	显示告警信息
-g	生成用于调试的信息

下面通过案例 4-1 演示使用 gcc 命令编译 C 语言程序的过程。

【案例 4-1】 编写 C 语言程序 demo4-1.c，在终端输出 Hello World。

demo4-1.c：

```
1    # include <stdio.h>
2    # include <stdlib.h>
3    int main()
4    {
5        printf("Hello World\n");
6        return 0;
7    }
```

下面结合 demo4-1.c 程序分步骤讲解使用 gcc 命令编译并执行 C 语言程序的过程。

（1）预处理，使用 gcc 命令对 demo4-1.c 源文件执行预处理操作，具体命令如下。

```
[itheima@localhost demo4-1]$ gcc -E -o demo4-1.i demo4-1.c
[itheima@localhost demo4-1]$ ls
demo4-1.c  demo4-1.i
```

在上述命令中，-E 选项只对 demo4-1.c 源文件进行预处理操作，-o 选项指定生成的预处理文件名称为 demo4-1.i。预处理操作完成之后，使用 ls 命令查看当前目录，可以看到生成了 demo4-1.i 文件。读者可以使用 cat 命令查看 demo4-1.i 文件的内容，它将 stdio.h 和 stdlib.h 两个库文件的内容插入到了两个包含语句的位置。

（2）编译，使用 gcc 命令对 demo4-1.i 文件进行编译，具体命令如下。

```
[itheima@localhost demo4-1]$ gcc -S -o demo4-1.s demo4-1.i
[itheima@localhost demo4-1]$ ls
demo4-1.c  demo4-1.i  demo4-1.s
```

在上述命令中，-S 选项指定 gcc 命令对 demo4-1.i 文件执行编译，它的源文件可以是 demo4-1.i，也可以是 demo4-1.c，如果是 demo4-1.c 则表示对 demo4-1.c 执行了预处理和编译。编译完成之后，使用 ls 命令查看当前目录，可以看到生成了 demo4-1.s 文件。读者可以使用 cat 命令查看 demo4-1.s 文件内容，该文件内容都是汇编指令。

(3) 汇编,使用 gcc 命令对 demo4-1.s 文件进行汇编,具体命令如下。

```
[itheima@localhost demo4-1]$ gcc -c -o demo4-1.o demo4-1.s
[itheima@localhost demo4-1]$ ls
demo4-1.c  demo4-1.i  demo4-1.o  demo4-1.s
```

在上述命令中,-c 选项指定 gcc 命令只执行到汇编阶段,它的源文件可以是 demo4-1.s,也可以是 demo4-1.i 或 demo4-1.c。汇编完成之后,使用 ls 命令查看当前目录,可以看到生成了 demo4-1.o 文件。demo4-1.o 为二进制文件,读者可以使用 hexdump 命令查看该文件内容。

(4) 链接,使用 gcc 命令对 demo4-1.o 文件进行链接,具体命令如下。

```
[itheima@localhost demo4-1]$ gcc -o demo4-1 demo4-1.o
[itheima@localhost demo4-1]$ ls
demo4-1  demo4-1.c  demo4-1.i  demo4-1.o  demo4-1.s
```

在上述命令中,gcc 命令将 demo4-1.o 文件进行链接处理,生成了可执行的文件。链接完成之后,使用 ls 命令查看当前目录,可以看到生成了 demo4-1 文件,该文件即是最终可执行的文件。读者同样可以使用 hexdump 命令查看 demo4-1 文件的内容。

生成的 demo4-1 文件可以直接执行,具体执行命令及输出结果如下。

```
[itheima@localhost demo4-1]$ ./demo4-1
Hello World
```

由上述输出结果可知,执行 demo4-1 文件,输出了"Hello World",表明 demo4-1.c 文件中的 C 语言程序执行成功。

上面分步骤讲解了 C 语言程序的编译过程,在实际编程中,通常是一步将源文件编译成可以执行的文件,即不使用-E、-S、-c 选项时,可直接使用 gcc 命令编译 demo4-1.c 源文件,并生成可执行文件,具体命令如下。

```
[itheima@localhost demo4-1]$ gcc -o demo4-1 demo4-1.c
```

上述命令直接对 demo4-1.c 源文件进行了预处理、编译、汇编和链接操作,直接生成了可执行文件 demo4-1。直接编译时,不会生成中间文件。

4.2 GDB 调试工具

在编写程序时,经常会出现各种错误,因此需要一种工具帮助我们调试程序。所谓调试是指对编写好的程序用各种方法进行查错和排错,它并不仅仅是运行一次程序检查结果,而是对程序的运行过程,以及运行过程中程序的变量状态、函数调用状态等进行各种分析和处理。Linux 操作系统常用的调试工具为 GDB(GNU project debug,GNU 项目调试),本节将针对 GDB 调试工具进行详细讲解。

4.2.1 GDB 简介

GDB 是 GNU 提供的一个功能强大的调试工具,它可以对 C、C++、Java、Ada、Pascal 等不同语言编写的程序进行调试。GDB 在调试程序时执行的操作主要有以下 5 个。

- 启动程序：在启动程序时，可以设置程序的运行环境。
- 设置断点：断点就是在程序中设置的暂停程序运行的标记。程序会在断点处停止，用户就可以查看程序的运行情况。断点可以是代码行数、函数名称或条件表达式等。
- 查看信息：在断点处停止后，可以查看程序的运行信息和显示程序变量的值。
- 分步运行：可以使程序逐条语句地执行，动态查看程序运行状态的变化。
- 改变环境：在程序运行时改变运行环境和程序变量。

GDB 调试工具提供了 gdb 命令用于实现具体的调试工作，CentOS Stream 9 默认没有安装 gdb 命令，在调试程序之前，需要先安装 gdb 命令，具体安装命令如下。

```
[root@localhost ~]# dnf -y install gdb
…                                      #省略部分
已安装：
boost-regex-1.75.0-8.el9.x86_64    gdb-10.2-13.el9.x86_64    gdb-headless-10.2-13.el9.x86_64
libbabeltrace-1.5.8-10.el9.x86_64    libipt-2.0.4-3.el9.x86_64    source-highlight-3.1.9-11.el9.x86_64

完毕！
```

gdb 命令安装完成之后，就可以使用了。gdb 是一个交互式命令，执行 gdb 命令进入交互模式，如下所示。

```
[itheima@localhost demo4-2]$ gdb
GNU gdb (GDB) Red Hat Enterprise Linux 10.2-13.el9
…
For help, type "help".
Type "apropos word" to search for commands related to "word".
(gdb)
```

执行 gdb 命令之后，在输出结果最后出现"(gdb)"标识，说明成功进入 gdb 交互模式。在 gdb 交互模式中，用户可以使用 gdb 提供的调试命令进行程序调试，gdb 常用的调试命令如表 4-2 所示。

表 4-2　gdb 常用的调试命令

命　　令	命令缩写	功　　能
list	l	查看程序源代码
break	b	设置断点
run	r	运行程序
print	p	显示变量或表达式的值
display	disp	跟踪某个变量，每次程序停下来都显示该变量的值
continue	c	程序继续执行，直到下一个断点
step	s	执行下一条语句，若该语句为函数调用，则进入该函数执行第一条语句后停止
next	n	执行下一条语句，若该语句为函数调用，则不进入函数内部，直接执行函数，在函数的下一行语句处停止
start	st	开始执行程序，在 main 函数的第一条处停止

续表

命　　令	命令缩写	功　　能
backstrace	bt	查看函数调用信息
frame	f	查看栈帧
watch	w	监视变量值的变化，一旦被监视变量的值发生变化，程序就暂停下来
delete	del	删除断点
info	i	描述程序状态
setvar	无	设置变量的值
file	无	加载需要调用的程序
kill	k	终止正在调试的程序
quit	q	退出 GDB 环境

4.2.2　gdb 调试实例

4.2.1 节学习了 GDB 调试工具和 gdb 调试命令，下面通过案例 4-2 演示 gdb 命令的应用。

【案例 4-2】　编写 C 语言程序 demo4-2.c，功能如下：在终端输出九九乘法表。

demo4-2.c：

```
1   #define _CRT_SECURE_NO_WARNINGS
2   #include <stdio.h>
3   int main()
4   {
5       int i, j;
6       for (i = 1; i <= 9; i++)                //控制行循环
7       {
8           for (j = 1; j < i; j++)             //控制列循环
9           {
10              printf("%d× %d = %3d\t", j, i, i * j);
11          }
12          printf("\n");
13      }
14      return 0;
15  }
```

编译 demo4-2.c 并执行编译后的程序，具体命令及输出结果如下。

```
[itheima@localhost demo4-2]$ gcc -o demo4-2 demo4-2.c    #编译
[itheima@localhost demo4-2]$ ./demo4-2                   #执行
1×2=2
1×3=3   2×3=6
1×4=4   2×4=8    3×4=12
1×5=5   2×5=10   3×5=15   4×5=20
1×6=6   2×6=12   3×6=18   4×6=24   5×6=30
1×7=7   2×7=14   3×7=21   4×7=28   5×7=35   6×7=42
1×8=8   2×8=16   3×8=24   4×8=32   5×8=40   6×8=48   7×8=56
1×9=9   2×9=18   3×9=27   4×9=36   5×9=45   6×9=54   7×9=63   8×9=72
```

由输出结果可知，输出的九九乘法表并不完善，第 1 列少了 1×1=1，第 2 列少了 2×2=4，第 3 列少了 3×3=9…每一列都少了第一行，说明程序存在逻辑错误。此时可以使用 gdb

调试工具对程序进行调试,观察程序运行过程中各种变量值的变化,分析判断错误原因。下面分步骤讲解 gdb 调试 demo4-2.c 程序的过程。

(1) 重新编译 demo4-2.c 源代码,在编译时使用-g 选项,在生成的可执行文件中加入调试信息,具体命令如下。

```
[itheima@localhost demo4-2]$ gcc -o demo4-2 demo4-2.c -g
```

如果编译时不使用-g 选项,生成的可执行文件将无法进行调试。

(2) 使用 gdb 命令启动调试,并加载可执行文件 demo4-2,具体命令如下。

```
[itheima@localhost demo4-2]$ gdb
…
For help, type "help".
Type "apropos word" to search for commands related to "word".
(gdb) file demo4-2                              #加载调试文件
Reading symbols from demo4-2…
(gdb)
```

(3) 使用 list 命令查看程序源代码,具体命令及输出结果如下。

```
(gdb) list                                      #列出源代码
1         #define _CRT_SECURE_NO_WARNINGS
2         #include <stdio.h>
3         int main()
4         {
5             int i, j;
6             for (i = 1; i <= 9; i++)          //控制行循环
7             {
8                 for (j = 1; j < i; j++)       //控制列循环
9                 {
10                    printf("%d× %d = %3d\t", j, i, i * j);
(gdb)
```

(4) 观察源代码可知,程序的核心代码是两个 for 循环,两个 for 循环在执行过程中,核心变量 i、j 也随之不断改变,为了观察变量 i、j 的变化,可以在第 6 行代码前设置断点,执行程序,程序会在第 6 行代码执行前停止,具体命令如下。

```
(gdb) b 6                                       #在第 6 行代码设置断点
Breakpoint 1 at 0x40113e: file demo4-2.c, line 6.
(gdb) r                                         #执行程序
Starting program: /home/itheima/chapter04/demo4-2/demo4-2
[Thread debugging using libthread_db enabled]
Using host libthread_db library "/lib64/libthread_db.so.1".

Breakpoint 1, main () at demo4-2.c:6
6                 for (i = 1; i <= 9; i++)       //控制行循环
(gdb)
```

(5) 当程序在断点处停止时,使用 disp 命令跟踪显示变量 i 与变量 j 的值,具体命令如下。

```
(gdb) disp i                                    #跟踪显示变量 i 的值
1: i = 0
(gdb) disp j                                    #跟踪显示变量 j 的值
2: j = 0
```

(6) 由第(5)步输出结果可知,当程序在断点处停止时,变量 i 和变量 j 的值均为 0。下面使用 n 命令逐步执行程序,观察变量 i 与变量 j 的变化,具体命令如下。

```
(gdb) n                                  #逐步执行程序
8                   for (j = 1; j < i; j++)   //控制列循环
1: i = 1
2: j = 0
(gdb) n                                  #逐步执行程序
12                  printf("\n");
1: i = 1
2: j = 1
(gdb)
```

第 1 次使用 n 命令执行完第 6 行代码后,即程序执行到第 8 行代码,此时变量 i 的值为 1,变量 j 的值为 0。

第 2 次使用 n 命令执行第 8 行代码,执行完第 8 行代码之后,变量 i 的值为 1,变量 j 的值为 1。正常情况,接下来应当执行第 10 行代码输出"1×1=1",但由 n 命令的输出结果可知,程序执行到了第 12 行代码。说明循环体中的第 10 行代码没有执行,进而说明第 8 行代码的循环条件没有成立。

分析第 8 行代码的循环条件,发现循环条件为 j<i,因此当变量 i 和变量 j 的值均为 1 时,不满足条件,未输出"1×1=1"结果。由此可知,第 8 行循环条件存在逻辑错误,须将其改为 j<=i。

(7) 分析出错误原因之后,使用 q 命令退出 gdb 交互模式,具体如下。

```
(gdb) q                                  #退出 gdb 命令交互模式
A debugging session is active.

    Inferior 1 [process 111874] will be killed.

Quit anyway?(y or n) y                   #确认退出
```

(8) 程序修改完成之后,再次编译执行,具体命令及输出结果如下。

```
[itheima@localhost demo4-2]$ gcc -o demo4-2 demo4-2.c
[itheima@localhost demo4-2]$ ./demo4-2
1×1=1
1×2=2   2×2=4
1×3=3   2×3=6   3×3=9
1×4=4   2×4=8   3×4=12  4×4=16
1×5=5   2×5=10  3×5=15  4×5=20  5×5=25
1×6=6   2×6=12  3×6=18  4×6=24  5×6=30  6×6=36
1×7=7   2×7=14  3×7=21  4×7=28  5×7=35  6×7=42  7×7=49
1×8=8   2×8=16  3×8=24  4×8=32  5×8=40  6×8=48  7×8=56  8×8=64
1×9=9   2×9=18  3×9=27  4×9=36  5×9=45  6×9=54  7×9=63  8×9=72  9×9=81
```

4.3　make 工具

在实际开发过程中,项目一般都比较大,一个项目会包含很多源文件,并且这些源文件之间相互依赖。如果手动去逐个编译这些源文件,最后将所有目标文件链接成为可执行文件,则过程将会非常烦琐。此外,在软件开发过程中需要不断地调试修改代码,修改代码之后的源文件必须重新编译、重新链接,编译过程需要再重新执行一遍,整个过程耗时耗力。为此,GNU 项目开发了一个用于自动完成这些操作的项目管理工具 make,使用 make 工具编译源文件,极大地提高了编译效率,本节将针对 make 工具进行详细讲解。

4.3.1 引入 make 工具

假设一个项目包含 5 个源文件,分别为 demo1.h、demo1.c、demo2.h、demo2.c 和 main.c,这 5 个源文件内容分别如下。

demo1.h:

```
1   #pragma once
2   void demo1();
```

demo1.c:

```
1   #include <stdio.h>
2   #include <stdlib.h>
3   #include "demo1.h"
4   void demo1()
5   {
6       printf("这是demo1函数\n");
7   }
```

demo2.h:

```
1   #pragma once
2   void demo2();
```

demo2.c:

```
1   #include <stdio.h>
2   #include <stdlib.h>
3   #include "demo2.h"
4   void demo2()
5   {
6       printf("这是demo2函数\n");
7   }
```

main.c:

```
1   #include "demo1.h"
2   #include "demo2.h"
3   int main()
4   {
5       demo1();
6       demo2();
7       return 0;
8   }
```

如果要将这 5 个源文件编译为可执行 main 文件,则可以通过下面的命令实现。

```
[itheima@localhost demo4-3]$ gcc -o main demo1.h demo1.c demo2.h demo2.c main.c
```

一个命令完成全部的编译链接看似简单,但是如果在编译完成之后,修改了其中某一个源文件,则需要重新编译所有源文件。为了避免重新编译所有源文件,可以逐个编译源文件,再将生成的目标文件进行链接,具体命令如下。

```
[itheima@localhost demo4-3]$ gcc -c -o main.o main.c
[itheima@localhost demo4-3]$ gcc -c -o demo1.o demo1.c demo1.h
[itheima@localhost demo4-3]$ gcc -c -o demo2.o demo2.c demo2.h
[itheima@localhost demo4-3]$ gcc -o main main.o demo1.o demo2.o
```

如果源文件比较多,命令输入也比较烦琐,为了减少命令重复书写,人们将这些命令写入 Shell 脚本,通过运行 Shell 脚本完成整个编译过程。

但是将编译命令写入 Shell 脚本也存在一定问题,对于包含很多源文件的大型项目,一次编译过程可能要花费很长时间。如果在编译完成之后,修改了其中某一个源文件,则需要重新执行脚本编译所有源文件,又会花费较长时间。

为了解决上述问题,人们开发了 make 工具,make 工具可以自动完成这些编译工作,并且在编译过程中,只对更新的源文件进行重新编译。make 工具提供了 Makefile 文件和 make 命令两个核心工具。Makefile 文件用于描述整个项目的编译、链接、执行、清除等一系列活动的规则,make 命令根据 Makefile 文件的规则,进行编译操作管理。下面分别介绍 Makefile 文件的编写规则和 make 命令的使用。

1. Makefile 文件的编写规则

Makefile 文件由若干条规则组成,每条规则的语法结构如下。

```
目标文件列表:依赖文件列表
<Tab>命令 1
<Tab>命令 2
…
<Tab>命令 n
```

每条规则都是由依赖关系和命令两部分组成的,这两部分的作用如下。

(1) 依赖关系。

每一条规则中的第一行描述了依赖关系,依赖关系定义目标文件和目标文件所要依赖的文件,只有当所依赖的文件被更新,make 才执行相应的命令更新目标文件。

依赖文件可以有一个或多个,当依赖文件有多个时,使用空格进行分隔。目标文件也是如此。

(2) 命令。

依赖关系下面的一系列命令是产生目标文件需要执行的命令。命令行的第一个字符必须是 Tab 键。

将 demo1.h、demo1.c、demo2.h、demo2.c 和 main.c 这 5 个源文件编译过程写入 Makefile 文件,则 Makefile 文件内容如下。

Makefile:

```
main:main.o demo1.o demo2.o
    gcc -o main main.o demo1.o demo2.o
demo1.o:demo1.c demo1.h
    gcc -c demo1.c
demo2.o:demo2.c demo2.h
    gcc -c demo2.c
```

```
main.o:main.c
    gcc -c main.c
```

Makefile 文件中描述的文件之间的依赖关系如图 4-2 所示。

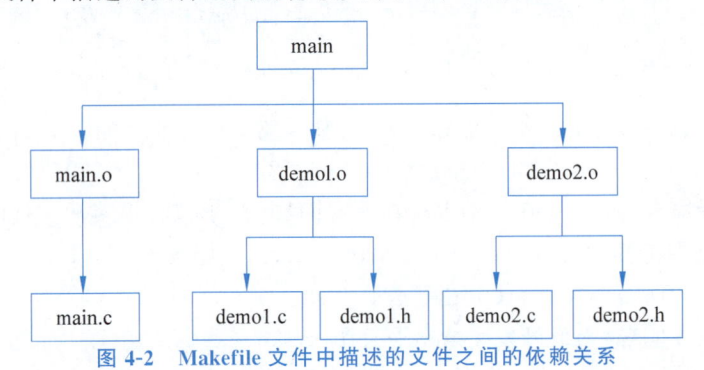

图 4-2 Makefile 文件中描述的文件之间的依赖关系

2. make 命令

make 命令用于执行 Makefile 文件，生成指定的目标文件，其基本格式如下。

```
make 选项 目标
```

make 命令的常用选项如表 4-3 所示。

表 4-3 make 命令的常用选项

选项	说明
-C dir	在读取规则文件之前，进入指定的目录
-f file	指定存放规则的文件
-i	忽略所有命令执行错误
-I dir	当包含其他规则文件时，指定搜索目录
-P	显示 make 变量数据库和隐含规则
-s	不显示命令执行过程

make 命令默认执行 Makefile 文件，并且会显示命令执行过程。执行 make 命令生成可执行 main 文件，并执行 main 文件，具体命令及输出结果如下。

```
[itheima@localhost demo4-3]$ make
gcc -c main.c
gcc -c demo1.c
gcc -c demo2.c
gcc -o main main.o demo1.o demo2.o
[itheima@localhost demo4-3]$ ls
demo1.c  demo1.h  demo1.o  demo2.c  demo2.h  demo2.o  main  main.c  main.o
    Makefile
[itheima@localhost demo4-3]$ ./main
这是 demo1 函数
这是 demo2 函数
```

make 命令执行完毕之后，使用 ls 命令查看当前目录，可以看到生成了可执行 main 文件，并且生成了扩展名为 .o 的中间文件。执行 main 文件，输出了 demo1() 函数和 demo2() 函数的调用结果，表明程序编译执行成功。

4.3.2 Makefile 文件中的伪目标

在 4.3.1 节中，使用 make 工具编译程序时产生了很多中间文件，这些中间文件会占据一定的内存空间，需要及时清理。可以在 Makefile 文件最后添加一条规则，及时清理产生的中间文件，清理规则如下。

```
clean:
    rm -f *.o
```

上述规则表示删除扩展名为 .o 的文件。添加完上述规则后，可以执行 make clean 命令清除中间文件，具体命令及输出结果如下。

```
[itheima@localhost demo4-3]$ make clean
rm -f *.o
[itheima@localhost demo4-3]$ ls
demo1.c  demo1.h  demo2.c  demo2.h  main  main.c  Makefile
```

由上述输出结果可知，扩展名为 .o 的中间文件已经被清除。但是上述清理规则存在一个问题，清理操作会生成目标文件 clean，如果当前目录下恰巧存在一个 clean 文件，则无法清除中间文件。这是因为上述清理规则中，clean 后面没有任何依赖文件，make 会认为存在的 clean 文件已经最新，而不去执行规则中定义的命令。

例如，在当前目录下，使用 touch 命令创建一个 clean 文件，然后再次执行编译、清除操作，具体命令及输出结果如下。

```
[itheima@localhost demo4-3]$ touch clean
[itheima@localhost demo4-3]$ make
gcc -c main.c
gcc -c demo1.c
gcc -c demo2.c
gcc -o main main.o demo1.o demo2.o
[itheima@localhost demo4-3]$ make clean
make: "clean"已是最新。
[itheima@localhost demo4-3]$ ls
clean  demo1.c  demo1.h  **demo1.o**  demo2.c  demo2.h  **demo2.o**  main  main.c
**main.o**  Makefile
```

由上述 make clean 命令的输出结果可知，Makefile 文件中的清除命令没有执行。为了解决这个问题，make 工具引入了伪目标，伪目标不是为了构建目标文件，而是执行一些特定的操作，如清理编译过的目标文件、运行测试等，伪目标使用".PHONY"进行标记。

在上述清除规则前面加上".PHONY"，具体如下所示。

```
.PHONY:clean                    #伪目标,该行无缩进
clean:                          #该行无缩进
    rm -f *.o
```

修改完成之后，再次执行编译、清除操作，具体命令及输出结果如下。

```
[itheima@localhost demo4-3]$ make
gcc -c main.c
gcc -c demo1.c
gcc -c demo2.c
```

```
gcc -o main main.o demo1.o demo2.o
[itheima@localhost demo4-3]$ make clean
rm -f *.o
[itheima@localhost demo4-3]$ ls
clean  demo1.c  demo1.h  demo2.c  demo2.h  main  main.c  Makefile
```

由上述输出结果可知,即便当前目录下有一个名称为 clean 文件,但 make clean 依旧执行成功,清除了编译过程产生的中间文件。

4.3.3　Makefile 文件中的变量

Makefile 文件也支持变量定义,用于保存文件名、命令、参数等,Makefile 文件支持的变量有 3 种,分别是用户自定义变量、预定义变量、自动变量。下面分别讲解这 3 种变量。

1. 用户自定义变量

用户自定义变量是指用户为了实现特定需求定义的变量,在 Makefile 文件中,用户自定义变量名称一般为大写。变量定义格式与引用格式如下。

```
变量名=值                          #定义格式
$(变量名)                          #变量引用格式
```

Makefile 文件中的变量可以使书写更加简洁。修改 Makefile 文件,使用变量保存依赖文件 demo1.o、demo2.o、main.o,修改后的 Makefile 文件如下。

Makefile：

```
OBJS=main.o demo1.o demo2.o               #定义变量 OBJS 存储依赖文件
main:$(OBJS)
    gcc -o main $(OBJS)
demo1.o:demo1.c demo1.h
    gcc -c demo1.c
demo2.o:demo2.c demo2.h
    gcc -c demo2.c
main.o:main.c
    gcc -c main.c
.PHONY:clean
clean:
    rm -f *.o
```

2. 预定义变量

make 工具预定义了一些变量,在 Makefile 文件中可以直接使用,也可以对这些预定义变量重新定义,即重新给这些变量赋值。make 工具常用的预定义变量如表 4-4 所示。

表 4-4　make 工具常用的预定义变量

预定义变量	默认值	说　　明
AR	ar	归档程序
AS	as	汇编器
CC	gcc	C 语言编译器
CXX	g++	C++ 编译器
CPP	$(CC) -E	带有标准输出的 C 语言预处理程序
RM	rm -r	删除命令

修改 Makefile 文件，使用预定义变量代替 gcc 编译命令，修改后的 Makefile 文件如下。

Makefile：

```
OBJS=main.o demo1.o demo2.o
main:$(OBJS)
    $(CC) -o main $(OBJS)
demo1.o:demo1.c demo1.h
    $(CC) -c demo1.c
demo2.o:demo2.c demo2.h
    $(CC) -c demo2.c
main.o:main.c
    $(CC) -c main.c
.PHONY:clean
clean:
    $(RM) -f *.o
```

3．自动变量

自动变量是 make 工具提供的一组以"＄"符号开头的变量，用于表示一条规则中的目标或依赖文件列表。make 工具中常用的自动变量如表 4-5 所示。

表 4-5 make 工具中常用的自动变量

自动变量	含　　义
$^	表示以空格分隔的所有依赖文件，重复的依赖文件会被合并
$<	表示依赖文件列表中的第一个文件名
$?	表示比目标文件更新的以空格分隔的依赖文件
$*	在显式规则下，表示文件名称的主要部分，即不包括扩展名
$@	表示规则中目标文件的名称

修改 Makefile 文件，使用自动变量代替规则中的目标文件和依赖文件，修改后的 Makefile 文件如下。

Makefile：

```
OBJS=main.o demo1.o demo2.o
main:$(OBJS)
    $(CC) -o $@ $(OBJS)
demo1.o:demo1.c demo1.h
    $(CC) -c $<
demo2.o:demo2.c demo2.h
    $(CC) -c $<
main.o:main.c
    $(CC) -c $<
.PHONY:clean
clean:
    $(RM) -f *.o
```

4.3.4　Makefile 文件的隐式规则

Makefile 文件的编写具有明确规则，用户需要遵循这些规则将目标文件和依赖文件之间的关系正确地书写出来。但对于 C 语言程序的编译有这样一个隐式规则：扩展名为.c 的文件编译成扩展名为.o 的文件，扩展名为.o 的文件编译成最终可执行文件。make 工具也默认此规则,因此,在 Makefile 文件中,如果某个规则中,目标文件的依赖文件都是扩展名为.o 的文件或者扩展名为.c 的文件,则可以省略规则中的命令,甚至可以省略整个规则。

例如,有两个 Makefile 规则如下。

```
a.o:a1.c a2.c a3.c
    gcc -o a.o a1.c a2.c a3.c
obj:a.o b.o
    gcc -o obj a.o b.o
```

在上述规则中,a.o 目标文件由 3 个扩展名为.c 的文件编译而成;obj 目标文件由 2 个扩展名为.o 的文件编译而成,则第 1 条规则可以省略,第 2 条规则中的命令也可以省略,直接简写为下列形式。

```
obj:a.o b.o
```

make 工具会根据这一条规则自动构建生成 obj 目标文件的命令。该规则中依赖文件为 a.o 和 b.o,make 工具会自动浏览当前目录中的源文件(.c 文件),并确定源文件之间的依赖关系,根据依赖关系将相关的源文件编译生成 a.o 文件和 b.o 文件。

需要注意的是,如果依赖文件中有.h 文件,则需要为其编写一条无命令行的规则,因为 make 工具无法识别.h 文件。

根据隐式规则修改 Makefile 文件,进一步简化,为了更好对比,将可以删除的规则或命令注释掉,修改之后的 Makefile 文件如下。

Makefile:

```
OBJS=main.o demo1.o demo2.o
main:$(OBJS)
#    $(CC) -o $@ $(OBJS)
demo1.o:demo1.h                    #删除了 demo1.c 文件
#    $(CC) -c $<
demo2.o:demo2.h                    #删除了 demo2.c 文件
#    $(CC) -c $<
#main.o:main.c
#    $(CC) -c $<
.PHONY:clean
clean:
    $(RM) -f *.o
```

4.4　本章小结

本章主要讲解了 Linux 操作系统 C 语言程序的开发环境。首先讲解了 GCC 编译工具,然后讲解了 GDB 调试工具,最后讲解了 make 工具。通过本章的学习,读者已经熟悉了 C 语言程序的编译和调试环境,为后面学习 C 语言程序开发做好了铺垫。

4.5　本章习题

请读者扫描左方二维码,查看本章课后习题。

第 5 章

文件I/O操作

学习目标

- 理解文件的相关概念,能够说出文件存储方式和文件描述符的作用。
- 掌握文件的基本操作,能够调用相关函数实现文件的创建、删除、打开、关闭、读写等操作。
- 掌握文件的属性操作,能够调用相关函数实现文件属性的获取、检测文件权限、修改文件权限等操作。
- 掌握目录的基本操作,能够调用相关函数实现目录的创建、删除、获取、切换、打开、关闭等操作。
- 掌握I/O重定向,能够调用dup()函数和dup2()函数实现文件I/O重定向。
- 掌握文件I/O错误处理,能够调用strerror()函数和perror()函数实现文件I/O错误检测与处理。

计算机中的信息都保存在文件中,因此文件操作是Linux编程的基本操作,Linux编程中的文件操作就是文件I/O(Input/Output,输入输出)操作。针对文件操作,Linux操作系统提供了一套功能完善的函数,本章将结合这些功能函数学习Linux操作系统的文件操作。

5.1 文件概述

5.1.1 文件存储方式

文件本质上是一组数据的集合。在逻辑层面上,文件由一系列连续的字节流组成,这一系列字节流以文件结束符(EOF,end of file)作为结束标志。

在物理层面上,每一个存储在磁盘上的文件都由以下两部分组成。

- 数据块:存储文件内容的磁盘块。
- inode:用于描述文件属性信息的数据结构,也称为索引节点,其中存储着文件的属性信息,如文件名称、文件大小、文件权限等。在同一个文件系统中,每一个索引节点都有唯一的标识号,称为索引节点编号(inode号)。

使用ls -l命令可以查看文件的部分属性信息,使用ls -i命令可以查看文件的inode号,而stat命令几乎可以查看文件的所有属性信息。使用stat命令查看某一个文件的属性信息示例如下。

```
[itheima@localhost chapter05]$ stat name.txt
  文件:name.txt
  大小:0          块:0         IO 块:4096   普通空文件
设备:fd00h/64768d    Inode:50816514   硬链接:1
权限:(0644/-rw-r--r--)  Uid:( 1000/ itheima)   Gid:( 1000/ itheima)
环境:unconfined_u:object_r:user_home_t:s0
最近访问:2024-07-13 13:21:32.070290685 +0800
最近更改:2024-07-13 13:21:32.070290685 +0800
最近改动:2024-07-13 13:21:32.070290685 +0800
创建时间:2024-07-13 13:21:32.070290685 +0800
```

在 stat 命令的输出结果中,第 1 行显示文件名称;第 2 行显示文件大小、文件所占数据块数量、I/O 块大小和文件类型;第 3 行显示文件存储的设备 ID、inode 号、硬链接数;第 4 行显示文件权限、属主 ID 和属组 ID;第 5 行显示文件的环境信息;第 6~9 行显示文件的各种时间信息。

5.1.2 文件描述符

文件描述符是一个与文件 I/O 相关的非负整数,也称为文件句柄、文件指针。当用户新建一个文件或打开一个文件时,内核会返回一个文件描述符,后续对文件进行读写操作都通过文件描述符来实现。操作系统为了管理文件操作维护了一个用于保存文件描述符的数据表,这个数据表通常称为文件描述符列表,表中每个值都表示一个新建的或打开的文件。

文件描述符的取值从 0 开始,最大取值一般默认是 1024,读者可以使用 ulimit -n 命令查看当前操作系统支持的文件描述符的最大取值。文件描述符 0、1、2 被系统标准文件(标准输入文件、标准输出文件和标准错误文件)占用,因此普通文件的文件描述符从 3 开始。

系统为每一个进程都维护了一个文件描述符列表,用于存储进程打开文件的文件描述符,每个进程的文件描述符列表中的值都是从 0 开始。一个文件可以被同一个进程打开多次,也可以同时被多个进程打开,因此不同的文件描述符可以指向同一个文件,对于多个进程而言,数值相同的文件描述符可以指向不同的文件,进程、文件描述符和文件之间的关系如图 5-1 所示。

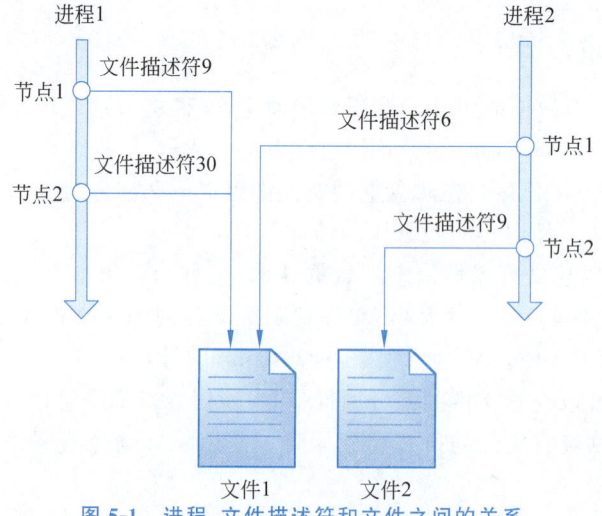

图 5-1 进程、文件描述符和文件之间的关系

在图 5-1 中,进程 1 在执行到节点 1 时打开了文件 1,系统返回的文件描述符为 9;执行到节点 2 时再次打开文件 1,系统返回的文件描述符为 30;进程 2 在执行到节点 1 时打开了文件 1,系统返回的文件描述符为 6;执行到节点 2 时打开了文件 2,系统返回的文件描述符为 9。

进程 1 多次打开文件 1,每次返回的文件描述符不相同。进程 2 与进程 1 打开同一个文件,文件描述符也不相同。进程 2 的文件描述符 9 与进程 1 的文件描述符 9,在数值上相同,但却不是指向同一个文件。

5.2 文件基本操作

文件的基本操作包括文件的创建与删除、文件的打开与关闭、文件读写、文件定位、文件移动等,针对每一种文件操作,Linux 操作系统都提供了相应的函数来实现。本节将针对文件基本操作进行详细讲解。

5.2.1 文件的创建与删除

创建文件是指在一个目录下建立一个文件;删除文件是指从磁盘上删除不再使用的文件。Linux 操作系统提供了 creat() 函数和 remove() 函数实现文件的创建和删除,下面将对这两个函数进行详细讲解。

1. creat() 函数

creat() 函数用于在指定目录下建立一个空文件,其所属头文件和声明如下。

```
#include <fcntl.h>
int creat(char * pathname,mode_t mode);
```

creat() 函数有两个参数,每个参数的含义分别如下。

(1) pathname:用于指定要创建的文件路径。

(2) mode:用于设置文件的访问权限。mode 的类型为 mode_t,mode_t 是 unsigned int 的重定义。

当文件创建成功时,creat() 函数返回一个文件描述符,否则返回 −1。下面通过案例 5-1 演示 creat() 函数的应用。

【案例 5-1】 编写 C 语言程序 demo5-1.c,功能如下:在当前目录下创建一个 test 文件,判断文件是否创建成功。

demo5-1.c:

```
1    #include <stdio.h>
2    #include <stdlib.h>
3    #include <fcntl.h>
4    int main()
5    {
6        int fd = creat("test", 0664);
7        if (fd == -1)
8            printf("文件创建失败\n");
9        else
10           printf("文件创建成功,文件描述符为%d\n", fd);
```

```
11      return 0;
12  }
```

在 demo5-1.c 中,第 6 行代码调用 creat()函数在当前目录下创建一个名为 test 的文件,文件访问权限为 0664,即文件所有者和所属组用户对其有读写权限,其他用户只有读权限。creat()函数的返回值使用变量 fd 接收保存。

第 7~10 行代码使用 if…else 语句判断 fd 的值,根据 fd 的值判断文件创建是否成功,并输出相应提示信息。

使用 gcc 命令编译 demo5-1.c 并执行编译后的程序,具体命令及输出结果如下。

```
[itheima@localhost demo5-1]$ gcc -o demo5-1 demo5-1.c
[itheima@localhost demo5-1]$ ./demo5-1
文件创建成功,文件描述符为 3
[itheima@localhost demo5-1]$ ls
demo5-1   demo5-1.c   test
```

由程序执行的输出结果可知,test 文件创建成功,文件描述符为 3。使用 ls 命令查看当前目录下的文件,可以看到刚刚创建的 test 文件。

在调用 creat()函数创建文件时,第 2 个参数不仅可以使用八进制整数表示文件权限,还可以使用 Linux 操作系统在 sys/stat.h 头文件中预定义的一些宏来表示这些权限。表 5-1 列出了常用的文件权限宏及其含义。

表 5-1 常用的文件权限宏及含义

宏	含 义
S_IRWXU	文件所有者有读、写与执行权限
S_IRUSR	文件所有者有读权限
S_IWUSR	文件所有者有写权限
S_IXUSR	文件所有者有执行权限
S_IRWXG	文件所属组有读、写、执行权限
S_IRGRP	文件所属组有读权限
S_IWGRP	文件所属组有写权限
S_IXGRP	文件所属组有执行权限
S_IRWXO	其他用户有读、写、执行权限
S_IROTH	其他用户有读权限
S_IWOTH	其他用户有写权限
S_IXOTH	其他用户有执行权限

在设置文件权限时,这些宏可以使用"|"符号组合使用。

2. remove()函数

remove()函数用于删除文件,其所属头文件和声明如下。

```
#include <stdio.h>
int remove(char * pathname);
```

remove()函数只有一个参数 pathname,用于指定要删除的文件路径。文件删除成功返回 0,否则返回-1。

下面通过案例 5-2 演示 remove()函数的应用。

【案例 5-2】 编写 C 语言程序 demo5-2.c,功能如下：删除案例 5-1 中创建的 test 文件，其路径为/home/itheima/chapter05/demo5-1/test。

demo5-2.c：

```
1   #include <stdio.h>
2   #include <stdlib.h>
3   int main()
4   {
5       int ret = remove("../demo5-1/test");
6       if (ret == 0)
7           printf("test 文件删除成功\n");
8       else
9           printf("test 文件删除失败\n");
10      return 0;
11  }
```

在 demo5-2.c 中,第 5 行代码调用 remove()函数删除案例 5-1 中的 test 文件,参数中的"../"表示上一层目录；第 6~9 行代码根据 remove()函数的返回值判断 test 文件是否删除成功。

使用 gcc 命令编译 demo5-2.c 并执行编译后的程序,具体命令及输出结果如下。

```
[itheima@localhost demo5-2]$ gcc -o demo5-2 demo5-2.c
[itheima@localhost demo5-2]$ ./demo5-2
test 文件删除成功
```

由程序输出结果可知,test 文件删除成功。进入/home/itheima/chapter05/demo5-1 目录,使用 ls 命令查看,test 文件已经被删除。

```
[itheima@localhost demo5-2]$ cd ..
[itheima@localhost chapter05]$ cd demo5-1
[itheima@localhost demo5-1]$ ls              #使用 ls 命令查看,test 文件已被删除
demo5-1   demo5-1.c
```

5.2.2 文件的打开与关闭

文件最基本的操作就是打开和关闭,在对文件进行读写之前,需要先打开文件,读写结束之后,要及时关闭文件,以释放文件所占用的资源。Linux 操作系统提供了 open()函数与 close()函数用于打开和关闭文件,下面将针对这两个函数进行详细讲解。

1. open()函数

open()函数用于打开文件,其所属头文件和声明如下。

```
#include <fcntl.h>
int open(char * pathname,int flags,mode_t mode);
```

open()函数有 3 个参数,每个参数的含义如下。

(1) pathname：表示待打开的文件路径。

(2) flags：表示文件的访问模式,文件的访问模式是定义在 fcntl.h 头文件中的一组宏。

(3) mode：设置创建文件的权限,其含义与 creat()函数的第 2 个参数 mode 相同。

open()函数的第 2 个参数 flags 指定文件的访问模式,open()函数常用的访问模式及含

义如表 5-2 所示。

表 5-2　open()函数常用的访问模式及含义

文件访问模式	含　　义
O_RDONLY	以只读方式打开文件
O_WRONLY	以只写方式打开文件
O_RDWR	以读写方式打开文件
O_APPEND	以追加方式打开文件
O_CREAT	若打开的文件不存在,则创建一个文件
O_EXCL	若设置了 O_CREAT 模式,则 O_EXCL 用于测试文件是否存在,若不存在,则创建文件;若文件存在,则返回错误
O_TRUNC	若文件存在且以可写的方式打开了文件,该模式会清空文件

表 5-1 中的模式可以与"|"符号组合使用。需要注意的是,在调用 open()函数时,如果第 2 个参数 flags 使用了 O_CREAT 模式,第 3 个参数 mode 必须要设置。如果第 2 个参数没有使用 O_CREAT 模式,则第 3 个参数 mode 可以省略。

当 open()函数调用成功时,返回一个文件描述符,否则返回−1。

2. close()函数

文件使用完毕之后需要关闭,释放文件所占用的资源。Linux 操作系统提供了 close()函数用于关闭文件,close()函数所属头文件和声明如下。

```
#include <unistd.h>
int close(int fd);
```

close()函数只有一个参数 fd,表示文件描述符。当文件关闭成功时,close()函数返回 0,否则返回−1。

下面通过案例 5-3 演示 open()函数的应用。

【案例 5-3】　编写 C 语言程序 demo5-3.c,功能如下:打开当前目录下的 hello 文件,判断文件是否打开成功。

demo5-3.c:

```
1    #include <stdio.h>
2    #include <stdlib.h>
3    #include <fcntl.h>
4    #include <sys/stat.h>
5    int main()
6    {
7        int fd = open("hello", O_RDWR | O_CREAT, 0644);
8        if (fd != -1)
9            printf("文件打开成功\n");
10       else
11           printf("文件打开失败\n");
12       close(fd);
13       return 0;
14   }
```

在 demo5-3.c 文件中,第 7 行代码调用 open()函数以读写模式打开当前目录下的文件 hello,第 2 个参数表示在打开文件时使用了 O_CREAT,即如果文件不存在,则创建该文件。

在创建文件时需要设置文件权限,因此设置了第 3 个参数的值。第 8~11 行代码使用 if…else 语句实现根据 open()函数的返回值判断文件是否打开成功。第 12 行代码调用 close()函数关闭文件。

编译 demo5-3.c 并执行编译后的程序,具体命令及输出结果如下。

```
[itheima@localhost demo5-3]$ gcc -o demo5-3 demo5-3.c
[itheima@localhost demo5-3]$ ./demo5-3
文件打开成功
[itheima@localhost demo5-3]$ ls
demo5-3   demo5-3.c   hello
[itheima@localhost demo5-3]$ ls -l hello
-rw-r--r--. 1 itheima itheima 0  3月 14 11:26 hello
```

由程序输出结果可知,文件打开成功。在 demo5-3.c 程序执行之前,当前目录下并没有 hello 文件,程序执行成功之后,创建了一个 hello 文件,读者可以使用 ls -l 命令查看 hello 文件信息,其权限为"rw-r--r--",与程序设置的权限相同。

5.2.3 文件读写

文件读写就是完成数据在内存与磁盘之间的传输。读文件是指将数据从磁盘读取到内存中供程序使用,而写文件是将程序的输出结果从内存写入磁盘。针对文件的读写,Linux 操作系统提供了 read()和 write()两个函数,下面分别对这两个函数进行讲解。

1. read()函数

read()函数用于从文件中读取数据,其所属头文件和声明如下。

```
#include <unistd.h>
ssize_t read(int fd,void *buf,size_t count);
```

read()函数有 3 个参数,每个参数的含义如下。

(1) fd:表示文件描述符。

(2) buf:指向一块内存空间,该内存空间用于存储从文件中读取的数据。

(3) count:表示要读取的数据字节数。

当函数调用成功时,read()函数会从文件 fd 中读取 count 字节的数据存储到内存空间 buf 中,并返回读取的数据字节数;否则返回−1。

下面通过案例 5-4 演示 read()函数的应用。

【案例 5-4】 当前目录下有一个文件 name,里面存储着学生姓名与编号,name 文件内容如下。

```
张月 1001
李里 1002
王博 1003
周山 1004
陈一一 1005
```

编写 C 语言程序 demo5-4.c,功能如下:读取 name 文件中的内容显示到终端。

思路分析:读取 name 文件中的内容,首先要调用 open()函数打开文件,打开文件之后,可以调用 read()函数读取文件内容。根据上述思路,demo5-4.c 的具体实现如下。

demo5-4.c:

```
1    #include <stdio.h>
2    #include <stdlib.h>
3    #include <fcntl.h>
4    #include <sys/stat.h>
5    #include <unistd.h>
6    int main()
7    {
8        int fd = open("name", O_RDWR);              //以读写方式打开文件
9        if (fd)
10           printf("文件打开成功\n");
11       else
12           printf("文件打开失败\n");
13       char buf[1024];                              //定义数组 buf
14       read(fd, buf, 1024);                         //调用 read()函数读取文件内容
15       printf("读取的内容如下:\n%s\n", buf);
16       close(fd);
17       return 0;
18   }
```

在 demo5-4.c 中,第 8 行代码调用 open()函数以读写方式打开了当前目录下的文件 name;第 13 行代码定义了字符数组 buf 用于存储从 name 文件中读取出来的数据;第 14 行代码调用 read()函数从 name 文件中读取 1024 字节数据并存储到字符数组 buf 中。

编译 demo5-4.c 并执行编译后的程序,具体命令及输出结果如下。

```
[itheima@localhost demo5-4]$ gcc -o demo5-4 demo5-4.c
[itheima@localhost demo5-4]$ ./demo5-4
文件打开成功
读取的内容如下:
张月 1001
李里 1002
王博 1003
周山 1004
陈一一 1005
```

read()函数在读取文件时,如果文件内容小于 read()函数设置的字节大小,则 read()函数读取到文件末尾就会结束。例如,在 demo5-4.c 中,read()函数设置的读取字节数为 1024,但 name 文件的内容不足 1024 字节,read()函数在读取到 name 文件末尾时就自动结束读取。

除此之外,read()函数在读取文件内容时,会自动记录文件位置指针的偏移量,例如,调用 read()函数读取了 n 字节,文件位置指针会向后偏移 n+1 字节,指向已读取完毕数据的下一个位置,只要文件不关闭,再次调用 read()函数读取时,read()函数会从当前位置开始读取。

例如,修改 demo5-4.c,设置 read()函数每次读取数据大小为 10 字节,分两次读取 name 文件的内容,修改后的 demo5-4.c 如下。

demo5-4.c:

```
1    #include <stdio.h>
2    #include <stdlib.h>
3    #include <fcntl.h>
4    #include <sys/stat.h>
```

```
5   #include <unistd.h>
6   int main()
7   {
8       int fd = open("name", O_RDWR);           //以读写方式打开文件
9       if (fd)
10          printf("文件打开成功\n");
11      else
12          printf("文件打开失败\n");
13      char buf[1024] = {0};                    //定义数组 buf
14      read(fd, buf, 10);                       //第一次调用 read()函数
15      printf("第一次读取内容:\n%s\n", buf);
16      read(fd, buf, 10);                       //第二次调用 read()函数
17      printf("第二次读取内容:\n%s\n", buf);
18      close(fd);
19      return 0;
20  }
```

在上述代码中,第 14、15 行代码,调用 read()函数从 name 文件中读取 10 字节数据,并输出;第 16、17 行代码再次调用 read()函数从 name 文件中读取 10 字节数据,并输出。

重新编译 demo5-4.c 并执行编译后的程序,具体命令及输出结果如下。

```
[itheima@localhost demo5-4]$ gcc -o demo5-4 demo5-4.c
[itheima@localhost demo5-4]$ ./demo5-4
文件打开成功
第一次读取内容:
张月 100
第二次读取内容:
1
李里 1
```

由上述输出结果可知,第一次调用 read()函数读取 10 字节内容,读取到第一个学生学号的第 3 位;第二次调用 read()函数读取时,是从第一个学生学号的第 4 位开始读取的。当读取较大文件时,就可以利用 read()函数循环读取文件内容。

2. write()函数

write()函数可以将内存中的数据写入文件中,其所属头文件和声明如下。

```
#include <unistd.h>
ssize_t write(int fd,const void * buf,size_t count);
```

write()函数的 3 个参数含义与 read()函数相同,只是 write()函数的功能是将 buf 中的数据写入文件中,每次写入 count 字节数据。write()函数调用成功返回写入的字节数,否则返回-1。

下面通过案例 5-5 演示 write()函数的应用。

【案例 5-5】 编写 C 语言程序 demo5-5.c,功能如下:从终端录入李白的《静夜思》,存储到文件"静夜思"中。

demo5-5.c:

```
1   #include <stdio.h>
2   #include <stdlib.h>
3   #include <fcntl.h>
4   #include <sys/stat.h>
```

```
5       #include <unistd.h>
6       int main()
7       {
8           int fd = open("静夜思", O_RDWR | O_CREAT, 0644);   //打开文件
9           if (fd)
10              printf("文件打开成功\n");
11          else
12              printf("文件打开失败\n");
13          char buf[1024] = {0};                    //定义字符数组
14          printf("请录入李白的静夜思:\n");
15          scanf("%s", buf);                        //从终端录入数据
16          write(fd, buf, 1024);                    //写入文件
17          close(fd);                               //关闭文件
18          return 0;
19      }
```

在demo5-5.c中,第8行代码调用open()函数打开文件,打开模式为O_RDWR | O_CREAT,即如果文件不存在,则创建该文件;第13~15行代码定义字符数组buf,调用scanf()函数从终端录入数据存储到字符数组buf中;第16行代码调用write()函数将字符数组buf中的内容写入文件。

编译demo5-5.c并执行编译后的程序,根据提示录入李白的《静夜思》,具体命令及输出结果如下。

```
[itheima@localhost demo5-5]$ gcc -o demo5-5 demo5-5.c
[itheima@localhost demo5-5]$ ./demo5-5
文件打开成功
请录入李白的《静夜思》:
床前明月光,疑是地上霜,举头望明月,低头思故乡
[itheima@localhost demo5-5]$ ls
静夜思    demo5-5    demo5-5.c
[itheima@localhost demo5-5]$ cat 静夜思
床前明月光,疑是地上霜,举头望明月,低头思故乡
```

程序执行之后,使用ls命令查看当前目录下的文件,由输出结果可知,程序执行成功,write()函数成功将终端录入的数据写入到了文件静夜思中。

5.2.4 文件定位

每一个文件打开之后,系统都会为其设置一个位置指针,用来标识当前文件的读写位置,这个指针称为文件位置指针,也称为文件读写指针。

一般在文件打开时,文件位置指针指向文件开头,如图5-2所示。

图5-2所示的文件中存储的数据为"Hello,China",文件位置指针指向文件开头,此时,对文件进行读取操作,读取的是文件的第一个字符H。读取完成后,文件位置指针会自动向后移动一个位置,再次执行读取操作,将读取文件中的第二个字符e,以此类推,一直读取到文件结束,此时位置指针指向最后一个字符a之后,如图5-3所示。

图5-2 文件位置指针指向文件开头

由图5-3可知,当文件读取完毕时,文件位置指针指向最后一

个数据之后,这个位置称为文件末尾,即 EOF。EOF 是一个宏定义,其值为-1,定义在 stdio.h 头文件中。

向文件中写入数据与从文件中读取数据相同,每写完一个单位数据后,文件位置指针自动按顺序向后移动一个位置,直到数据写入完毕,文件位置指针指向文件末尾。

有时,在向文件中写入数据时,希望在文件末尾追加数据,而不是覆盖原有数据,可以将文件位置指针移至文件末尾再进行写入。

图 5-3 文件读取完毕

在实际编程中,很多情况下需要从指定的位置读写文件,即实现文件的定位读写,例如,在一篇文档中插入一段数据,或者截取一首歌的某一段作为手机铃声。如果文件数据量较小,按顺序从头读写并没有任何问题,但如果文件数据量较大,则按顺序从头开始,找到需要的位置再进行读写,这样效率就会很低。

要想快速地实现文件的定位读写,就需要对文件进行快速定位,即找到要读写的位置。针对文件定位,Linux 操作系统提供了 lseek() 函数,lseek() 函数所属头文件和声明如下。

```
#include <unistd.h>
off_t lseek(int fd,off_t offset,int whence);
```

lseek() 函数有 3 个参数,每个参数的含义如下。

(1) fd:文件描述符。

(2) offset:用于指定文件位置指针的偏移量。off_t 类型默认是 32 位的 long int 类型,在 64 位操作系统中被编译为 64 位的 long long int 类型。

(3) whence:用于指定文件位置指针偏移的起始位置,whence 有三个取值,具体如下。

- SEEK_SET:对应的数字值为 0,从文件开头偏移。
- SEEK_CUR:对应的数字值为 1,从文件位置指针当前位置进行偏移。
- SEEK_END:对应的数字值为 2,从文件末尾进行偏移。

lseek() 函数调用成功,返回定位后的位置,即距离文件开头有多少字节,否则返回-1。下面通过案例 5-6 演示文件的定位。

【案例 5-6】 当前目录有一个名称为 employee 的文件,存储了员工信息,文件内容如下。

```
lili 1001 F
yanyan 1002 F
Jack 1003 M
zhanghui 1004 M
zouyi 1005 M
chenshu 1006 F
```

编写 C 语言程序 demo5-6.c,功能如下:从 name 文件中提取第 2 行员工的信息。

思路分析:从 name 文件中提取第 2 行员工信息,即从第 2 行开始读取信息,读取长度为第 2 行信息的长度,即 13 字节。在读取之前须将文件位置指针移动至第 2 行开头,可以调用 lseek() 函数实现,移动距离为第 1 行信息的长度即 11 字节。根据上述思路实现 demo5-6.c,具体如下。

demo5-6.c:

```
1   #include<stdio.h>
2   #include<stdlib.h>
3   #include<unistd.h>
4   #include<sys/stat.h>
5   #include<fcntl.h>
6   int main()
7   {
8       int fd = open("employee", O_RDWR);
9       if (fd)
10          printf("文件打开成功\n");
11      else
12          printf("文件打开失败\n");
13      off_t location = lseek(fd, 11, 0);         //移动文件位置指针
14      printf("文件位置指针当前位置:%d\n", location);
15      printf("提取第2条数据:");
16      char buf[100];
17      read(fd, buf, 14);                         //调用函数读取数据
18      printf("%s\n", buf);
19      return 0;
20  }
```

在demo5-6.c中,第13行代码调用lseek()函数将文件位置指针从开头向后移动11字节,即移动到第2行开头;第14行代码输出文件位置指针当前位置;第17行代码调用read()函数从employee文件中读取数据,读取大小为14字节,即第2行信息的大小。

编译demo5-6.c并执行编译后的程序,具体命令及输出结果如下。

```
[itheima@localhost demo5-6]$ gcc –o demo5-6 demo5-6.c
[itheima@localhost demo5-6]$ ./demo5-6
文件打开成功
文件位置指针当前位置:11
提取第2条数据:
yanyan 1002 F
```

5.2.5 文件移动

文件移动是指把一个目录中的文件移动至另一个目录,针对文件移动,Linux操作系统提供了rename()函数。rename()函数所属头文件和声明如下。

```
#include<stdio.h>
int rename(char * oldpath,char * newpath);
```

rename()函数有两个参数,每个参数的含义如下。

(1) oldpath:表示文件原来的路径。

(2) newpath:表示文件的新路径。

rename()函数的功能可以根据文件原来的路径与文件的新路径是否相同,细分为以下3种。

- 如果文件原来的路径和新路径中,目录不同,但文件名相同,表示移动文件至新目录下。例如,文件的原来路径为/home/itheima/a.txt,文件的新路径为/tmp/a.txt,表示将文件a.txt从/home/itheima目录移动至/tmp目录。
- 如果文件原来的路径和新路径中,目录相同,但文件名不同,表示重命名文件。例

如，文件的原来路径为/home/itheima/a.txt，文件的新路径为/home/itheima/b.txt，表示将文件 a.txt 重命名为了 b.txt。

- 如果文件原来的路径和新路径中，目录和文件名都不相同，表示对文件移动至新目录，并重命名了文件。例如，文件的原来路径为/home/itheima/a.txt，文件的新路径为/tmp/b.txt，表示将文件 a.txt 从/home/itheima 目录移动至/tmp 目录，并重命名为了 b.txt。

当 rename()函数调用成功时，返回 0，否则返回-1。下面通过案例 5-7 演示文件移动。

【案例 5-7】 编写 C 语言程序 demo5-7.c，功能如下：将/home/itheima 目录下的 a.txt 文件移动至/home/itheima/chapter05/demo5-7 目录。

demo5-7.c：

```
1   #include <stdio.h>
2   #include <stdlib.h>
3   int main()
4   {
5       char oldpath[] = "/home/itheima/a.txt";
6       char newpath[] = "/home/itheima/chapter05/demo5-7/a.txt";
7       int ret = rename(oldpath, newpath);      //调用 rename()函数移动文件
8       if (ret != -1)
9           printf("文件移动成功\n");
10      else
11          printf("文件移动失败\n");
12      return 0;
13  }
```

编译 demo5-7.c 并执行编译后的程序，具体命令及输出结果如下。

```
[itheima@localhost demo5-7]$ gcc -o demo5-7 demo5-7.c
[itheima@localhost demo5-7]$ ./demo5-7
文件移动成功
[itheima@localhost demo5-7]$ ls
a.txt   demo5-7   demo5-7.c
```

多学一招：文件 I/O 库

前面学习的 read()函数与 write()函数属于 Linux 操作系统的底层接口，称为系统 I/O，系统 I/O 又被称为无缓存 I/O，并且 Linux 操作系统 I/O 提供的接口不够丰富，使用起来不够方便灵活。

为此，人们设计了多套文件 I/O 库，比较常用的是标准 I/O 库，标准 I/O 库又称为有缓存的 I/O。是 C 语言规范 ANSI C 支持的文件操作函数库，它将一个打开的文件模型化为一个流，流是一个指向 FILE 结构体类型的指针，通过构建指向文件的指针来操作文件。

标准 I/O 有两个优点，一是执行系统调用 read()和 write()的次数较少；二是不依赖系统内核，可移植性强。

Linux 操作系统的 I/O 虽然被称为无缓存 I/O，但并不是说它的整个操作过程没有使用缓存。在用户调用 read()函数或 write()函数向内核发送请求时，内核会先将要读写的数据写入系统内存的缓存区中，待系统的缓存区存满时，再对数据统一进行一次操作。系统内存区缓存的存在，减少了内存与磁盘之间的读写次数。

标准 I/O 在用户层建立了一个流缓存区,当用户进程调用标准 I/O 请求执行读写操作时,要读写的数据会先被写入流缓存区,当流缓存区写满或读写完毕时,内核再通过函数调用,将其中的数据写入内存缓存区中,如此便减少了内核调用 read()函数和 write()函数的次数。系统 I/O、标准 I/O 与内存缓存区的关系如图 5-4 所示。

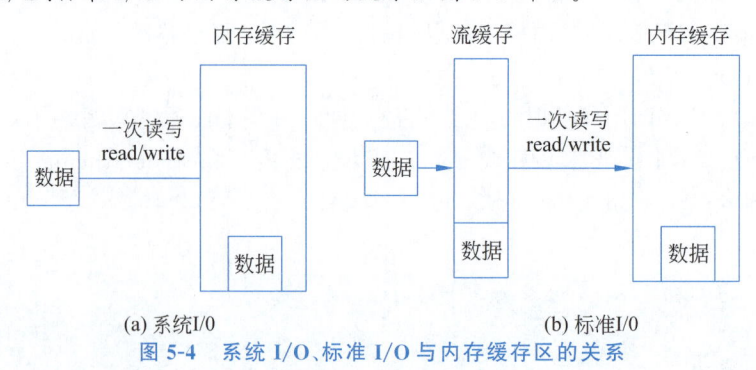

图 5-4 系统 I/O、标准 I/O 与内存缓存区的关系

由图 5-4 可知,若进行写操作,对于无缓存的系统 I/O,数据走过的路径为:数据—内存缓存区—磁盘;对于标准 I/O,数据走过的路径为:数据—流缓存区—内存缓存区—磁盘。

标准 I/O 提供的函数通常以字符 f 开头。例如,文件打开和关闭函数 fopen()和 fclose();读写数据块的函数 fread()和 fwrite();读写字符串的函数 fgets()和 fputs();格式化读写函数 fscanf()和 fprintf()等。标准 I/O 库使用用户级缓冲区读写文件,读写效率较高。一般支持 C 语言的环境都支持标准 I/O 库,包括 Linux C 环境和 Windows C 环境。

5.3 文件属性操作

文件属性包括文件类型、文件大小、文件权限等,文件属性操作是指获取、修改文件属性。本节将针对文件属性操作进行详细讲解。

5.3.1 文件属性概述

文件的属性信息都存储在 inode 节点中,对于不同类型的文件系统,文件属性的组织形式也不尽相同。为了获得统一的文件属性格式,Linux 操作系统定义了一个名为 struct stat 的结构体存储文件属性信息。struct stat 结构体定义如下。

```
struct stat{
    dev_t st_dev;                    //文件的设备编号
    ino_t st_ino;                    //inode 节点号
    mode_t st_mode;                  //文件类型和文件权限
    nlink_t st_nlink;                //硬链接
    uid_t st_uid;                    //用户 ID
    gid_t st_gid;                    //组 ID
    dev_t st_rdev;                   //设备类型
    off_t st_size;                   //文件字节数
    unsigned long st_blksize;        //块大小
    unsigned long st_blocks;         //块数
    time_t st_atime;                 //文件最后一次访问时间
    time_t st_mtime;                 //文件最后一次修改时间
```

```
        time_t st_ctime;                          //文件最后一次改变时间(指属性)
    };
```

在 struct stat 结构体中,属性 st_mode 比较特殊,它表示文件类型和文件权限,该字段是一个大小为 2 字节的无符号整数,该整数是一个位图向量,分段保存文件的类型和文件权限信息,其结构如图 5-5 所示。

文件类型	特殊标识			文件权限								
	suid	sgid	sticky	r	w	x	r	w	x	r	w	x
15 14 13 12	11	10	9	8	7	6	5	4	3	2	1	0
				文件所有者			文件所属组			其他用户		

图 5-5 st_mode 字段结构

在图 5-5 中,st_mode 字段一共有 16 位(2 字节),下面结合图 5-5 介绍 st_mode 字段的每一部分组成。

(1) 0~8 位表示文件权限,从低位到高位每 3 位一组,分别表示其他用户、文件所属组、文件所有者的权限。

(2) 9~11 位是特殊标识,每个标识位含义如下所示。

- 9 位(sticky)黏着位,其作用是使一个目录可以让任何用户写入文件,但用户不能修改、删除该目录下其他用户的文件。Linux 操作系统默认设置了 sticky 位。
- 10 位(sgid)表示文件属组身份。
- 11 位(suid)表示文件属主身份。

(3) 12~15 位表示文件类型,文件类型有 7 种,Linux 操作系统定义 7 个宏表示文件的 7 种类型,如表 5-3 所示。

表 5-3 Linux 操作系统定义的表示文件类型的宏

宏	值(八进制)	文 件 类 型
S_IFREG	0100000	普通文件
S_IFDIR	0040000	目录文件
S_IFLNK	0120000	符号链接
S_IFBLK	0060000	块设备文件
S_IFCHR	0020000	字符设备文件
S_IFIFO	0010000	管道文件
S_IFSOCK	0140000	socket 文件

在判断文件类型时,Linux 操作系统定义了一个掩码 S_IFMT(0170000),st_mode 与掩码 S_IFMT 进行 & 运算,得到一个结果,用户可将该结果与表 5-3 中的值进行匹配,从而判断出文件类型。

5.3.2 获取文件属性

在 5.1.1 节学习过 stat 命令,通过 stat 命令可以获取一个文件的属性信息,除了 stat 命令,Linux 操作系统还提供了 stat()函数用于获取文件属性信息,stat()函数所属的头文件和声明如下。

```
#include <sys/stat.h>
int stat(const char * path, struct stat * buf);
```

stat()函数有两个参数,每个参数的含义如下。

(1) path:表示文件路径。

(2) buf:用于存储文件属性信息。

当 stat()函数调用成功时,会将获取到的文件属性信息存储到 buf 内存空间中,并返回 0,否则返回 −1。下面通过案例 5-8 演示文件属性的获取。

【案例 5-8】 编写 C 语言程序 demo5-8.c,功能如下:获取当前目录下 property 文件的大小、类型和权限。

demo5-8.c:

```
1   #include <stdio.h>
2   #include <stdlib.h>
3   #include <sys/stat.h>
4   int main()
5   {
6       struct stat buf;                              //定义 struct stat 变量 buf
7       int ret = stat("property", &buf);             //调用 stat()函数
8       if (ret == -1)
9           printf("获取文件属性失败\n");
10      printf("文件大小:%d\n", buf.st_size);         //获取文件大小
11      printf("文件类型:");
12      switch (buf.st_mode & S_IFMT)                 //判断文件类型
13      {
14          case S_IFDIR:
15              printf("目录\n");
16              break;
17          case S_IFCHR:
18              printf("字符设备文件\n");
19              break;
20          case S_IFBLK:
21              printf("块设备文件\n");
22              break;
23          case S_IFREG:
24              printf("普通文件\n");
25              break;
26          case S_IFSOCK:
27              printf("socket 文件\n");
28              break;
29          case S_IFIFO:
30              printf("管道文件\n");
31              break;
32      }
33      printf("文件权限:%o\n", buf.st_mode & 0777);  //获取文件权限
34      return 0;
35  }
```

在 demo5-8.c 中,第 6 行代码定义了 struct stat 类型的结构体变量 buf,用于存储获取的文件属性信息;第 7 行代码调用 stat()函数获取当前目录下 property 文件的属性信息,存储到 buf 中;第 10 行代码通过读取 buf 的 st_size 字段获取文件大小;第 12~32 行代码在

switch 语句中,使用 st_mode 字段与 S_IFMT 进行 & 运算判断文件类型;第 33 行代码通过 st_mode 字段与 0777 进行 & 运算获取文件权限。

编译 demo5-8.c 并执行编译后的程序,具体命令及输出结果如下。

```
[itheima@localhost demo5-8]$ gcc -o demo5-8 demo5-8.c
[itheima@localhost demo5-8]$ ./demo5-8
文件大小:560
文件类型:普通文件
文件权限:644
```

由程序输出结果可知,property 文件大小为 560 字节,文件类型为普通文件,文件权限 644,即文件所有者具有读写权限,文件所属组与其他用户只有读权限。

5.3.3 检测文件权限

在实际编程中经常需要访问文件,但进程并不一定对文件具有访问权限,因此,在访问文件之前可以先检测一下文件权限。要检测进程是否有访问指定文件的权限,可以调用 access()函数,access()函数所属头文件和声明如下。

```
#include <unistd.h>
int access(const char *pathname, int mode);
```

access()函数有两个参数,每个参数的含义如下。

(1) pathname:指定要访问的文件。

(2) mode:指定要测试的权限类型。mode 的取值有以下 4 个。

- R_OK:检测读权限。
- W_OK:检测写权限。
- X_OK:检测执行权限。
- F_OK:检测文件是否存在。

mode 的值可以与"|"符号组合使用。如果检测的文件权限都存在,则 access()函数返回 0,否则返回 -1。

下面通过案例 5-9 演示文件权限的检测。

【案例 5-9】 编写 C 语言程序 demo5-9.c,功能如下:检测程序对当前目录下的 test 文件是否有读写执行权限。

demo5-9.c:

```
1   #include <stdio.h>
2   #include <stdlib.h>
3   #include <unistd.h>
4   #include <sys/stat.h>
5   #include <fcntl.h>
6   int main()
7   {
8       int ret = access("test", R_OK | W_OK);      //检测读写权限
9       if (ret == 0)
10          printf("进程对文件有读写权限\n");
11      else
12          printf("文件不存在或者进程对文件没有读写权限\n");
```

```
13    ret = access("test", X_OK);              //检测执行权限
14    if (ret == 0)
15        printf("进程对文件有执行权限\n");
16    else
17        printf("进程对文件没有执行权限\n");
18    return 0;
19 }
```

编译 demo5-9.c 并执行编译后的程序,具体命令及输出结果如下。

```
[itheima@localhost demo5-9]$ gcc -o demo5-9 demo5-9.c
[itheima@localhost demo5-9]$ ./demo5-9
进程对文件有读写权限
进程对文件没有执行权限
```

5.3.4 修改文件权限

文件的访问权限会影响程序执行,例如,在案例 5-9 中,程序对 test 文件没有执行权限,如果后续程序需要执行 test 文件以实现特殊功能,就无法实现。此时就需要修改文件权限,修改文件权限可以调用 chmod() 函数实现,chmod() 函数所属头文件和声明如下。

```
#include <sys/stat.h>
int chmod(const char * pathname, mode_t mode);
```

chmod() 函数有两个参数,每个参数的含义如下。

(1) pathname:表示待修改的文件。

(2) mode:修改后的权限,其取值与 5.2.1 节中表 5-1 相同。

文件权限修改成功,chmod() 函数返回 0,否则返回 -1。下面通过案例 5-10 演示文件权限的修改。

【案例 5-10】 修改 C 语言程序 demo5-9.c 为 demo5-10.c,功能如下:修改当前目录下 test 文件的权限,使所有进程对该文件都具有执行权限。

demo5-10.c:

```
1  #include <stdio.h>
2  #include <stdlib.h>
3  #include <unistd.h>
4  #include <sys/stat.h>
5  #include <fcntl.h>
6  int main()
7  {
8      int ret = access("test", R_OK | W_OK);   //检测读写权限
9      if (ret == 0)
10         printf("进程对文件有读写权限\n");
11     else
12         printf("文件不存在或者进程对文件没有读写权限\n");
13     ret = access("test", X_OK);              //检测执行权限
14     if (ret == 0)
15         printf("进程对文件有执行权限\n");
16     else
17         printf("进程对文件没有执行权限\n");
18     chmod("test", S_IXUSR | S_IXGRP | S_IXOTH);   //修改文件权限
```

```
19          printf("修改文件权限:\n");
20          ret = access("test", X_OK);                    //再次检测文件执行权限
21          if (ret == 0)
22              printf("进程对文件有执行权限\n");
23          else
24              printf("进程对文件没有执行权限\n");
25          return 0;
26      }
```

在 demo5-10.c 中,第 18 行代码调用 chmod()函数修改文件权限,使文件所有者、文件所属组和其他用户对文件都具有执行权限。修改文件权限之后,第 20 行代码再次调用 access()函数检测文件的执行权限。

重新编译修改后的 demo5-10.c 并执行编译后的程序,具体命令及输出结果如下。

```
[itheima@localhost demo5-10]$ gcc -o demo5-10 demo5-10.c
[itheima@localhost demo5-10]$ ./demo5-10
进程对文件有读写权限
进程对文件没有执行权限
修改文件权限:
进程对文件有执行权限
```

由程序输出结果可知,修改文件权限之后,再次检测文件执行权限,程序对文件就具有了执行权限。

5.3.5 修改文件属主和属组

文件的属主和属组也可以进行修改,修改文件的属主和属组可以调用 chown()函数,chown()函数所属头文件和声明如下。

```
#include <unistd.h>
int chown(const char * pathname,uid_t uid,gid_t gid);
```

chown()函数有 3 个参数,每个参数的含义如下。

(1) pathname:指定待修改的文件。

(2) uid:表示修改后的文件属主的 UID。

(3) gid:表示修改后的文件属组的 GID。

文件属主和属组修改成功,chown()函数返回 0,否则返回 −1。调用 chown()函数时,有以下两点需要注意。

- 只有 root 用户才有权限调用 chown()函数修改文件的属主和属组,普通用户无法调用 chown()函数。
- chown()函数的第 2 个参数 uid 和第 3 个参数 gid 是数值。

下面通过案例 5-11 演示文件属主和属组的修改。

【案例 5-11】 当前目录下有一个 demo 文件,文件属主和属组信息如下。

```
[root@localhost demo5-11]# ls -l demo
-rw-r--r--. 1 root root 0  3月 18 13:20 demo
```

demo 文件的属主为 root 用户,属组为 root 用户组。要求编写 C 语言程序 demo5-11.c,功能如下:修改 demo 文件的属主为 itheima 用户,属组为 itheima 用户所属的组。

思路分析：要修改 demo 文件的属主和属组，需要调用 chown()函数。要修改属主为 itheima 用户，属组为 itheima 用户所属的组，则需要获取 itheima 用户的 UID，itheima 用户的属组 GID，可以调用 getpwnam()函数获取相关 UID 和 GID。

根据上述思路实现 demo5-11.c，具体如下。

demo5-11.c：

```
1   #include <stdio.h>
2   #include <stdlib.h>
3   #include <unistd.h>
4   #include <sys/stat.h>
5   #include <fcntl.h>
6   #include <pwd.h>
7   int main()
8   {
9       //获取文件 demo 的 UID 和 GID
10      struct stat buf;                        //定义 struct stat 结构体变量 buf
11      int ret = stat("demo", &buf);           //调用 stat()函数获取文件 demo 的属性
12      if (ret == -1)
13          printf("获取文件属性失败\n");
14      printf("修改前:\n 文件 UID:%d\n 文件 GID:%d\n", buf.st_uid, buf.st_gid);
15      //获取 itheima 用户的 UID 与 GID
16      struct passwd psw;
17      struct passwd* p = &psw;
18      p = getpwnam("itheima");
19      printf("itheima 用户的 UID:%d  GID:%d\n", p->pw_uid, p->pw_gid);
20      //修改文件 demo 属主和属组
21      chown("demo", p->pw_uid, p->pw_gid);
22      ret = stat("demo", &buf);
23      printf("修改后:\n 文件 UID:%d\n 文件 GID:%d\n", buf.st_uid, buf.st_gid);
24      return 0;
25  }
```

在 demo5-11.c 中，第 10～14 行代码，获取并输出 demo 文件当前的 UID 和 GID；第 16 行代码定义 struct passwd 结构体变量 psw；第 17 行代码定义 struct passwd 结构体指针 p，指向 psw；第 18 行代码调用 getpwnam()函数获取 itheima 用户的相关信息，并将获取到的信息存储到 struct passwd 结构体指针 p 所指的存储空间；第 21 行代码调用 chown()函数修改 demo 文件的 UID 和 GID，传入 chown()的第 2 个参数为 p->pw_uid(itheima 用户的 UID)，第三个参数为 p->pw_gid(itheima 用户的 GID)。第 22～23 行代码获取并输出 demo 文件修改之后的 UID 和 GID。

编译 demo5-11.c 并执行编译后的程序，具体命令及输出结果如下。

```
[root@localhost demo5-11]# gcc -o demo5-11 demo5-11.c
[root@localhost demo5-11]# ./demo5-11
修改前:
文件 UID:0
文件 GID:0
itheima 用户的 UID:1000   GID:1000
修改后:
文件 UID:1000
文件 GID:1000
```

由上述程序执行结果可知，修改之前，demo 文件的 UID 和 GID 均为 0，修改之后，

demo 文件的 UID 和 GID 均为 1000。

> 📖 **多学一招：struct passwd 结构体和 getpwnam()函数**

在案例 5-11 中使用了 struct passwd 结构体和 getpwnam()函数，下面对 struct passwd 结构体和 getpwnam()函数进行讲解。

1. struct passwd 结构体

struct passwd 是 Linux 操作系统预定义的一个结构体，用于存储用户账户信息，其信息大多来自用户配置文件/etc/passwd。struct passwd 结构体定义如下。

```
struct passwd
{
    char  * pw_name;                    //用户名称
    char  * pw_passwd;                  //用户密码
    uid_t pw_uid;                       //用户 ID(UID)
    gid_t pw_gid;                       //用户组 ID(GID)
    char  * pw_dir;                     //用户家目录
    char  * pw_gecos;                   //注释字段
    char  * pw_shell;                   //用户 Shell
};
```

2. getpwnam()函数

getpwnam()函数用于获取用户登录相关信息，其所属头文件和声明如下。

```
#include <pwd.h>
struct passwd * getpwnam(const char * name);
```

getpwnam()函数只有一个参数 name，表示用户名称；返回值为 struct passwd 类型的指针，getpwnam()函数会获取该用户的相关信息存储到 struct passwd 结构体空间。通过 struct passwd 类型的指针可以获取用户登录相关的每一项信息。

5.4 目录基本操作

在 Linux 操作系统中，目录也是文件，不过目录内容由若干目录项组成，每个目录项至少包含两部分内容：文件名称以及该文件的 inode 节点编号。针对目录操作，Linux 操作系统也提供了很多功能函数。本节将针对目录基本操作进行详细讲解。

5.4.1 目录的创建与删除

Linux 操作系统提供了 mkdir()函数与 rmdir()函数实现目录的创建与删除，下面分别对这两个函数进行讲解。

1. mkdir()函数

mkdir()函数用于创建一个空目录，其所属头文件和声明如下。

```
#include <sys/types.h>
#include <sys/stat.h>
int mkdir(const char * pathname,mode_t mode);
```

mkdir()函数有两个参数，每个参数含义如下。

(1) pathname：表示目录路径。

(2) mode：表示目录权限。

目录创建成功，mkdir()函数返回 0，否则返回 −1。下面通过案例 5-12 演示 mkdir()函数的应用。

【案例 5-12】 编写 C 语言程序 demo5-12.c，功能如下：在当前目录下创建一个空目录 testdir。

demo5-12.c：

```
1   #include <stdio.h>
2   #include <stdlib.h>
3   #include <sys/types.h>
4   #include <sys/stat.h>
5   int main()
6   {
7       int ret = mkdir("testdir", 0755);
8       if (ret == 0)
9           printf("目录创建成功\n");
10      else
11          printf("目录创建失败\n");
12      return 0;
13  }
```

在 demo5-12.c 中，第 7 行代码调用 mkdir()函数在当前目录下创建一个空目录 testdir，目录权限为 0755，目录所有者具有读写执行权限，目录属组和其他用户具有读权限和执行权限。

编译 demo5-12.c 并执行编译后的程序，具体命令及输出结果如下。

```
[itheima@localhost demo5-12]$ gcc -o demo5-12 demo5-12.c
[itheima@localhost demo5-12]$ ./demo5-12
目录创建成功
[itheima@localhost demo5-12]$ ls
demo5-12   demo5-12.c   testdir
```

2. rmdir()函数

rmdir()函数用于删除一个空目录，其所属头文件和声明如下。

```
#include <unistd.h>
int rmdir(const char *pathname);
```

rmdir()函数只有一个参数 pathname，表示要删除的空目录路径。rmdir()函数用法比较简单，直接将需要删除的空目录传递给 rmdir()函数即可，这里不再演示其用法。

5.4.2 获取当前工作目录

获取当前工作目录可以调用 getcwd()函数实现，getcwd()函数所属头文件和声明如下。

```
#include <unistd.h>
char *getcwd(char *buf, size_t size);
```

getcwd()函数有两个参数，每个参数的含义如下。

（1）buf：用于存储目录路径。
（2）size：指定目录路径包含的字节数。
getcwd()函数调用成功返回 0，否则返回－1。下面通过案例 5-13 演示当前工作目录的获取。

【案例 5-13】 编写 C 语言程序 demo5-13.c，功能如下：获取当前工作目录。

demo5-13.c：

```
1   #include <stdio.h>
2   #include <stdlib.h>
3   #include <unistd.h>
4   int main()
5   {
6       char buf[1024] = {0};
7       getcwd(buf, 1024);                      //获取当前工作目录
8       printf("当前工作目录:%s\n", buf);
9       return 0;
10  }
```

编译 demo5-13.c 并执行编译后的程序，具体命令及输出结果如下。

```
[itheima@localhost demo5-13]$ gcc -o demo5-13 demo5-13.c
[itheima@localhost demo5-13]$ ./demo5-13
当前工作目录:/home/itheima/chapter05/demo5-13
```

5.4.3 切换当前工作目录

切换当前工作目录可以调用 chdir()函数实现，chdir()函数功能类似 cd 命令，其所属头文件和声明如下。

```
#include <unistd.h>
int chdir(const char * pathname);
```

chdir()函数只有一个参数 pathname，表示要切换到的目录路径。下面通过案例 5-14 演示当前工作目录的切换。

【案例 5-14】 编写 C 语言程序 demo5-14.c，功能如下：将当前工作目录切换到用户家目录/home/itheima 下。

demo5-14.c：

```
1   #include <stdio.h>
2   #include <stdlib.h>
3   #include <unistd.h>
4   int main()
5   {
6       char buf[100] = {0};
7       getcwd(buf, 100);                       //获取当前工作目录
8       printf("切换之前的工作目录:%s\n", buf);
9       chdir("/home/itheima");                 //切换工作目录到家目录
10      getcwd(buf, 100);                       //再次获取当前工作目录
11      printf("切换之后的工作目录:%s\n", buf);
12      return 0;
13  }
```

在 demo5-14.c 中,第 7、8 行代码调用 getcwd()函数获取当前工作目录并输出;第 9 行代码调用 chdir()函数切换工作目录到家目录/home/itheima;第 10、11 行代码再次调用 getcwd()函数获取当前工作目录并输出。

编译 demo5-14.c 并执行编译后的程序,具体命令及输出结果如下。

```
[itheima@localhost demo5-14]$ gcc -o demo5-14 demo5-14.c
[itheima@localhost demo5-14]$ ./demo5-14
切换之前的工作目录:/home/itheima/chapter05/demo5-14
切换之后的工作目录:/home/itheima
```

5.4.4 目录的打开与关闭

在 Linux 操作系统中,打开一个目录类似于打开一个文件,调用文件打开函数,会构建一个文件流;调用目录打开函数,会构建一个目录流。通过打开的目录流可以操作目录文件,而关闭目录是指关闭该目录流。Linux 操作系统提供了 opendir()函数和 closedir()函数实现目录的打开与关闭,下面分别对这两个函数进行讲解。

1. opendir()函数

opendir()函数用于打开一个目录并构建一个目录流,其所属头文件和声明如下。

```c
#include <sys/types.h>
#include <dirent.h>
DIR * opendir(const char * pathname);
```

opendir()函数只有一个参数 pathname,表示要打开的目录路径。目录打开成功,opendir()函数返回一个 DIR 类型的指针,否则返回 NULL。

DIR 是 Linux 操作系统定义的一个目录流类型,用于存储着目录的地址、大小等信息,它的作用类似于文件标准 I/O 中的 FILE 结构体(FILE * 用于定义文件指针)。DIR 在 dirent.h 头文件中被声明为一个不透明的数据类型,其定义如下。

```c
struct __dirstream
{
    void * __fd;                        //目录文件描述符
    char * __data;                      //目录块
    int __entry_data;                   //目录块的入口地址
    char * __ptr;                       //指向目录块的指针
    int __entry_ptr;                    //目录块指针编号
    size_t __allocation;                //目录块大小
    size_t __size;                      //目录块有效数据大小
    __libc_lock_define(, __lock)        //互斥锁
};
typedef struct __dirstream DIR;
```

在基础编程学习中,读者对 DIR 结构体不必深入太多,只需要知道 DIR 结构体的作用即可。

下面通过案例 5-15 演示 opendir()函数的应用。

【案例 5-15】 编写 C 语言程序 demo5-15.c,功能如下:打开目录/home/itheima/chapter05。

demo5-15.c:

```
1   #include <stdio.h>
2   #include <stdlib.h>
3   #include <sys/stat.h>
4   #include <sys/types.h>
5   #include <dirent.h>
6   int main()
7   {
8       DIR * pdir = NULL;
9       pdir = opendir("/home/itheima/chapter05");
10      if (pdir)
11          printf("目录打开成功\n");
12      else
13          printf("目录打开失败\n");
14      return 0;
15  }
```

在 demo5-15.c 中,第 8 行代码定义了一个 DIR 结构体指针 pdir;第 9 行代码调用 opendir()函数打开了目录/home/itheima/chapter05。

编译 demo5-15.c 并执行编译后的程序,具体命令及输出结果如下。

```
[itheima@localhost demo5-15]$ gcc -o demo5-15 demo5-15.c
[itheima@localhost demo5-15]$ ./demo5-15
目录打开成功
```

由程序输出结果可知,目录/home/itheima/chapter05 打开成功。

2. closedir()函数

关闭目录就是关闭 opendir()函数打开的目录流,关闭目录流可以调用 closedir()函数实现。closedir()函数所属头文件和声明如下。

```
#include <sys/types.h>
#include <dirent.h>
int closedir(DIR * pdir);
```

closedir()函数只有一个参数 pdir,表示一个打开的目录流指针。closedir()函数调用成功返回 0,否则返回 −1。closedir()函数调用比较简单,例如,案例 5-15 中调用 opendir()函数打开了目录/home/itheima/chapter05,如果要关闭该目录,直接调用 closedir()函数关闭目录流指针 pdir 即可,具体代码如下。

```
closedir(pdir);
```

5.4.5 目录的读取

目录的读取其实就是对目录进行扫描,获取目录下的文件信息。例如,如果某一个目录下有 3 个文件 file1、file2 和 file3,读取该目录就能获取该目录下文件 file1、file2 和 file3 的相关信息,如文件名称、文件 inode 节点编号等。每一个文件的信息称为一个目录项,为了存储读取的目录项,Linux 操作系统定义了 struct dirent 结构体。

struct dirent 结构体通常定义如下。

```
struct dirent
{
    long d_ino;                                  //文件 inode 节点编号
```

```
        off_t d_off;                            //文件在目录中的偏移量
        unsigned short d_reclen;                //文件名长度
        unsigned char d_type;                   //文件类型
        char d_name[NAME_MAX + 1];              //文件名称,NAME_MAX 为系统定义的宏
};
```

struct dirent 结构体的定义随系统变化而有所不同,但无论什么系统,它至少要包含两项:文件名称和文件的 inode 节点编号。当读取目录时,目录下的每一个文件都会存储在一个 struct dirent 结构体变量中,通过 struct dirent 结构体变量就可以获取文件的名称和 inode 节点编号等信息。

Linux 操作系统提供了 readdir()函数实现目录的读取,readdir()函数所属头文件和声明如下。

```
#include <sys/types.h>
#include <dirent.h>
struct dirent * readdir(DIR * pdir);
```

readdir()函数只有一个参数 pdir,表示一个目录流指针,即调用 opendir()函数打开的目录流。readdir()函数调用成功返回一个 struct dirent 结构体类型的指针,调用失败返回 NULL。

目录流是一个记录所有目录项的有序序列,调用 readdir()函数在读取目录时,每读取完一个目录项,目录流会自动指向下一个目录项,后续调用 readdir()时,会读取下一个目录项,这个过程类似于文件位置指针,目录流可以看作目录流位置指针。

目录流指针、目录项和目录流位置指针之间的关系可使用图 5-6 来表示。

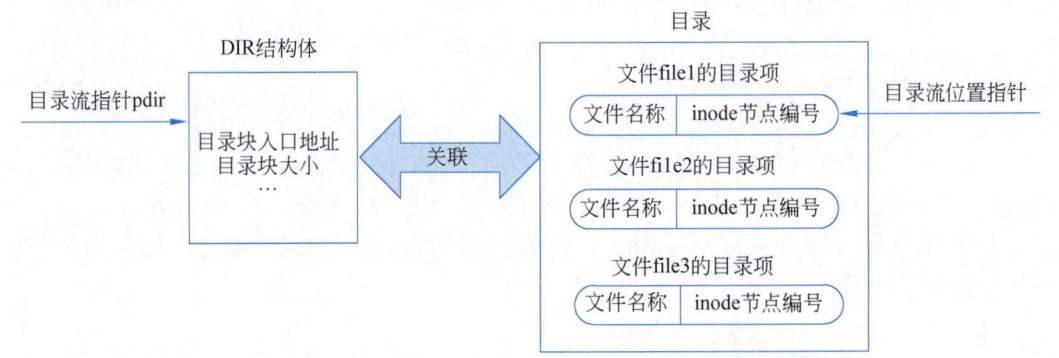

图 5-6 目录流指针、目录项和目录流位置指针之间的关系

下面通过案例 5-16 演示目录的读取。

【案例 5-16】 在目录/home/itheima/chapter05/demo5-16/test 下有 3 个文件:file1、file2 和 file3,编写 C 语言程序 demo5-16.c,功能如下:打开该目录,并读取该目录下的文件。

demo5-16.c:

```
1   #include <stdio.h>
2   #include <stdlib.h>
3   #include <sys/types.h>
4   #include <dirent.h>
5   int main()
```

```
 6  {
 7      DIR * pdir = NULL;
 8      pdir = opendir("/home/itheima/chapter05/demo5-16/test");        //打开目录
 9      if (pdir)
10          printf("目录打开成功\n");
11      else
12          printf("目录打开失败\n");
13      struct dirent sdir;                          //定义 struct dirent 结构体变量
14      struct dirent * psdir = &sdir;               //定义 struct dirent 结构体指针
15      while ((psdir = readdir(pdir)) != NULL)      //调用 readdir()函数循环读取目录
16      {
17          printf("文件名称:%s\n", psdir->d_name);
18          printf("文件 inode 节点编号:%d\n", psdir->d_ino);
19      }
20      return 0;
21  }
```

在 demo5-16.c 中,第 8 行代码调用 opendir()函数打开目录/home/itheima/chapter05/demo5-16/test;第 13 行代码定义了 struct dirent 结构体变量 sdir;第 14 行代码定义了 struct dirent 结构体指针 psdir 指向 sdir;第 15~19 行代码调用 readdir()函数循环读取目录,每读取一个目录项就输出文件名称和 inode 节点编号信息。

编译 demo5-16.c 并执行编译后的程序,具体命令及输出结果如下。

```
itheima@localhost demo5-16]$ gcc -o demo5-16 demo5-16.c
[itheima@localhost demo5-16]$ ./demo5-16
目录打开成功
文件名称:.
文件 inode 节点编号:35781963
文件名称:..
文件 inode 节点编号:19092164
文件名称:file1
文件 inode 节点编号:19092183
文件名称:file2
文件 inode 节点编号:19092191
文件名称:file3
文件 inode 节点编号:19092192
```

由上述输出结果可知,程序成功读取了目录/home/itheima/chapter05/demo5-16/test 下的 3 个文件。但是除了 file1、file2 和 file3 文件之外,输出结果还有"."和".."两个目录项,它们分别表示当前目录和父目录,每个目录都包含这两个目录项。

5.4.6　目录的定位

readdir()函数可以实现目录的顺序访问,但实际编程中经常需要实现目录的非顺序访问,例如访问已读取的目录项。为实现这种非顺序访问,需要对目录进行定位,针对目录定位访问,Linux 操作系统提供了三个函数:telldir()、seekdir()和 rewinddir(),接下来分别对这三个函数进行详细讲解。

1. telldir()函数

telldir()函数用于获取目录流的当前位置,其所属头文件和声明如下。

```
#include <sys/types.h>
```

```
#include <dirent.h>
off_t telldir(DIR* pdir);
```

telldir()函数只有一个参数 pdir,表示一个目录流指针。telldir()函数调用成功返回目录流的当前位置,否则返回-1。

2. seekdir()函数

seekdir()函数用于设置目录流的位置,即设置目录流位置指针指向哪一个目录项。seekdir()函数所属头文件和声明如下。

```
#include <sys/types.h>
#include <dirent.h>
void seekdir(DIR* pdir, long int loc);
```

seekdir()函数有两个参数,每个参数的含义如下。

(1) pdir:表示目录流指针。

(2) loc:用于指定目录流的位置,该参数只能是 telldir()函数的返回值。

3. rewinddir()函数

rewinddir()函数用于将目录流重置至起始位置,其所属头文件和声明如下。

```
#include <sys/types.h>
#include <dirent.h>
void rewinddir(DIR* pdir);
```

rewinddir()函数只有一个参数 pdir,表示目录流指针。下面通过案例 5-17 演示目录的随机访问。

【案例 5-17】 在目录/home/itheima/chapter05/demo5-17/testdir 下有 3 个文件:file1、file2 和 file3,编写 C 语言程序 demo5-17.c,功能如下。

(1) 打开目录,获取目录流位置指针并输出。

(2) 读取第 1 个目录项,输出读取到的文件名称、inode 节点编号。

(3) 读取第 1 个目录项之后,获取目录流位置指针并输出。

(4) 读取第 3 个目录项,输出读取到的文件名称、inode 节点编号。

(5) 读取第 3 个目录项之后,获取目录流位置指针并输出。

(6) 将目录流位置指针移动到读取第 1 个目录项之后的位置,并输出该位置的值。

(7) 将目录流位置指针移动到开头,并输出该位置的值。

demo5-17.c:

```
1   #include <stdio.h>
2   #include <stdlib.h>
3   #include <sys/types.h>
4   #include <dirent.h>
5   int main()
6   {
7       DIR * pdir = NULL;
8       pdir = opendir("/home/itheima/chapter05/demo5-17/testdir");
9       if (pdir)
10          printf("目录打开成功\n");
11      else
12          printf("目录打开失败\n");
```

```
13      //刚打开文件,获取目录流位置指针
14      printf("-------刚打开文件-------\n");
15      printf("目录流位置指针:%d\n", telldir(pdir));
16      //读取第 1 个目录项
17      struct dirent sdir;
18      struct dirent * psdir = &sdir;
19      printf("-------读取 1 个目录项-------\n");
20      psdir = readdir(pdir);
21      printf("文件名称:%s\n", psdir->d_name);
22      printf("inode 节点编号:%d\n", psdir->d_ino);
23      printf("-------读取 1 个目录项之后-------\n");
24      int loc = telldir(pdir);
25      printf("目录流位置指针:%d\n", loc);
26      //读取 3 个目录项
27      printf("-------读取 3 个目录项-------\n");
28      for (int i = 1; i <= 3; i++)
29      {
30          psdir = readdir(pdir);
31          printf("文件名称:%s\n", psdir->d_name);
32          printf("inode 节点编号:%d\n", psdir->d_ino);
33      }
34      //再次获取目录流位置指针
35      printf("-------读取 3 个目录项之后-------\n");
36      printf("目录流位置指针:%d\n", telldir(pdir));
37      //将目录流位置指针移动到 loc 位置
38      seekdir(pdir, loc);
39      printf("-------移动目录流文件位置指针至 loc 位置-------\n");
40      printf("目录流位置指针:%d\n", telldir(pdir));
41      //将目录流位置指针重置于开头
42      printf("-------重置目录流位置指针至开头-------\n");
43      rewinddir(pdir);
44      printf("目录流位置指针:%d\n", telldir(pdir));
45      return 0;
46  }
```

在 demo5-17.c 中,第 8 行代码调用 opendir()函数打开目录/home/itheima/chapter05/demo5-17/testdir;第 15 行代码调用 telldir()函数获取目录流位置指针的位置并输出;第 17~22 行代码调用 readdir()函数读取 1 个目录项并输出;第 24~25 行代码在读取 1 个目录项之后,获取目录流位置指针的位置并输出;第 24 行代码将目录流位置指针的位置保存在了变量 loc 中。

第 28~33 行代码利用循环读取 3 个目录项并输出;第 36 行代码在读取 3 个目录之后,获取目录流位置指针的位置并输出;第 38 行代码调用 seekdir()将目录流位置指针移动到 loc 位置处。

第 43~44 行代码调用 rewinddir()函数将目录流位置指针重置于开头,调用 telldir()函数获取重置后的目录流位置指针并输出。

编译 demo5-17.c 并执行编译后的程序,具体命令及输出结果如下。

```
[itheima@localhost demo5-17]$ gcc -o demo5-17 demo5-17.c
[itheima@localhost demo5-17]$ ./demo5-17
目录打开成功
-------刚打开文件-------
```

```
目录流位置指针:0
-------读取 1 个目录项-------
文件名称:.
inode 节点编号:50816536
-------读取 1 个目录项之后-------
目录流位置指针:10
-------读取 3 个目录项-------
文件名称:..
inode 节点编号:35781977
文件名称:file1
inode 节点编号:50816546
文件名称:file2
inode 节点编号:50816547
-------读取 3 个目录项之后-------
目录流位置指针:18
-------移动目录流文件位置指针至 loc 位置-------
目录流位置指针:10
-------重置目录流位置指针至开头-------
目录流位置指针:0
```

5.5 文件 I/O 重定向

在 3.3.2 节学习了如何使用命令实现 I/O 重定向,除了命令,Linux 操作系统还提供了 dup()函数和 dup2()函数实现文件 I/O 重定向。下面分别对这两个函数进行讲解。

1. dup()函数

早期的 Linux 操作系统使用 dup()函数实现文件 I/O 重定向,dup()函数所属头文件和声明如下。

```
#include <unistd.h>
int dup(int oldfd);
```

dup()函数只有一个参数 oldfd,表示一个文件描述符。dup()函数调用成功,会关闭 oldfd,从文件描述符列表中查找一个可用的最小值,将它指向 oldfd 指向的文件,并返回这个新的文件描述符。dup()函数调用失败返回−1。

dup()函数通常搭配 close()函数实现文件 I/O 重定向,下面通过一个具体的示例场景讲解。假如文件描述符列表中前 4 个文件描述符(0、1、2、3)被占用,文件描述符 0、1、2 分别被指向标准输入、标准输出、标准错误输出;文件描述符 3 指向 shelldata 文件。现在要将原本要输出到标准输出的数据重定向到 shelldata 文件中,就可以调用 dup()函数实现。实现过程分为以下两个步骤。

(1) 调用 close()函数关闭标准输出设备的文件描述符 1。此时,文件描述符列表中最小的可用的文件描述符就是 1。

(2) 调用 dup()函数,将文件描述符 3 作为参数传递给 dup()函数。

在第(2)步调用 dup()函数时,dup()函数会从文件描述符列表中查找一个最小的可用的文件符,就查找到文件描述符 1。然后将文件描述符 1 与文件描述符 3(参数)指向的文件进行关联,即将文件描述符 1 指向 shelldata 文件。这样,以后原来要输出到标准输出的数据就会写入 shelldata 文件,这就实现了文件 I/O 重定向。

dup()函数实现重定向的过程如图 5-7 所示。

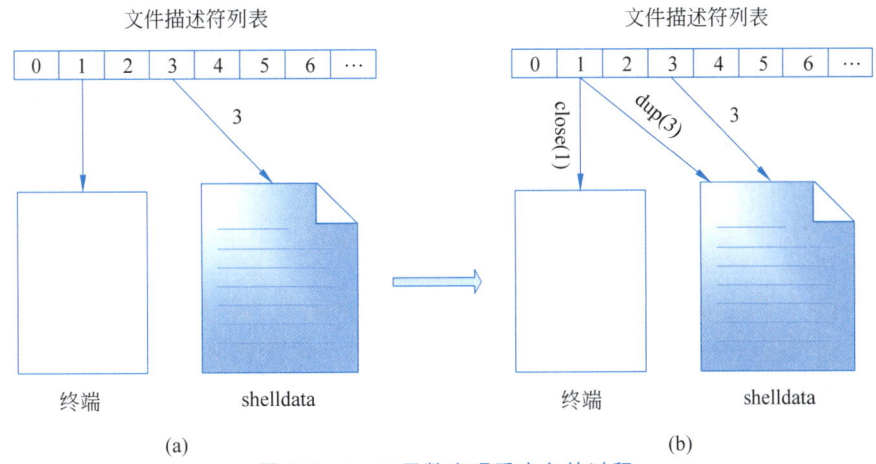

图 5-7　dup()函数实现重定向的过程

在图 5-7(a)中,文件描述符 1 指向标准输出;文件描述符 3 指向 shelldata 文件。当调用 close(1)函数关闭标准输出时,如图 5-7(b)所示,系统会断开文件描述符 1 与标准输出的连接;当调用 dup(3)函数时,系统会从文件描述符列表中选择一个最小的值 1(0 已经被标准输入占用)返回,并将文件描述符 1 指向 shelldata 文件。

需要注意的是,一定要先关闭文件描述符 1,否则 dup()函数从文件描述符列表中查找最小的可用的文件描述符时,就会查找到文件描述符 4,会将文件描述符 4 指向 shelldata 文件,这就无法实现将标准输出重定向到 shelldata 文件。

下面通过案例 5-18 实现上述示例场景。

【案例 5-18】　编写 C 语言程序 demo5-18.c,功能如下:将原本要输出到标准输出的数据重定向到文件 shelldata 中。

demo5-18.c:

```
1   #include <stdio.h>
2   #include <stdlib.h>
3   #include <unistd.h>
4   #include <sys/stat.h>
5   #include <fcntl.h>
6   int main()
7   {
8       int fd = open("shelldata", O_RDWR | O_CREAT, 0664);
9       if (fd)
10          printf("文件打开成功\n");
11      else
12          printf("文件打开失败\n");
13      printf("请输入数据:");
14      fflush(0);                              //刷新输入缓冲区
15      //关闭标准输出
16      close(1);
17      //再将文件描述符 1 指向文件 shelldata
18      dup(fd);
19      char buf[1024];
20      scanf("%s", buf);                       //从键盘输入数据
```

```
21        puts(buf);                                    //写入shelldata文件
22        return 0;
23    }
```

在demo5-18.c中,第8~12行代码调用open()函数打开文件,并使用if…else语句判断文件是否打开成功;第13行代码输出提示信息,需要注意的是,需要在第14行代码中调用fflush()函数刷新输入缓冲区,否则第13行代码的提示信息会留在输入缓冲区中,当标准输入关闭并重定向到shelldata文件之后,后续输入的数据会将提示信息直接从输入缓冲区刷新写入到shelldata文件中,而无法显示到终端。

第16行代码调用close()函数关闭标准输出;第18行代码调用dup()函数选择一个最小的文件描述符指向文件shelldata;第19~21行代码从键盘读取数据并写入shelldata文件中。puts()函数本来是将数据输出到标准输出(终端),但现在标准输出被重定向到shelldata文件,因此数据就会被写入文件shelldata。

编译demo5-18.c并执行编译后的程序,具体命令及输出结果如下。

```
[itheima@localhost demo5-18]$ gcc -o demo5-18 demo5-18.c
[itheima@localhost demo5-18]$ ./demo5-18
文件打开成功
请输入数据:helloworld
[itheima@localhost demo5-18]$ ls
demo5-18    demo5-18.c    shelldata
[itheima@localhost demo5-18]$ cat shelldata
helloworld
```

在上述命令中,demo5-18.c编译成功之后执行程序,根据提示输入一些数据,输入完毕之后,使用ls命令查看当前目录下生成的shelldata文件,使用cat命令查看shelldata文件的内容,与输入的内容相同。

2. dup2()函数

dup()函数在实现重定向时无法实现原子操作,例如,在案例5-18中,关闭标准输出与占用文件描述符1是两步操作,当关闭标准输出之后,还没来得及调用dup()函数时,文件描述符1可能被其他程序占用,puts()函数输出的数据就会被写入其他文件。

为了解决这个问题,Linux操作系统定义了dup2()函数,dup2()函数所属头文件和声明如下。

```
#include <unistd.h>
int dup2(int oldfd, int newfd);
```

dup2()函数有两个参数,每个参数的含义如下。

(1) oldfd:表示原来指向文件的描述符。

(2) newfd:表示指定的新的文件描述符。

在调用dup2()函数时,如果newfd已经被其他进程占用,则系统会关闭newfd指向的文件,然后将newfd指向oldfd指向的文件,并返回newfd。如果newfd与oldfd相同,则系统不作任何处理,直接返回newfd。dup2()函数调用成功返回新的文件描述符,否则返回-1。

dup2()函数在调用时执行了两步操作:关闭newfd指向的文件、将newfd指向oldfd指向的文件,这两步操作是紧密相连执行的,不可分割,因此弥补了dup()函数的缺陷。

下面通过案例 5-19 演示 dup2()函数的应用。

【案例 5-19】 编写 C 语言程序 demo5-19.c，功能如下：将原本要写入 file1 文件的数据写入 file2 文件。

demo5-19.c：

```
1   #include <stdio.h>
2   #include <stdlib.h>
3   #include <unistd.h>
4   #include <sys/stat.h>
5   #include <fcntl.h>
6   int main()
7   {
8       int fd1 = open("file1", O_RDWR | O_CREAT, 0777);
9       int fd2 = open("file2", O_RDWR | O_CREAT, 0777);
10      printf("fd1=%d fd2=%d\n", fd1, fd2);
11      //将 fd1 指向 file2
12      int fd = dup2(fd2, fd1);
13      printf("fd1=%d fd2=%d fd=%d\n", fd1, fd2, fd);
14      //写入数据
15      char buf[100] = "这是要写入 file1 的数据\n";
16      write(fd1, buf, 100);
17      return 0;
18  }
```

在 demo5-19.c 中，第 8～10 行代码分别打开了 file1 文件和 file2 文件，并输出返回的文件描述符 fd1 和 fd2；第 12 行代码调用 dup2()函数将文件描述符 fd1 指向 fd2 指向的文件（file2）；第 13 行代码分别输出文件描述符 fd1、fd2 和 fd 的值；第 15、16 行代码将字符数组 buf 中的数据写入 fd1 指向的文件（file2）。

编译 demo5-19.c 并执行编译后的程序，具体命令及输出结果如下。

```
[itheima@localhost demo5-19]$ gcc -o demo5-19 demo5-19.c
[itheima@localhost demo5-19]$ ./demo5-19
fd1=3 fd2=4
fd1=3 fd2=4 fd=3
[itheima@localhost demo5-19]$ ls
demo5-19  demo5-19.c  file1  file2
[itheima@localhost demo5-19]$ cat file1
[itheima@localhost demo5-19]$ cat file2
这是要写入 file1 的数据
```

由上述程序输出结果可知，dup2()函数返回的文件描述符 fd 的值为 3，即 fd1 的值。使用 cat 命令分别查看 file1 和 file2 文件的内容，由输出结果可知，字符数组 buf 中的内容被写入了 file2 文件中，表明文件描述符 fd1 指向了 file2 文件。

5.6 文件 I/O 错误处理

前面介绍的文件操作函数在调用时都会发生一些错误，错误的原因非常多，Linux 操作系统把这些函数可能产生的错误定义成了宏，这些宏保存在/usr/include/asm-generic/errno-base.h 和/usr/include/asm-generic/errno.h 两个文件中，读者可以使用 cat 命令进行查看。

```
[itheima@localhost demo5-20]$ cat /usr/include/asm-generic/errno-base.h
/* SPDX-License-Identifier: GPL-2.0 WITH Linux-syscall-note */
#ifndef _ASM_GENERIC_ERRNO_BASE_H
#define _ASM_GENERIC_ERRNO_BASE_H

#define EPERM            1      /* Operation not permitted */
#define ENOENT           2      /* No such file or directory */
#define ESRCH            3      /* No such process */
#define EINTR            4      /* Interrupted system call */
…
#define ERANGE           34     /* Math result not representable */
#endif
[itheima@localhost demo5-20]$ cat /usr/include/asm-generic/errno.h
/* SPDX-License-Identifier: GPL-2.0 WITH Linux-syscall-note */
#ifndef _ASM_GENERIC_ERRNO_H
#define _ASM_GENERIC_ERRNO_H

#include <asm-generic/errno-base.h>

#define EDEADLK          35     /* Resource deadlock would occur */
#define ENAMETOOLONG     36     /* File name too long */
#define ENOLCK           37     /* No record locks available */

/*
 * This error code is special: arch syscall entry code will return
 * -ENOSYS if users try to call a syscall that doesn't exist.  To keep
 * failures of syscalls that really do exist distinguishable from
 * failures due to attempts to use a nonexistent syscall, syscall
 * implementations should refrain from returning -ENOSYS.
 */
#define ENOSYS           38     /* Invalid system call number */
#define ENOTEMPTY        39     /* Directory not empty */
#define ELOOP            40     /* Too many symbolic links encountered */
#define EWOULDBLOCK      EAGAIN /* Operation would block */
#define ENOMSG           42     /* No message of desired type */
#define EIDRM            43     /* Identifier removed */
#define ECHRNG           44     /* Channel number out of range */
…
#define ERFKILL          132    /* Operation not possible due to RF-kill */
#define EHWPOISON        133    /* Memory page has hardware error */
#endif
```

由上述输出结果可知，Linux 操作一共定义了 133 个错误，这些错误包括文件 I/O 错误、进程管理错误、网络操作错误、内存分配错误等，每个错误都有编号和文字描述信息。

为了保存这些错误，Linux 操作系统在 errno.h 头文件中定义了一个全局变量 errno，当函数调用失败时，函数产生的错误编号会保存在全局变量 errno 当中，读取 errno 变量的值就可以确认函数调用失败的原因。如果函数调用成功，errno 的值会被设置为 0。

但是全局变量 errno 保存的是错误编号，不容易理解，为了方便用户快速分析错误原因，Linux 操作系统提供了 strerror() 和 perror() 两个函数将错误编号转换为对应的错误描述字符串。下面分别对这两个函数进行介绍。

1. strerror()函数

strerror()函数用于将 errno 错误编号转换为错误描述字符串，输出到日志文件。

strerror()函数所属头文件和声明如下。

```
#include <string.h>
char* strerror(int errno);
```

strerror()函数只有一个参数 errno,就是定义在 errno.h 头文件中的全局变量。strerror()函数返回一个字符类型的指针,指向字符串描述的错误信息。

2. perror()函数

perror()函数也可以将 errno 错误编号转换为错误描述字符串,但它会将转换后的错误信息输出到标准输出。perror()函数所属头文件和声明如下。

```
#include <string.h>
void perror(const char* s);
```

perror()函数只有一个参数 s,表示一个字符串,用于接收用户调用 perror()函数时传入的提示信息。perror()函数在终端的输出形式为"s:错误信息"。

下面通过案例 5-20 演示 strerror()函数和 perror()函数的应用。

【案例 5-20】 编写 C 语言程序 demo5-20.c,功能如下:打开一个不存在的文件,并输出错误信息。

demo5-20.c:

```
1   #include <stdio.h>
2   #include <stdlib.h>
3   #include <unistd.h>
4   #include <sys/stat.h>
5   #include <fcntl.h>
6   #include <error.h>
7   #include <errno.h>
8   #include <string.h>
9   int main()
10  {
11      int fd = open("file",O_RDWR);              //打开文件 file
12      printf("错误编号:%d\n",errno);              //输出错误编号
13      printf("错误原因:%s\n",strerror(errno));     //调用 strerror()函数
14      perror("perror 分析原因:");                  //调用 perror()函数
15      return 0;
16  }
```

在 demo5-20.c 中,第 11 行代码调用 open()函数打开一个不存在的文件 file;第 12 行代码输出文件 I/O 错误编号;第 13、14 行代码分别调用 strerror()函数和 perror()函数将 errno 转换为字符串形式的错误信息。

编译 demo5-20.c 并执行编译后的程序,具体命令及输出结果如下。

```
[itheima@localhost demo5-20]$ gcc -o demo5-20 demo5-20.c
[itheima@localhost demo5-20]$ ./demo5-20
错误编号:2
错误原因:No such file or directory
perror 分析原因:: No such file or directory
```

由上述程序输出结果可知,open()函数产生的文件 I/O 错误编号为 2,strerror()函数和 perror()函数都成功将 errno 转换成了字符串形式的错误信息。

在每次调用文件 I/O 函数之后，都可以调用 strerror()函数或 perror()函数输出错误信息，如果文件 I/O 函数调用成功，errno 的值被设置为 0，strerror()函数和 perror()函数转换 errno 的结果为"Success"。使用 strerror()函数和 perror()函数对 errno 进行转换，查看错误信息，就避免了大量的 if 判断语句，使程序更易于阅读。

需要注意的是，相应函数调用之后，必须立刻进行错误处理，否则 errno 的值会被下一个函数调用的结果覆盖。

5.7 本章小结

本章主要讲解了文件 I/O 操作，首先讲解了文件的基本概念、文件基本操作和文件属性操作；然后讲解了目录基本操作；最后讲解了文件 I/O 重定向和文件 I/O 错误处理。通过本章的学习，读者对文件 I/O 操作有了一定的掌握，能够处理一些关于文件的编程需求。

5.8 本章习题

请读者扫描左方二维码，查看本章课后习题。

第 6 章

Linux进程管理

学习目标

- 了解进程的概念,能够说出进程与程序的区别。
- 了解进程的状态,能够说出进程的各个状态及这些状态之间的转换。
- 理解进程的结构,能够说出进程控制块的作用及主要信息。
- 掌握进程属性的获取,能够调用相应函数获取进程属性。
- 掌握进程的创建,能够调用 fork() 函数和 vfork() 函数创建子进程。
- 掌握 exec 系列函数,能够调用 exec 系列函数让子进程执行特定程序。
- 了解进程休眠,能够说出 sleep() 函数和 pause() 函数让进程休眠的机制。
- 掌握进程终止,能够调用 exit() 函数和 _exit() 函数正确地终止进程。
- 了解僵尸进程,能够说出僵尸进程的概念及产生原因。
- 了解孤儿进程,能够说出孤儿进程的概念及产生原因。
- 掌握进程等待,能够调用 wait() 函数与 waitpid() 函数等待进程结束。
- 了解守护进程,能够说出创建守护进程的要点。

在 Linux 操作系统中,任何一个程序的运行都以进程为单位。进程运行需要访问计算机资源(如内存、CPU 等),为了协调多个进程对计算机资源的访问,实现对进程和资源的动态管理,Linux 用户需要及时跟踪查看所有进程的活动,掌握它们对系统资源的使用情况。本章将围绕进程管理的相关知识进行详细讲解。

6.1 进程概述

6.1.1 进程的概念

当用户运行程序时,Linux 操作系统会为程序创建一个特殊的环境,用于管理程序执行时所需要的资源(如内存、CPU 等),以保证程序能够独立运行,不受其他程序干扰,这个特殊的环境就称为进程。简单来说,进程就是一个二进制程序的执行过程。当程序执行结束之后,进程会随之消失,进程所有的资源会被系统回收。例如,登录微信进行聊天,就是启动了微信进程,退出微信之后,微信对应的进程也随之消失。在操作系统中,进程是管理事务的基本单元,操作系统通过进程完成一个一个的任务。

早期的 CPU 都是单核 CPU,对于单核 CPU,一次只能执行一个程序,即运行一个进程。但是,当我们使用计算机时,好像可以同时运行多个程序,例如,一边聊微信一边看视频,这是因为计算机采用了时间片分时调度策略来执行进程。多个进程在一个队列中排队轮流执行,系统为每个进程分配一个时间段,即进程可以运行的时间,称作进程的时间片。

如果一个进程的时间片用完了,CPU 将暂停该进程的执行,将该进程移到队列的末尾,转而执行下一个进程。时间片分时调度策略如图 6-1 所示。

图 6-1　时间片分时调度策略

在图 6-1 中,有 A、B、C 三个进程,三个进程在队列中排队轮流执行,当 A 进程时间片使用完后,就被系统移动到队列末尾重新排队,CPU 接着执行下一个进程 C,这样依次循环执行多个进程。

由于进程的时间片很短,而且 CPU 的运行速度极快,所以从我们的视觉听觉感受来说,好像多个进程在同时运行。随着技术的发展,现在的 CPU 一般都是多核 CPU,多核 CPU 就可以同时运行多个进程,即进程可以并行执行。例如,一个 4 核 CPU 可以同时运行 4 个进程,这样程序执行起来速度更快。

6.1.2　进程的状态

系统中的资源是有限的,进程若要运行,必须先要获取到足够的资源。多个进程分时复用 CPU,当进程的时间片执行完之后,系统会收回进程对 CPU 的使用权,将其移动到队列末尾。

正在执行的进程与等待执行的进程处于不同的状态。进程的执行过程可以分为 5 个状态,分别是创建状态、就绪状态、运行状态、休眠状态和终止状态,下面分别介绍进程的这 5 种状态。

1. 创建状态

进程的创建状态是指进程正在被创建的过程。在创建状态,进程需要申请一块内存空间,向其中写入控制和管理进程的信息。之后,系统将为该进程分配运行时所需要的资源,如内存空间和必要的程序段。创建完毕之后,进程就会被调度进入就绪队列中等待执行。

如果在创建的过程中,进程所需要的资源不足,如系统内存不足,则进程创建将无法完成,进程将一直处于创建状态,直到资源需求得到满足。

2. 就绪状态

处于就绪状态的进程,该进程所需的资源都已经分配到位,只等待系统分配 CPU。当把 CPU 分配给就绪状态的进程时,进程会立刻从就绪状态转变为运行状态。

3. 运行状态

处于运行状态的进程是指已经分配到 CPU,正在运行的进程。处于运行状态的进程,如果时间片用完,进程就会从运行状态进入就绪状态。如果因为其他原因而失去 CPU,进程就会从运行状态进入休眠状态。

4. 休眠状态

进程因为某种原因暂时不能拥有 CPU,就会进入休眠状态,休眠状态也称睡眠状态。根据进入休眠状态的原因,可以将休眠状态分为阻塞和挂起两种状态。阻塞一般是由外部

I/O 调用等原因造成的休眠状态,进程需要等待所需的 I/O 资源,即使强制中断休眠,进程也无法运行。挂起往往是因为进程对应的当前用户请求已经处理完毕,暂时退出 CPU,当用户再次发出请求时,进程可随时被唤醒,进入就绪状态。

5. 终止状态

当一个进程终止后,它并不会被立即清理,而是在操作系统中保留一段时间,直到其他进程对该进程完成"善后工作",如获取终止原因、统计数据等,操作系统会删除该进程。

在操作系统保留的这一段时间就是进程的终止状态,处于终止状态的进程不会再被执行。进程终止的原因通常有以下 4 点。

- 进程正常执行结束。
- 进程出现错误而终止。例如,进程要打开的文件不存在,则进程自动终止。
- 进程外部出现严重错误。例如,内存不足、除数为零等,进程被迫终止。
- 被其他有终止权的进程终止。

进程在执行过程中,5 种状态之间的转换过程如图 6-2 所示。

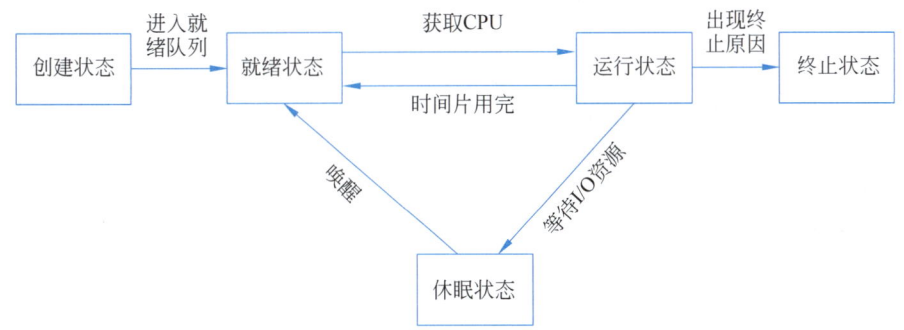

图 6-2 进程 5 种状态之间的转换过程

6.1.3 进程的结构

每个进程都是独立的,都有各自的运行环境和所需要的资源,系统会为每个进程分配唯一的数据结构空间存储进程的相关信息,这个数据结构空间称为进程控制块(Process Control Block,PCB),系统就是通过 PCB 管理和控制进程的。

PCB 包含了进程的所有信息,内容非常繁杂,为了便于理解,可以将这些信息大致划分为 4 类:进程描述信息、进程控制信息、资源信息和 CPU 现场信息,如图 6-3 所示。

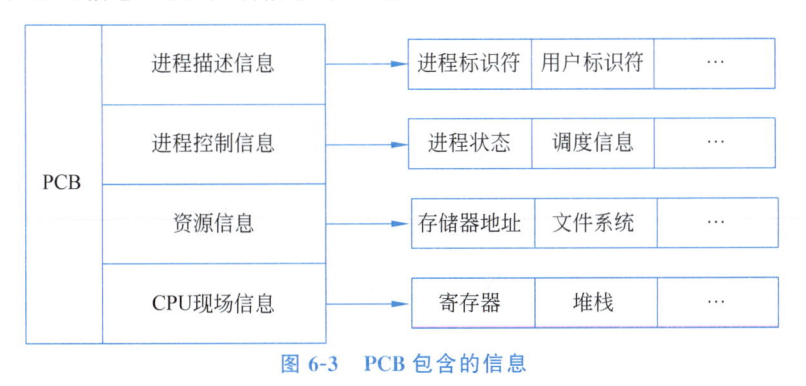

图 6-3 PCB 包含的信息

下面结合图 6-3 分别对这 4 类信息进行讲解。

1. 进程描述信息

进程描述信息包括进程标识符、用户标识符等属性信息。通过进程描述信息,系统可以确定进程的基本属性。下面分别介绍进程的主要属性。

(1) 进程标识符。

系统为每个进程分配了唯一的标识号,称为进程标识符(Process Indentifier,PID)。PID 是一个非负整数,在 Linux 操作系统中,进程标识的数据类型被定义为 pid_t(unsigned int 的宏定义)。

内存中同时可以存在多个进程,每个进程都有不同的 PID,内核通过这个 PID 来识别不同的进程;用户也可以根据内核提供的 PID,通过系统调用去管理用户进程。

(2) 父进程标识符。

每个进程都有一个唯一的父进程(1 号进程 systemd 除外),即创建该进程的进程,父进程标识符为 PPID(Parent Process Identifier)。相对于父进程,进程创建出来的进程称为该进程的子进程。

(3) 进程组。

在 Linux 操作系统中,进程组是一组相关联的进程的集合,每个进程组都有一个唯一的标识符,称为进程组 ID(Process Group Indentifier,PGID)。进程组可以对一组功能相关的进程进行集中协调和管理,以更好地实现作业控制。

每个进程组中都有一个领导进程,也称为组长进程,组长进程的 PID 与进程组的 PGID 相同。组长进程并不一定一直存在,当组长进程执行结束后,进程组并不会结束,且进程组 PGID 也不会改变。

(4) UID 和 EUID。

UID 表示用户标识符,即创建进程的用户 ID,除了 UID,PCB 中还有 EUID(Effect User Identifier),即有效用户标识符,EUID 表示进程访问系统资源时使用的用户 ID,也就是进程具备哪个用户的权限。

通常情况下 UID 与 EUID 是相同的,但某些情况下 UID 与 EUID 会不相同。例如,启动一个进程的用户是 itheima,但实际有权限的是 root 用户,也就是 itheima 以 root 的权限启动了进程,那么这个进程的 UID 对应的用户为 itheima,EUID 对应的用户为 root。

(5) GID 和 EGID。

GID 表示用户组标识符,即创建进程的用户的属组 ID。EGID 为有效用户的属组 ID。GID 和 EGID 的情况等同于 UID 和 EUID。

2. 进程控制信息

进程控制信息记录当前的进程状态、调度信息、计时信息以及进程间通信信息等,是系统掌握进程状态,实施调度的主要依据。下面分别介绍进程控制信息的主要组成部分。

(1) 进程状态。

进程在其生命周期中,总是不停地在各个状态之间转换,进程状态在 6.1.2 节已经讲解,这里不再赘述。

(2) 调度信息。

调度信息包括进程优先级、剩余时间片、调度策略等,系统的调度程序利用调度信息决定哪个进程应该被执行。

（3）计时信息。

计时信息包括时间片和定时器的使用情况，它是系统进行统计、分析、计费等操作的依据。

（4）通信信息。

多个进程之间的通信信息也记录在 PCB 中。Linux 操作系统支持典型的 UNIX 进程通信机制——信号、管道，也支持 System V IPC 通信机制——共享内存、信号量和消息队列。

3．进程资源信息

PCB 包含大量的系统资源信息，这些信息记录与进程有关的存储器地址、文件系统等，通过这些资料，进程就可以得到运行所需的相关程序代码和数据。

4．CPU 现场信息

进程在执行过程中不停在各个状态之间进行切换，当一个进程重新获取 CPU 执行权进入运行状态时，必须要保证进程能够精确地接着上次执行的位置继续执行，因此，进程相关的程序段、数据集和 CPU 现场都必须要进行保存。CPU 现场信息就是记录上次进程执行的状态，包括 CPU 内部寄存器、堆栈等数据状态。

5．会话

会话（session）是指用户与系统进行交互的一段时间，Linux 操作系统中的会话是基于终端的，包括物理终端、虚拟终端（TTY）和远程连接（SSH）。当打开一个终端时，就可以简单理解为建立了一个会话，每一个会话都有一个唯一的 ID，称为会话 ID（SID）。一个会话通常包含多个进程，其中建立会话的进程称为会话组长或会话领导，该进程的 PID 就是会话的 SID。

在会话中，用户可以执行各种操作和任务，如文件操作、进程管理、软件管理、网络操作等。当任务完成不再需要会话时，用户可以通过输入 exit 命令退出会话。

6.2 获取进程属性

在实际编程中通常需要获取进程属性，如获取进程 PID、PPID、UID、EUID 等，Linux 操作系统在 unistd.h 头文件中定义了一组函数，用于获取进程属性，如表 6-1 所示。

表 6-1 获取进程属性的函数

函　　数	说　　明
pid_t getpid()	获取当前进程的 PID
pid_t getppid()	获取当前进程的 PPID，即当前进程的父进程 ID
uid_t getuid()	获取当前进程的用户 ID，即 UID
uid_t geteuid()	获取当前进程的有效用户 ID，即 EUID
gid_t getgid()	获取当前进程的用户组 ID，即 GID
gid_t getegid()	获取当前进程的有效用户组 ID，即 EGID
pid_t getpgrp()	获取当前进程的进程组 ID，即 PGID

下面通过案例 6-1 演示进程属性的获取。

【案例 6-1】 编写 C 语言程序 demo6-1.c，功能如下：当 demo6-1.c 程序执行时，获取该进程的 PID、PPID、UID、EUID、GID、EGID 和 PGID。

demo6-1.c：

```
1    #include <stdio.h>
2    #include <stdlib.h>
3    #include <sys/types.h>
4    #include <unistd.h>
5    int main()
6    {
7        printf("hello demo6-1\n");
8        printf("pid=%d\n",getpid());
9        printf("ppid=%d\n",getppid());
10       printf("uid=%d\n",getuid());
11       printf("euid=%d\n",geteuid());
12       printf("gid=%d\n",getgid());
13       printf("egid=%d\n",getegid());
14       printf("pgid=%d\n",getpgrp());
15       return 0;
16   }
```

编译 demo6-1.c 并执行编译后的程序，具体命令和输出结果如下。

```
[itheima@localhost demo6-1]$ gcc -o demo6-1 demo6-1.c
[itheima@localhost demo6-1]$ ./demo6-1
hello demo6-1
pid=187697
ppid=3221
uid=1000
euid=1000
gid=1000
egid=1000
pgid=187697
```

6.3 进程控制

Linux 操作系统对进程的控制主要包括创建进程、执行任务、进程休眠等。Linux 操作系统提供了一些与进程控制相关的函数，如 fork()、exec 系列函数、sleep()等。本节将针对 Linux 的进程控制函数进行讲解。

6.3.1 创建进程

Linux 操作系统提供了两个函数用于创建进程，分别是 fork()函数和 vfork()函数，下面分别对这两个函数进行讲解。

1. fork()函数

fork()函数用于创建一个子进程，其所属头文件和声明如下。

```
#include <unistd.h>
pid_t fork();
```

在上述声明中，fork()函数没有参数，程序调用 fork()函数时会直接创建一个子进程。

fork()函数调用成功,会返回两个值,父进程返回子进程的 PID,子进程返回 0;fork()函数调用失败返回－1,并设置 errno 变量。

调用 fork()函数创建子进程的过程如图 6-4 所示。

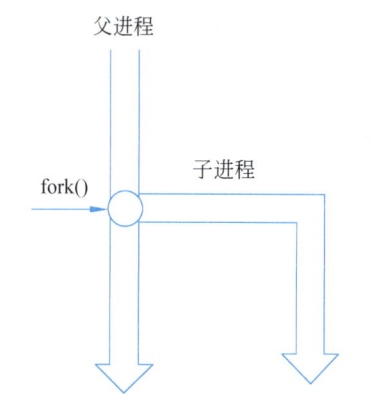

图 6-4　调用 fork()函数创建子进程的过程

下面通过案例 6-2 演示 fork()函数创建子进程的过程。

【**案例 6-2**】　编写 C 语言程序 demo6-2.c,功能如下:当前进程正在执行 1 号任务,创建一个进程执行 2 号任务。

demo6-2.c:

```
1   #include <stdio.h>
2   #include <stdlib.h>
3   #include <unistd.h>
4   #include <sys/types.h>
5   int main()
6   {
7       int task = 1;                            //定义全局变量 task,表示任务编号
8       pid_t pid = fork();
9       if (pid > 0)
10      {
11          printf("我是父进程,在执行%d 号任务\n", task);
12          printf("进程 PID=%d\n", getpid());
13      }
14      else if (pid == 0)
15      {
16          task = 2;                            //如果是子进程,则重新为 task 赋值
17          printf("我是子进程,去执行%d 号任务\n", task);
18          printf("子进程 PID=%d\n", getpid());
19          printf("我的父进程 ID=%d\n", getppid());;
20      }
21      else
22          printf("子进程创建失败\n");
23      printf("--公共代码--\n");
24      return 0;
25  }
```

在 demo6-2.c 中,第 7 行代码定义了一个全局变量 task,表示任务编号为 1;第 8 行代码调用 fork()函数创建一个子进程,fork()函数返回值存储在变量 pid 中;第 9～13 行代码判断 pid 如果大于 0,则为父进程,父进程继续执行 1 号任务,并输出父进程 PID。

第 14~20 行代码判断如果 pid 等于 0，则为子进程，将全局变量 task 的值赋值为 2，子进程执行 2 号任务，并输出子进程 PID 和父进程 ID。

编译 demo6-2.c 并执行编译后的程序，具体命令及输出结果如下。

```
[itheima@localhost demo6-2]$ gcc -o demo6-2 demo6-2.c
[itheima@localhost demo6-2]$ ./demo6-2
我是父进程，在执行 1 号任务
进程 PID=910947
--公共代码--
我是子进程，去执行 2 号任务
子进程 PID=910948
我的父进程 ID=910947
--公共代码--
```

由上述程序输出结果可知，父进程在执行 1 号任务，子进程在执行 2 号任务。父进程 PID 为 910947，子进程 ID 为 910948。默认情况下，子进程 PID 是父进程 PID 加 1。

调用 fork() 函数创建子进程比较简单，但有以下几点需要注意。

(1) fork() 函数创建子进程之后，子进程与父进程的执行顺序是不确定的。例如，案例 6-2 中是父进程先执行的，如果再次运行程序，可能是子进程先运行。

(2) 子进程会继承父进程的很多属性，如 UID、EUID、环境变量、控制终端等。但有些属性，如父进程设置的定时器、悬挂信号等，子进程并不会继承。

(3) 子进程是一个独立的进程，它会复制父进程的存储空间，如数据空间、堆栈空间等，因此，父进程或子进程在修改数据时并不影响另一方。例如，案例 6-2 中，子进程修改了 task 的值，但父进程并不受影响。

子进程在复制父进程存储空间时，采用写时复制（Copy On Write，COW）技术，即子进程创建之初，父子进程共享这些存储空间，只有当父进程或子进程要修改数据时，才会将数据复制一份给子进程，而且只复制修改的数据，这样就避免了内存空间的浪费，并且提高了进程的执行效率。

(4) 子进程与父进程共享代码段，代码并不会改变，在内存中只保存一份即可。案例 6-2 中，父进程子进程都执行了第 23 行代码，表明子进程与父进程共享代码段。

2. vfork() 函数

vfork() 函数也用于创建子进程，其功能与用法和 fork() 函数相同。vfork() 函数所属头文件和声明如下。

```
#include <unistd.h>
pid_t vfork();
```

vfork() 函数与 fork() 函数之间的区别有以下两点。

- fork() 函数创建的子进程与父进程都拥有独立的存储空间，而 vfork() 函数创建的子进程与父进程共享存储空间。
- fork() 函数创建的子进程与父进程执行顺序不确定，而 vfork() 函数创建的子进程会阻塞父进程，优先使用存储空间，直到子进程调用 exec 系列函数执行新的程序或者调用 exit() 函数终止进程，父进程才会被唤醒。

下面通过案例 6-3 演示 vfork() 函数创建子进程的过程。

【案例 6-3】 编写 C 语言程序 demo6-3.c，功能如下：调用 vfork() 函数创建一个子进程,执行一个任务,计算 1~100 间的和,父进程读取子进程返回的计算结果。

demo6-3.c:

```
1   #include <stdio.h>
2   #include <stdlib.h>
3   #include <sys/types.h>
4   #include <unistd.h>
5   int main()
6   {
7       printf("父进程创建了一个子进程\n");
8       int sum = 0;                              //定义变量 sum
9       pid_t pid =vfork();
10      if(pid>0)                                 //父进程
11      {
12          printf("父进程执行任务…\n");
13          printf("父进程 sum=%d\n",sum);
14      }
15      else if(pid == 0)                         //子进程
16      {
17          printf("子进程执行任务…\n");
18          for(int i = 0; i<=100;i++)
19              sum+=i;
20          printf("子进程执行任务完毕,结果为:sum=%d\n",sum);
21          exit(0);                              //终止子进程
22      }
26      else
23          printf("子进程创建失败\n");
24      return 0;
25   }
```

在 demo6-3.c 中,第 8 行代码定义了变量 sum,初始值为 0;第 9 行代码调用 vfork()函数创建了一个子进程;第 10~14 行代码,父进程输出变量 sum 的值;第 15~22 行代码,子进程计算 1~100 的和,将结果存储到变量 sum 中。

编译 demo6-3.c 并执行编译后的程序,具体命令及执行结果如下。

```
[itheima@localhost demo6-3]$ gcc -o demo6-3 demo6-3.c
[itheima@localhost demo6-3]$ ./demo6-3
父进程创建了一个子进程
子进程执行任务…
子进程执行任务完毕,结果为:sum=5050
父进程执行任务…
父进程 sum=5050
```

由程序输出结果可知,子进程先执行,计算出 sum 的值为 5050。子进程调用 exit()函数终止之后,父进程执行,父进程输出的 sum 值也为 5050,表明父进程与子进程共享内存空间。

需要注意的是,调用 vfork()函数创建的子进程须调用 exec 系列函数执行新的程序或者调用 exit()函数正确终止,否则,子进程可能会对父进程的内存空间进行写操作,导致父进程的数据结构被破坏,甚至导致父进程崩溃。

6.3.2 exec 系列函数

系统创建子进程的目的通常都是需要子进程完成一定的任务,例如,调用功能函数、读写一个文件等,即让子进程执行另外一段新程序。在 Linux 操作系统中,使子进程执行另外一段新程序,要调用 exec 系列函数来实现。

exec 系列函数是一组函数的统称,Linux 操作系统定义了 6 个以 exec 开头的函数,这 6 个函数可以将进程要执行的命令、程序等以不同的参数形式传递给进程,它们所属头文件和声明如下。

```
#include <unistd.h>
int execl(const char * path, const char * arg, …);
int execlp(const char * file, const char * arg, …);
int execle(const char * path, const char * arg, …, char * const envp[]);
int execv(const char * path, char * const argv[]);
int execvp(const char * file, char * const argv[]);
int execve(const char * path, char * const argv[], char * const envp[]);
```

上述 6 个函数名称比较相似,可以根据函数名后面的字母加以区分,常见的区分规则有以下两种。

(1) exec 系列函数可以分为以 execl 与 execv 开头的两类:函数名中的字母"l"表示通过列表传递参数,参数列表的第一个参数表示要执行程序的文件路径,后面是程序执行需要的命令行参数,参数列表以 NULL 结束,即最后一个参数为 NULL。

函数名中包含字母"v"时,第一个参数表示要执行程序的文件路径,而程序执行需要的命令行参数以字符串数组 argv[]形式进行传递。

下面通过案例 6-4 演示 execlp()与 execvp()两个函数的用法。

【案例 6-4】 编写 C 语言程序 demo6-4.c,功能如下:分别调用 execlp()函数和 execvp()函数执行 ls -l /home/itheima 命令。

demo6-4.c:

```
1   #include <stdio.h>
2   #include <stdlib.h>
3   #include <unistd.h>
4   #include <sys/types.h>
5   #include <sys/stat.h>
6   #include <fcntl.h>
7   #include <string.h>
8   int main()
9   {
10      printf("调用 execlp()函数:\n");
11      execlp("ls","ls","-l","/home/itheima",NULL);
12      perror("execlp()函数调用失败:");
13      /*
14      printf("调用 execvp()函数:\n");
15      char * args[] = {"ls","-l","/home/itheima",NULL};
16      execvp("ls",args);
17      perror("execvp()函数调用失败:");
18      */
19      return 0;
20  }
```

在 demo6-4.c 中,第 11 行代码调用 execlp()函数执行 ls -l /home/itheima 命令。execlp()函数在调用时,第 1 个参数 ls 表示要执行的程序(ls 命令的可执行文件),第 2~4 个参数分别是命令的各部分,最后一个参数 NULL 表示参数列表结束。

第 16 行代码调用 execvp() 函数执行 ls -l /home/itheima 命令。execvp() 函数在调用时，第 1 个参数 ls 表示要执行的程序，第 2 个参数为字符串数组 args，字符串数组 args 中存储了命令的各个部分。

编译 demo6-4.c 并执行编译后的程序，具体命令及输出结果如下。

```
[itheima@localhost demo6-4]$ gcc -o demo6-4 demo6-4.c
[itheima@localhost demo6-4]$ ./demo6-4
调用 execlp() 函数：
总用量 8
drwxr-xr-x.  2 itheima itheima     6 2月  26 10:26 公共
drwxr-xr-x.  2 itheima itheima     6 2月  26 10:26 模板
drwxr-xr-x.  2 itheima itheima     6 2月  26 10:26 视频
drwxr-xr-x.  2 itheima itheima     6 2月  26 10:26 图片
drwxr-xr-x.  2 itheima itheima     6 2月  26 10:26 文档
drwxr-xr-x.  2 itheima itheima     6 2月  26 10:26 下载
drwxr-xr-x.  2 itheima itheima     6 2月  26 10:26 音乐
drwxr-xr-x.  2 itheima itheima     6 2月  26 10:26 桌面
drwxr-xr-x.  2 itheima itheima  4096 3月   6 17:14 chapter03
drwxr-xr-x.  5 itheima itheima    66 3月  11 14:37 chapter04
drwxr-xr-x. 21 itheima itheima  4096 3月  20 14:15 chapter05
drwxr-xr-x.  6 itheima itheima    66 3月  25 09:46 chapter06
```

由上述程序的输出结果可知，程序成功调用 execlp() 函数执行了 ls -l /home/itheima 命令。读者可以取消第 13～18 行代码的注释，然后注释第 10～12 行代码，再次编译并执行程序，以测试 execvp() 函数。

需要注意的是，在 demo6-4.c 中，如果只取消第 13～18 行代码的注释，而不注释第 10～12 行代码，即让 execlp() 函数和 execvp() 函数都有效，那么第 2 个函数 execvp() 并不会被调用，这是因为调用 exec 系列函数时，exec 系列函数会用新程序中的数据替换进程中的代码段、数据段和堆、栈中的数据，即进程不再按照原来的"路线"执行，而是走向其他"路线"，进程执行结束后，就退出了，不会再回到"原路线"往下执行。这也是为何 exec 函数调用成功没有返回值。只有 exec 函数调用失败时，才会返回"原路线"继续执行程序。

（2）exec 系列函数中有两个函数 execle() 和 execve()，名称最后的字母"e"表示 environment，即环境变量。exec 系列函数允许用户在启动新程序时指定新的环境变量，从而为新程序提供自定义的运行环境。execle() 函数和 execve() 函数的最后一个参数"char * const envp[]"，用于接收用户传入的环境变量，这样新程序就可以在执行时获取到用户传入的环境变量信息，从而进行相应的处理或操作。

下面通过案例 6-5 演示 execle() 与 execve() 两个函数的用法。

【案例 6-5】 编写 C 语言程序 demo6-5.c，功能如下：分别调用 execle() 函数和 execve() 函数执行 ls -l /home/itheima 命令。在调用 execle() 函数和 execve() 函数时，定义两个环境变量：PATH=/bin，NAME=itheima，分别表示可执行文件的查找路径和程序的作者名称。

demo6-5.c：

```
1    #include <stdio.h>
2    #include <stdlib.h>
3    #include <unistd.h>
```

```
4    #include <sys/types.h>
5    #include <sys/stat.h>
6    #include <fcntl.h>
7    #include <string.h>
8    int main()
9    {
10       printf("调用 execle()函数\n");
11       char * envp[]={"PATH=/bin","NAME=itheima",NULL};
12       execle("ls","ls","-l","/home/itheima",NULL,envp);
13       perror("execle()函数调用失败");
14
15       printf("调用 execve()函数:\n");
16       char * args[] = {"ls","-l","/home/itheima",NULL};
17       execve("/bin/ls",args,envp);
18       perror("execve()函数调用失败");
19       return 0;
20   }
```

在 demo6-5.c 中，第 11 行代码定义了字符串数组 envp 用于存储自定义的环境变量；第 12 行代码调用 execle()函数执行 ls -l /home/itheima 命令，并传入自定义的环境变量；第 17 行代码调用 execve()函数执行 ls -l /home/itheima 命令，并传入自定义的环境变量。

编译 demo6-5.c 并执行编译后的程序，具体命令及输出结果如下。

```
[itheima@localhost demo6-5]$ gcc -o demo6-5 demo6-5.c
[itheima@localhost demo6-5]$ ./demo6-5
调用 execle()函数
execle()函数调用失败: No such file or directory
调用 execve()函数:
total 8
drwxr-xr-x.  2 itheima itheima 4096 Mar  6 17:14  chapter03
drwxr-xr-x.  5 itheima itheima   66 Mar 11 14:37  chapter04
drwxr-xr-x. 21 itheima itheima 4096 Mar 20 14:15  chapter05
drwxr-xr-x.  6 itheima itheima   66 Mar 25 09:46  chapter06
drwxr-xr-x.  2 itheima itheima    6 Feb 26 10:26  ''$'\344\270\213\350\275\275'
drwxr-xr-x.  2 itheima itheima    6 Feb 26 10:26  ''$'\345\205\254\345\205\261'
drwxr-xr-x.  2 itheima itheima    6 Feb 26 10:26  ''$'\345\233\276\347\211\207'
drwxr-xr-x.  2 itheima itheima    6 Feb 26 10:26  ''$'\346\226\207\346\241\243'
drwxr-xr-x.  2 itheima itheima    6 Feb 26 10:26  ''$'\346\241\214\351\235\242'
drwxr-xr-x.  2 itheima itheima    6 Feb 26 10:26  ''$'\346\250\241\346\235\277'
drwxr-xr-x.  2 itheima itheima    6 Feb 26 10:26  ''$'\350\247\206\351\242\221'
drwxr-xr-x.  2 itheima itheima    6 Feb 26 10:26  ''$'\351\237\263\344\271\220'
```

由上述程序输出结果可知，execle()函数调用失败，execve()函数调用成功。execle()函数调用失败原因为"No such file or directory"，即没有找到 ls 命令的可执行文件。

下面分析 execle()函数调用失败而 execve()函数调用成功的原因。在调用 execle()函数时，虽然定义了环境变量 PATH=/bin，但 ls 命令仍未找到，出现这种现象的原因主要是 execle()函数需要查看环境变量来确定命令的调用，但环境变量是由最后一个参数进行传递的，在 execle()函数调用成功之前，环境变量设置并不生效，系统无法确定 ls 命令的来源。而第 18 行代码调用 execve()函数时，传入了 ls 命令的绝对路径，函数成功找到了 ls 命令，并执行了 ls -l /home/itheima 命令。execle()函数调用失败的解决方法也是传入 ls 命令的绝对路径。

exec 系列函数通常与 fork() 函数一起调用，让子进程执行特定任务，下面通过案例 6-6 演示 exec 系列函数与 fork() 函数一起调用。

【案例 6-6】 在当前目录下有 C 语言程序 newtask.c，其内容如下。

newtask.c：

```
1   #include <stdio.h>
2   #include <stdlib.h>
3   int main()
4   {
5       printf("执行新任务中…\n");
6       sleep(2);
7       printf("新任务执行完毕!\n");
8       return 0;
9   }
```

将 newtask.c 编译成可执行 newtask 文件。编写 C 语言程序 demo6-6.c，功能如下：在 demo6-6.c 中创建一个子进程执行 newtask。

实现思路：创建子进程可以调用 fork() 函数实现；子进程执行新任务，需要调用 exec 系列函数实现。由于本案例中要执行的程序命令参数较少，可以调用 execlp() 函数，直接将程序的文件路径和执行命令传入函数。根据上述思路实现 demo6-6.c 的具体代码如下。

demo6-6.c：

```
1   #include <stdio.h>
2   #include <stdlib.h>
3   #include <unistd.h>
4   #include <sys/types.h>
5   #include <sys/stat.h>
6   #include <fcntl.h>
7   int main()
8   {
9       pid_t pid = fork();
10      if (pid < 0)
11      {
12          perror("创建子进程失败");
13          exit(0);
14      }
15      else if (pid == 0)                          //子进程
16      {
17          printf("子进程要去执行新任务:\n");
18          int ret = execlp("/home/itheima/chapter06/demo6-6/newtask",
19                          ".//home/itheima/chapter06/demo6-6/newtask",
20                          NULL);
21          if (ret == -1)
22          {
23              perror("子进程执行新任务失败");
24              exit(0);
25          }
26      }
27      else
28      {
29          sleep(2);
30          printf("父进程继续执行当前任务\n");
31      }
```

```
32        return 0;
33    }
```

在demo6-6.c中,第9行代码调用fork()函数创建了一个子进程;第15~26行代码,如果是子进程,则调用execlp()函数执行newtask文件,需要传入newtask的绝对路径;第27~31行代码,如果是父进程,则调用sleep()函数让父进程休眠2秒,让子进程先执行任务。

编译demo6-6.c并执行编译后的程序,具体命令及输出结果如下。

```
[itheima@localhost demo6-6]$ gcc -o demo6-6 demo6-6.c
[itheima@localhost demo6-6]$ ./demo6-6
子进程要去执行新任务:
执行新任务中…
新任务执行完毕!
父进程继续执行当前任务
```

由上述输出结果可知,子进程成功执行了newtask文件中的新任务。

6.3.3 进程休眠

进程休眠指的是进程在一段时间内暂时停止执行,等待某种条件满足或者特定事件发生后再继续执行。进程休眠通常是为了等待需求满足,以免浪费系统资源或者提前执行某些操作。

Linux操作系统提供了两个让进程主动休眠的函数——sleep()函数和pause()函数,下面分别介绍这两个函数。

1. sleep()函数

sleep()函数的作用是将进程挂起一段时间,其所属头文件和声明如下。

```
#include <unistd.h>
unsigned int sleep(unsigned int secs);
```

sleep()函数只有一个参数secs,表示进程休眠的时间,单位为秒。调用sleep()函数会让进程进入休眠状态,直到指定的时间过去或者进程休眠状态被信号(第7章讲解)中断,如果指定的时间过去,则sleep()函数返回0;如果被信号中断,则sleep()函数返回剩余的秒数。sleep()函数在前面已经调用过,这里不再演示其用法。

2. pause()函数

pause()函数用于挂起进程,直到进程收到一个信号为止。pause()函数所属头文件和声明如下。

```
#include <unistd.h>
int pause();
```

pause()函数只返回-1,并设置errno为EINTR。pause()函数通常与信号联合调用,这里不再演示其用法。

6.4 进程终止

正常情况下,进程执行完程序之后就会终止,但在实际开发过程中,进程的运行过程比较复杂,并非所有的进程都能正常终止。不同的终止方式,导致进程的回收与处理方式也不相同。进程的终止可以分为正常终止与异常终止,下面分别进行讲解。

1. 正常终止

进程正常终止方式有以下 3 种。
- 在 main()函数内执行了 return 语句。
- 调用 exit()函数。
- 调用_exit()函数。

在上述终止方式中,第一种终止方式比较常见,main()函数执行结束就是程序执行结束,进程自然结束。下面主要讲解调用 exit()函数和_exit()函数终止进程。

(1) exit()函数。

exit()函数用于结束程序执行,终止进程。exit()函数是由 ANSI C 定义在 stdlib.h 头文件中的库函数,其所属头文件和声明如下。

```
#include <stdlib.h>
void exit(int status);
```

exit()函数只有一个参数 status,表示进程终止状态,0 表示正常终止,非 0 表示异常终止。为了增强可读性,ANSI C 定义了两个宏 EXIT_SUCCESS 和 EXIT_FAILURE 分别表示进程正常终止和异常终止。

(2) _exit()函数。

_exit()函数也用于终止进程,但_exit()函数是 Linux 操作系统提供的系统调用函数,而非 C 语言的标准库函数。_exit()函数所属头文件和声明如下。

```
#include <unistd.h>
void _exit(int status);
```

_exit()函数的参数 status 的含义与 exit()函数的参数 status 的含义相同。_exit()函数与 exit()函数的主要区别是,_exit()函数直接进入系统调用终止进程,除了清除进程所占用的内存空间以及进程在内核中的各种数据结构之外,没有其他任何操作;而 exit()函数在进入系统调用终止进程之前,会调用退出处理函数、刷新 I/O 缓冲区等一系列操作。_exit()函数与 exit()函数终止进程的过程如图 6-5 所示。

由图 6-5 可知,exit()函数在终止进程之前进行了多道工序,相对而言,exit()函数相比_exit()函数更为安全。

下面通过案例 6-7 演示 exit()函数与_exit()函数的用法。

【案例 6-7】 编写 C 语言程序 demo6-7.c,功能如下:创建一个子进程,父进程与子进程分别执行任务,子进程执行结束调用 exit()函数终止进程,父进程执行结束调用_exit()函数终止进程。

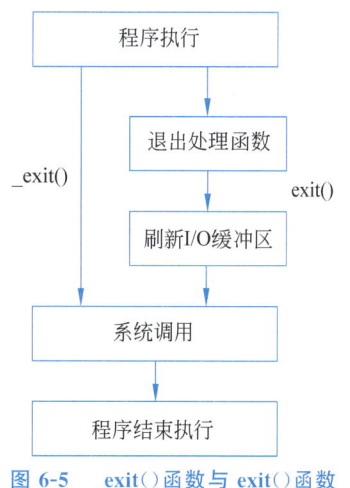

图 6-5 _exit()函数与 exit()函数终止进程的过程

demo6-7.c:

```
1    #include <stdio.h>
2    #include <stdlib.h>
```

```
3    #include <unistd.h>
4    #include <sys/types.h>
5    #include <sys/stat.h>
6    #include <fcntl.h>
7    int main()
8    {
9        pid_t pid = fork();                          //创建子进程
10       if (pid < 0)                                 //子进程创建失败
11       {
12           perror("子进程创建失败");
13           exit(0);
14       }
15       else if (pid == 0)                           //子进程
16       {
17           printf("子进程执行任务中……\n");
18           printf("子进程执行任务结束");
19           exit(0);
20       }
21       else
22       {
23           printf("父进程执行任务中……\n");
24           printf("父进程执行任务结束");
25           _exit(0);
26       }
27       return 0;
28   }
```

在demo6-7.c中,第15~20行代码表示子进程执行任务,第19行代码调用exit()函数终止进程;第21~26行代码表示父进程执行任务,第25行代码调用_exit()函数终止进程。

编译demo6-7.c并执行编译后的程序,具体命令及输出结果如下。

```
[itheima@localhost demo6-7]$ gcc -o demo6-7 demo6-7.c
[itheima@localhost demo6-7]$ ./demo6-7
父进程执行任务中……
子进程执行任务中……
子进程执行任务结束
```

由上述程序输出结果可知,子进程的任务结束提示输出成功,而父进程的任务结束提示并未输出。表明_exit()函数没有刷新I/O缓冲区,第24行代码中的数据没有从I/O缓冲区输出到终端。

需要注意的是,第18行代码和第24行代码的输出语句中不能添加换行符"\n",因为换行符本身就具有刷新I/O缓冲区的功能,如果添加了换行符就无法区分出exit()函数和_exit()函数的不同之处了。

2. 异常终止

进程异常终止的方式主要有以下两种。

- 调用abort()函数。当程序在执行过程中出现错误,如内存不足、除零异常等,系统会调用abort()函数终止程序执行。
- 由信号终止。信号可以由进程本身产生,也可以由内核产生,当进程收到终止信号时,就会终止运行。

信号将在第7章学习,这里主要学习调用abort()函数终止进程。abort()函数用于在进程出现错误时主动终止进程,它在终止进程时不关心资源的清理情况。abort()函数所属头文件和声明如下。

```
#include <stdlib.h>
void abort();
```

下面通过案例 6-8 演示 abort()函数的用法。

【案例 6-8】 编写 C 语言程序 demo6-8.c,功能如下:定义函数 division(),计算两个整数相除的结果,如果除数为 0,则调用 abort()函数终止进程。

demo6-8.c:

```
1   #include <stdio.h>
2   #include <stdlib.h>
3   int division(int a, int b)           //完成除法运算
4   {
5       if (b != 0)
6           return a / b;
7       else
8           abort();                     //如果除数为 0,则调用 abort()函数终止进程
9   }
10  int main()
11  {
12      int a, b;
13      printf("请输入两个整数:");
14      scanf("%d%d", &a, &b);
15      printf("程序正在计算…\n");
16      printf("两个数相除的结果:%d\n", division(a, b));
17      printf("程序计算完毕\n");
18      return 0;
19  }
```

编译 demo6-8.c 并执行编译后的程序,根据提示信息,分别输入除数不为 0 和除数为 0,程序输出结果如下。

```
[itheima@localhost demo6-8]$ gcc -o demo6-8 demo6-8.c
[itheima@localhost demo6-8]$ ./demo6-8
请输入两个整数:10 2
程序正在计算…
两个数相除的结果:5
程序计算完毕
[itheima@localhost demo6-8]$ ./demo6-8
请输入两个整数:10 0
程序正在计算…
已放弃(核心已转储)
```

由上述输出结果可知,当输入除数为 0 时,程序输出"已放弃(核心已转储)",表明程序调用 abort()函数终止了进程。

6.5 僵尸进程与孤儿进程

进程在终止时,可能会产生各种各样的问题,比较常见的是产生僵尸进程与孤儿进程,本节将针对僵尸进程和孤儿进程进行讲解。

6.5.1 僵尸进程

进程终止之后会将大部分资源归还给系统,但它仍然保留着进程控制块,此时,进程控制块中只包含进程 PID、退出状态码和清理回收相关的信息。在父进程进行清理回收之前,这些仍保留进程控制块的进程称为僵尸进程(Zombie Process/Defunct Process)。僵尸进程虽然保留着进程控制块,但无法再次运行。

僵尸进程需要等待父进程调用相关函数读取其进程控制块中保留的退出状态码,然后释放进程控制块所占内存资源,则该进程完全退出。

下面通过案例 6-9 演示僵尸进程的产生。

【案例 6-9】 编写 C 语言程序 demo6-9.c,功能如下:创建一个子进程,父进程执行一个无限循环,使子进程成为僵尸进程。

demo6-9.c:

```
1   #include <stdio.h>
2   #include <stdlib.h>
3   #include <unistd.h>
4   int main()
5   {
6       pid_t pid = fork();
7       if (pid < 0)
8       {
9           perror("子进程创建失败");
10          exit(0);
11      }
12      else if (pid > 0)
13      {
14          printf("父进程在执行任务…\n");
15          while (1);
16      }
17      else
18      {
19          printf("子进程 PID=%d 执行任务完毕\n", getpid());
20      }
21      return 0;
22  }
```

在 demo6-9.c 中,第 6 行代码调用 fork()函数创建了一个子进程;第 12~16 行代码为父进程执行的程序,父进程执行了一个 while 无限循环;第 17~20 行代码为子进程执行的程序,当子进程执行结束时,父进程无法及时清理回收子进程。

编译 demo6-9.c 并执行编译后的程序,具体命令及输出结果如下。

```
[itheima@localhost demo6-9]$ gcc -o demo6-9 demo6-9.c
[itheima@localhost demo6-9]$ ./demo6-9
父进程在执行任务…
子进程 PID=937742 执行任务完毕
```

由程序输出结果可知,子进程很快就执行结束,但父进程一直在循环,无法及时清理回收子进程。此时,打开另一个终端,使用 ps -u 命令查看进程信息,输出结果如下。

```
[itheima@localhost ~]$ ps -u
USER          PID %CPU %MEM    VSZ   RSS TTY      STAT START   TIME COMMAND
itheima      2313  0.0  0.3 224364  5952 pts/0    S    09:38   0:00 -bash
itheima    886376  0.0  0.3 224088  5628 pts/2    S    15:07   0:00 -bash
itheima    937741 95.1  0.0   2628   908 pts/0    R+   15:16   0:19 ./demo6-9
itheima    937742  0.0  0.0      0     0 pts/0    Z+   15:16   0:00 [demo6-9]
<defunct>
itheima    939633  0.0  0.1 225500  3520 pts/2    R+   15:17   0:00 ps -u
```

在上述输出结果中，状态为 Z+，标记＜defunct＞的进程即为僵尸进程，其 PID 为 937742，与 demo6-9.c 程序中的子进程 PID 相同，表明子进程已经成为僵尸进程。

僵尸进程不能再次执行，但是却会占据一定的内存空间，当系统中僵尸进程的数量越来越多时，不光会占用系统内存，还会占用 PID。若僵尸进程一直存在，新的进程可能会因内存不足或一直无法获取 PID 而无法被创建。因此，应尽量避免僵尸进程的产生。

6.5.2 孤儿进程

父进程应负责子进程的清理回收工作，但父子进程是异步运行的，父进程不知道子进程什么时候会结束，父进程甚至会在子进程结束之前结束。若父进程在子进程结束之前结束，子进程就会变成孤儿进程，此时子进程会被初始化进程 systemd 接管，之后 systemd 会代替其原来的父进程，完成子进程的清理回收工作。

下面通过案例 6-10 演示孤儿进程的产生。

【案例 6-10】 编写 C 语言程序 demo6-10.c，功能如下：创建一个子进程，让子进程在执行任务过程中休眠 2 秒，使父进程在子进程结束之前结束。

demo6-10.c：

```
1   #include <stdio.h>
2   #include <stdlib.h>
3   #include <unistd.h>
4   int main()
5   {
6       pid_t pid = fork();
7       if (pid < 0)
8       {
9           perror("子进程创建失败");
10          exit(0);
11      }
12      else if (pid > 0)
13      {
14          printf("父进程 PID=%d 执行结束\n", getpid());
15      }
16      else
17      {
18          printf("开始父进程 PPID=%d\n", getppid());
19          printf("子进程 PID=%d 执行任务中…\n", getpid());
20          sleep(2);
21          printf("后来父进程 PPID=%d\n", getppid());
22      }
23      return 0;
24  }
```

在demo6-10.c中，第12～15行代码为父进程执行的程序；第16～22行代码为子进程执行的程序，第20行代码调用sleep()函数让子进程休眠2秒，以便让父进程先于子进程结束执行程序。

编译demo6-10.c并执行编译后的程序，具体命令及输出结果如下。

```
[itheima@localhost demo6-10]$ gcc -o demo6-10 demo6-10.c
[itheima@localhost demo6-10]$ ./demo6-10
父进程 PID=1120515 执行结束
开始父进程 PPID=1120515
子进程 PID=1120516 执行任务中…
后来父进程 PPID=1
```

由上述程序输出结果可知，子进程开始时的父进程PID为1120515，父进程执行程序结束之后，子进程的父进程PID变为了1，表明初始化进程systemd接管了子进程，成为了子进程的父进程。

> **多学一招：初始化进程systemd**
>
> systemd是CentOS Stream 9操作系统的初始化进程，它负责启动和管理系统的各个进程。systemd进程的PID为1，它是系统所有进程的父进程。在CentOS 7之前的版本中，操作系统的初始化进程为init，CentOS 7及其之后的版本，操作系统使用systemd进程代替了init进程。
>
> 当一个进程的父进程终止时，如果没有其他父进程接管该进程，那么该进程会被systemd接管，确保系统的正常运行。

6.6 进程等待

创建一个子进程后，父进程与子进程的执行顺序无法控制，各自独立运行，即多个进程并行执行。但在实际开发中，父进程与子进程往往是相互关联的，例如，子进程的执行结果可能是父进程下一步操作的先决条件，此时，父进程必须等待子进程的执行结果。Linux操作系统提供了wait()函数与waitpid()函数实现进程的等待。本节将针对这两个函数进行详细讲解。

6.6.1 wait()函数

wait()函数用于挂起父进程，让父进程等待子进程结束。wait()函数所属头文件和声明如下。

```
#include <sys/types.h>
#include <sys/wait.h>
pid_t wait(int * status);
```

wait()函数只有一个参数status，status是一个int类型的指针，用于存储子进程退出状态码。当传入NULL作为参数时，表示丢弃子进程退出状态码。wait()函数调用成功，返回子进程PID，否则返回－1。

下面通过案例6-11演示wait()函数的用法。

【案例 6-11】 编写 C 语言程序 demo6-11.c，功能如下：创建一个子进程，子进程调用 abort()函数异常终止。父进程等待子进程结束，并输出退出状态码。

demo6-11.c：

```
1   #include <stdio.h>
2   #include <stdlib.h>
3   #include <unistd.h>
4   #include <sys/types.h>
5   #include <sys/wait.h>
6   int main()
7   {
8       pid_t pid = fork();                      //创建子进程
9       if (pid < 0)
10      {
11          perror("子进程创建失败\n");
12          exit(0);
13      }
14      else if (pid == 0)                       //子进程
15      {
16          sleep(3);
17          abort();                             //子进程异常终止
18          printf("子进程执行结束\n");
19      }
20      else                                     //父进程
21      {
22          printf("父进程等待子进程…\n");
23          int status;
24          pid_t child_pid = wait(&status);     //等待子进程结束
25          printf("子进程 PID=%d 执行结束,退出状态码为%d\n", child_pid, status);
26          sleep(3);
27          printf("父进程执行结束\n");
28      }
29      return 0;
30  }
```

在 demo6-11.c 中，第 14～19 行代码为子进程执行的程序，第 17 行代码调用 abort()函数终止子进程；第 20～28 行代码为父进程执行的程序，第 24 行代码调用 wait()函数等待子进程结束，子进程结束时，退出状态码存储到变量 status 中，子进程 PID 存储到 child_pid 中；第 25 行代码输出结束的子进程的 PID 和退出状态码。

编译 demo6-11.c 并执行编译后的程序，具体命令及输出结果如下。

```
[itheima@localhost demo6-11]$ gcc -o demo6-11 demo6-11.c
[itheima@localhost demo6-11]$ ./demo6-11
父进程等待子进程…
子进程 PID=413736 执行结束,退出状态码为 134
父进程执行结束
```

由上述程序输出结果可知，父进程在等待子进程结束，当子进程结束时，父进程输出了子进程的 PID 和退出状态码。

在案例 6-11 中，父进程获取子进程的退出状态码为整数，不便于理解，为了更好地判断进程是否为正常退出，Linux 操作系统定义了一组宏对进程退出状态码进行判断，这一组宏如表 6-2 所示。

表 6-2 表示进程退出状态码的宏

宏	功　能
WIFEXITED(status)	进程正常退出时返回非 0 值,否则返回 0
WEXITSTATUS(status)	进程正常退出时,即 WIFEXITED(status)返回非 0 值时,该宏可获取进程退出状态码
WIFSIGNALED(status)	进程被信号终止时返回非 0 值,否则返回 0
WTERMSIG(status)	如果进程被信号终止,即 WIFSIGNALED(status)返回非 0 值,该宏返回导致进程退出的信号代码
WIFSTOPPED(status)	进程处于挂起状态返回非 0 值,否则返回 0
WSTOPSIG(status)	当进程处于挂起状态时,即宏 WIFSTOPPED(status)返回非 0 值时,该宏可以获取导致进程挂起的信号编码
WCOREDUMP(status)	进程产生 core dump(段错误(核心已转储))时返回非 0 值,否则返回 0

下面通过案例 6-12 演示如何通过宏判断进程退出状态。

【案例 6-12】 修改 demo6-11.c 为 demo6-12.c,在父进程中增加对子进程退出状态的判断。

demo6-12.c：

```c
1   #include <stdio.h>
2   #include <stdlib.h>
3   #include <unistd.h>
4   #include <sys/types.h>
5   #include <sys/wait.h>
6   int main()
7   {
8       pid_t pid = fork();                     //创建子进程
9       if (pid < 0)
10      {
11          perror("子进程创建失败\n");
12          exit(0);
13      }
14      else if (pid == 0)                      //子进程
15      {
16          sleep(3);
17          abort();                            //子进程异常终止
18          printf("子进程执行结束\n");
19      }
20      else                                    //父进程
21      {
22          printf("父进程等待子进程…\n");
23          int status;
24          pid_t child_pid = wait(&status);    //等待子进程结束
25          printf("子进程 PID=%d 执行结束,退出状态码:%d\n", child_pid, status);
26          //对子进程退出状态进行判断
27          if (WIFEXITED(status))              //子进程正常退出
28              printf("子进程正常退出,退出状态码:%d\n", WEXITSTATUS(status));
29          else if (WIFSIGNALED(status))       //子进程被信号终止
30              printf("子进程被信号终止,信号为:%d\n", WTERMSIG(status));
31          else if (WIFSTOPPED(status))        //子进程被挂起
32              printf("子进程被挂起,导致子进程挂起的信号为:
33              %d\n", WSTOPSIG(status));
```

```
34            else if (WCOREDUMP(status))              //子进程发生 core dump
35                printf("子进程发生了 core dump\n");
36            sleep(3);
37            printf("父进程执行结束\n");
38        }
39        return 0;
40    }
```

在 demo6-12.c 中，第 27~35 行代码是父进程对子进程退出状态信息的判断，第 27、28 行代码表示子进程正常退出时，获取退出状态码并输出；第 29、30 行代码表示子进程被信号终止时，获取终止信号并输出；第 31~33 行代码表示子进程被挂起时，获取导致子进程被挂起的信号并输出；第 34、35 行代码表示子进程发生了 core dump。

编译 demo6-12.c 并执行编译后的程序，具体命令及输出结果如下。

```
[itheima@localhost demo6-12]$ gcc -o demo6-12 demo6-12.c
[itheima@localhost demo6-12]$ ./demo6-12
父进程等待子进程…
子进程 PID=778359 执行结束,退出状态码:134
子进程被信号终止,信号为:6
父进程执行结束
```

由上述程序输出结果可知，子进程是被编码为 6 的信号终止，而编码为 6 的信号正是 abort()函数产生的信号 SIGABRT。

6.6.2 waitpid()函数

wait()函数具有一定的局限性，如果当前进程有多个子进程，父进程需要使用其中某一个子进程的执行结果，即父进程需要等待指定的子进程，那么 wait()函数无法确保父进程等待指定的子进程。为了解决这个问题，Linux 操作系统提供了功能更为强大的 waitpid()函数。

waitpid()函数用于等待指定的子进程的结束，其所属头文件和声明如下。

```
#include <sys/types.h>
#include <sys/wait.h>
pid_t waitpid(pid_t pid,int * status,int options);
```

waitpid()函数有 3 个参数，每个参数的含义如下。

(1) pid：表示子进程的 PID，它的取值有以下 4 种情况。

- pid>0 时，只等待进程标识符为 pid 的子进程，如果该子进程退出，则 waitpid()函数返回。
- pid=-1 时，等待任意一个子进程，作用与 wait()函数相同。
- pid=0 时，等待同一个进程组中的任意一个进程。
- pid<-1 时，等待指定进程组中的任意一个进程，该进程组的 PGID 为 pid 的绝对值。

(2) status：一个 int 类型的指针，用于存储子进程退出状态码。

(3) options：用于指定等待的方式，它有以下 3 个取值。

- WNOHANG：不阻塞等待。如果没有获取子进程退出状态码，即没有子进程退出，则 waitpid()立刻返回。
- WUNTRACED：设置该选项之后，父进程会不断检查子进程状态，如果子进程暂停执行，则 waitpid()立刻返回。
- 0：表示不使用第 3 个参数，保持默认的阻塞等待。

根据设置的参数不同，waitpid()函数的返回值有以下 3 种。
- 子进程正常退出时，waitpid()函数返回子进程 PID。
- 如果第 3 个参数 options 的值为 WNOHANG，但调用 waitpid()函数时，发现没有已退出的子进程，则返回 0。
- 如果 waitpid()函数调用过程出错，返回－1。

下面通过案例 6-13 演示 waitpid()函数的用法。

【案例 6-13】 编写 C 语言程序 demo6-13.c，功能如下：创建 3 个子进程，父进程等待任意一个子进程退出，如果没有子进程退出，则不再等待。

实现思路：创建多个子进程，可以使用循环语句；父进程不阻塞等待子进程可以调用 waitpid()函数，并将等待方式设置为 WNOHANG。根据上述思路，demo6-13.c 的具体实现如下。

demo6-13.c：

```
1   #include <stdio.h>
2   #include <stdlib.h>
3   #include <sys/types.h>
4   #include <sys/wait.h>
5   #include <sys/stat.h>
6   #include <unistd.h>
7   #define NUM 3
8   int main()
9   {
10      int pids[NUM];                      //定义数组 pids,存储子进程的 PID
11      int status;                         //定义 status,存储子进程退出状态码
12      //循环创建多个子进程
13      for (int i = 0; i < NUM; i++)
14      {
15          pids[i] = fork();
16          if (pids[i] < 0)                //子进程创建失败
17          {
18              perror("子进程创建失败");
19              exit(0);
20          }
21          else if (pids[i] == 0)          //子进程
22          {
23              printf("子进程 PID=%d 创建成功,执行%d 号任务\n", getpid(), i + 1);
24              exit(0);                    //子进程必须退出
25          }
26          else
27              continue;
28      }
29      sleep(1);
30      //多个子进程创建完成之后,父进程等待子进程结束
31      pid_t child_pid = waitpid(-1, &status, WNOHANG);    //调用 waitpid()函数
32      if (child_pid == 0)
```

```
33              printf("没有子进程退出\n");
34          else if (child_pid == -1)
35              printf("waitpid()函数调用失败\n");
36          else
37              printf("子进程 PID=%d 执行任务结束,退出状态码为:%d\n",
38                      child_pid, status);
39      return 0;
40  }
```

在 demo6-13.c 中,第 10 行代码定义了 int 类型数组 pids,用于存储多个子进程的 PID;第 11 行代码定义了 int 类型变量 status,用于存储子进程的退出状态码。

第 13~28 行代码使用 for 循环语句创建 3 个子进程,第 15 行代码调用 fork()函数创建子进程,并将子进程 PID 存储到数组 pids 中;第 21~25 行代码表示如果是子进程,则输出子进程 PID 及执行的任务编号,然后调用 exit()函数退出。

第 29~31 行代码中,让父进程休眠 1 秒,然后调用 waitpid()函数等待任一个子进程执行结束,waitpid()函数第 1 个参数设置为-1,表示等待任意一个子进程结束;第 3 个参数设置为 WNOHANG 表示不阻塞等待,如果没有子进程退出,则立即返回。

第 32~38 行代码根据 waitpid()函数的返回值判断子进程的退出情况。

编译 demo6-13.c 并执行编译后的程序,具体命令及输出结果如下。

```
[itheima@localhost demo6-13]$ gcc -o demo6-13 demo6-13.c
[itheima@localhost demo6-13]$ ./demo6-13
子进程 PID=1206263 创建成功,执行 1 号任务
子进程 PID=1206264 创建成功,执行 2 号任务
子进程 PID=1206265 创建成功,执行 3 号任务
子进程 PID=1206263 执行任务结束,退出状态码为:0
```

由上述输出结果可知,父进程调用 waitpid()函数等到了第 1 个子进程(PID=1206263)的结束。

如果将第 29 行代码注释掉(sleep()函数调用),再次编译 demo6-13.c 并执行,则执行结果可能会发生变化,具体如下。

```
[itheima@localhost demo6-13]$ gcc -o demo6-13 demo6-13.c
[itheima@localhost demo6-13]$ ./demo6-13
子进程 PID=1340914 创建成功,执行 1 号任务
没有子进程退出
子进程 PID=1340915 创建成功,执行 2 号任务
子进程 PID=1340916 创建成功,执行 3 号任务
```

由上述输出结果可知,父进程没有等到任意一个子进程的结束。注释掉第 29 行代码之后,父进程与子进程并行执行,没有先后顺序,则父进程调用 waitpid()函数时,没有子进程退出,waitpid()函数立即返回。

6.7 守护进程

守护进程是运行在后台,并且一直在运行的一类特殊进程,它们独立于控制终端,周期性地执行某种任务或者等待处理某些发生的事件。Linux 操作系统的大多数服务器就是用

守护进程实现的,如 Web 服务器 httpd、FTP 服务器 vsftpd、DNS 服务器 named 等。与普通进程相比,守护进程非常重要的特点是运行于后台且不受任何终端进程的影响。

用户也可以编写程序创建守护进程,创建守护进程的要点就是使进程脱离原来的环境,这些环境包括文件描述符、控制终端、进程组、会话、工作目录等。这些环境通常是从它的父进程继承过来的。创建守护进程的步骤具体如下。

(1) 创建子进程后结束父进程。

子进程创建之后,要脱离原来的环境,首先就是脱离父进程的控制,因此子进程创建完成之后,首先要结束父进程,让 systemd 进程接管子进程。

(2) 创建新的会话。

结束父进程之后,虽然父进程退出了,但原先的会话、进程组、终端等并没有改变,子进程并不是真正意义的独立。要使子进程脱离原来的环境,需要创建新的会话,使子进程从原先环境进入一个新的环境。

Linux 操作系统提供的 setsid() 函数用于创建新的会话,setsid() 函数所属头文件和声明如下。

```
#include <unistd.h>
pid_t setsid()
```

setsid() 函数调用成功,返回新的会话 ID,否则返回 −1。子进程调用 setsid() 函数创建新的会话主要有以下 3 个作用。

- 让子进程摆脱原会话的控制。
- 让子进程摆脱原进程组的控制。
- 让子进程摆脱原终端的控制。

调用 setsid() 函数创建新的会话之后,子进程会成为新会话的组长。

(3) 修改工作目录。

子进程也继承了父进程的工作目录,由于父进程的工作目录还在被使用,对以后的使用会造成诸多麻烦,为了避免出现不必要的麻烦,通常会将子进程的工作目录修改为根目录"/",当然也可以修改为用户觉得合适的目录。修改工作目录可以调用 chdir() 函数实现。

(4) 重设文件权限掩码。

子进程也继承了父进程创建文件时的权限掩码,这会为子进程后续使用文件带来诸多不便,为了使子进程更灵活地使用文件,可以重新设置子进程的文件权限掩码为 0,即让子进程拥有更多文件权限。

重新设置文件权限掩码可以调用 umask() 函数实现,其所属头文件和声明如下。

```
#include <sys/stat.h>
mode_t umask(mode_t mask);
```

umask() 函数只有一个参数 mask,表示要设置的文件权限掩码。umask() 函数调用成功返回原来的文件权限掩码,否则返回 −1,并设置 errno。

(5) 关闭文件描述符。

子进程会从父进程继承已经打开的文件描述符,这些被打开的文件描述符可能永远不会被子进程读写,但它们依然占用资源,并且可能导致文件系统无法卸载。这些打开的文件描述符,如标准输入 0、标准输出 1、标准错误输出 2 等都需要关闭。

下面通过案例 6-14 演示守护进程的创建。

【案例 6-14】 编写 C 语言程序 demo6-14.c,功能如下:创建一个守护进程,该守护进程将数据信息不断写入/tmp/demo6-14.log 文件中。

demo6-14.c:

```
1   #include <stdio.h>
2   #include <stdlib.h>
3   #include <string.h>
4   #include <fcntl.h>
5   #include <sys/types.h>
6   #include <unistd.h>
7   #include <sys/wait.h>
8   #include <sys/stat.h>
9   #include <linux/limits.h>
10  #include <time.h>
11  int main()
12  {
13      char * str = "守护进程写入数据";
14      int len = strlen(str);
15      pid_t pid = fork();                         //创建子进程
16      if (pid < 0)
17      {
18          perror("子进程创建失败");
19          exit(0);
20      }
21      else if (pid > 0)                           //如果是父进程,退出
22          exit(0);
23      //下面是子进程执行程序
24      setsid();                                   //创建新的会话
25      chdir("/");                                 //修改工作目录
26      umask(0);                                   //修改文件权限掩码
27      //关闭文件描述符
28      for (int i = 0; i <= NR_OPEN; i++)
29          close(i);
30      //不断向文件/tmp/demo6-14.log 写入数据
31      while (1)
32      {
33          int fd = open("/tmp/demo6-14.log", O_RDWR | O_CREAT, 0664);
34          if (fd < 0)
35          {
36              perror("文件打开失败");
37              exit(1);
38          }
39          write(fd, str, len);
40          close(fd);
41          sleep(5);
42      }
43      return 0;
44  }
```

在 demo6-14.c 中,第 15 行代码调用 fork()函数创建了一个子进程;第 21、22 行代码使父进程退出。第 24~29 行代码分别让子进程创建新的会话、修改工作目录、重新设置文件权限掩码、关闭文件描述符;第 31~42 行代码在 while 无限循环中向/tmp/demo6-14.log 文

件中写入数据。

编译 demo6-14.c 并执行编译后的程序,具体命令及输出结果如下。

```
[itheima@localhost demo6-14]$ gcc -o demo6-14 demo6-14.c
[itheima@localhost demo6-14]$ ./demo6-14
```

在上述命令中,执行 demo6-14 文件就是启动了守护进程 demo6-14。使用 ps 命令查看 demo6-14 守护进程,具体命令及输出结果如下。

```
[itheima@localhost demo6-14]$ ps -aux | grep demo6-14
itheima     9815  0.0  0.0   2496    88 ?        Ss   14:48   0:00 ./demo6-14
itheima     9932  0.0  0.1 221680  2360 pts/0    S+   14:48   0:00 grep --color=
auto demo6-14
```

由 ps 命令输出结果可知,demo6-14 守护进程已经启动成功。demo6-14 守护进程启动之后,就会持续向/tmp/demo6-14.log 文件写入数据,使用 cat 命令查看/tmp/demo6-14.log 文件,会发现该文件持续在写入数据,具体如下。

```
[itheima@localhost demo6-14]$ cat /tmp/demo6-14.log
守护进程写入数据
守护进程写入数据
守护进程写入数据
守护进程写入数据
守护进程写入数据
守护进程写入数据
守护进程写入数^C                                    //按 Ctrl+C 快捷键退出
```

为了避免 demo6-14 守护进程持续向/tmp/demo6-14.log 写入数据,占据内存资源,可使用 kill 命令终止该守护进程。

6.8 本章小结

本章主要讲解了 Linux 的进程管理。首先讲解了进程概述和获取进程属性;然后讲解了进程控制和进程终止;最后讲解了进程等待和守护进程。通过本章的学习,读者可以掌握进程的基础编程,为后续学习进程间通信、线程等打下基础。

6.9 本章习题

请读者扫描左方二维码,查看本章课后习题。

第 7 章 信 号

学习目标

- 了解信号的概念及分类，能够说出信号的概念及分类。
- 了解信号的生命周期，能够说出信号的生命周期。
- 掌握信号发送，能够调用 kill() 函数、raise() 函数和 alarm() 函数发送信号。
- 掌握信号的自定义处理，能够调用 signal() 函数和 sigaction() 函数捕获信号并进行处理。
- 掌握信号集与操作函数，能够调用信号集操作函数管理信号集中的信号。
- 掌握信号屏蔽，能够调用 sigprocmask() 函数设置信号屏蔽字。
- 掌握悬挂信号的获取，能够调用 sigpending() 函数获取悬挂信号。
- 掌握指定信号的等待，能够调用 sigsuspend() 函数等待指定信号。
- 掌握子进程的回收，能够利用 SIGCHLD 信号回收全部子进程。

进程在执行过程中会有一些突发事件需要处理，如子进程退出、程序暂停执行等，这些事件需要进程及时处理，以保证进程正常执行。为了让进程及时处理这些突发事件，Linux 操作系统提供了信号机制，利用信号通知进程有突发事件需要处理。本章将针对信号进行详细讲解。

7.1 信号概述

7.1.1 信号的概念及分类

信号（signal）是软件层次上对中断机制的一种模拟，用于提醒进程某件事情已经发生。早期的 UNIX 操作系统就提供了信号机制，但当时的信号机制并不可靠，当有多个信号到达时，如果进程没来得及处理这些信号，后续到达的信号就被丢弃，只保留最先到达的一个信号，这就造成了信号丢失。

后来人们对信号机制做了改进，当有多个信号到达时，进程没来得及处理的信号会被发送到一个队列进行排队，等待进程依次处理，这样信号就不会丢失。再后来 POSIX 标准又对信号的功能和应用接口进行了标准化，逐渐发展出了如今 Linux 操作系统中广泛使用的信号机制。

不同的 Linux 操作系统版本中的信号略有差异，读者可使用 kill -l 命令查看系统中的信号。CentOS Stream 9 操作系统中的信号如图 7-1 所示。

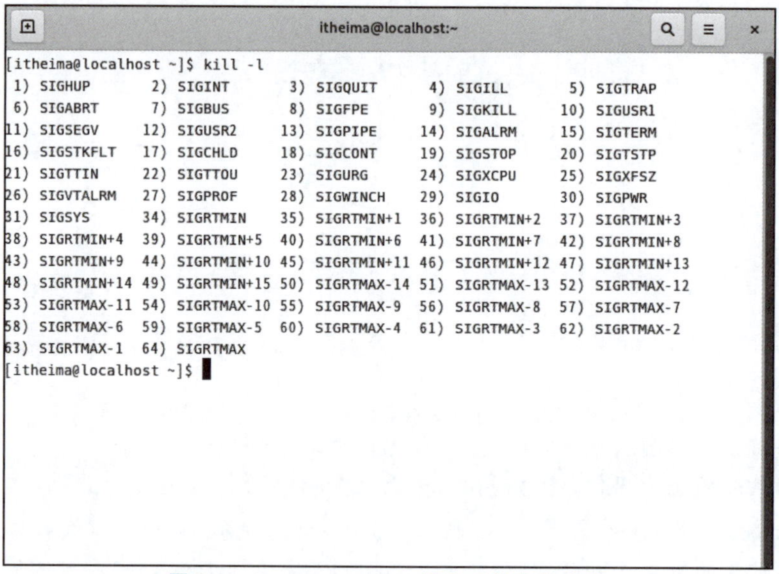

```
[itheima@localhost ~]$ kill -l
 1) SIGHUP       2) SIGINT       3) SIGQUIT      4) SIGILL       5) SIGTRAP
 6) SIGABRT     7) SIGBUS       8) SIGFPE       9) SIGKILL     10) SIGUSR1
11) SIGSEGV    12) SIGUSR2     13) SIGPIPE     14) SIGALRM     15) SIGTERM
16) SIGSTKFLT  17) SIGCHLD     18) SIGCONT     19) SIGSTOP     20) SIGTSTP
21) SIGTTIN    22) SIGTTOU     23) SIGURG      24) SIGXCPU     25) SIGXFSZ
26) SIGVTALRM  27) SIGPROF     28) SIGWINCH    29) SIGIO       30) SIGPWR
31) SIGSYS     34) SIGRTMIN    35) SIGRTMIN+1  36) SIGRTMIN+2  37) SIGRTMIN+3
38) SIGRTMIN+4 39) SIGRTMIN+5  40) SIGRTMIN+6  41) SIGRTMIN+7  42) SIGRTMIN+8
43) SIGRTMIN+9 44) SIGRTMIN+10 45) SIGRTMIN+11 46) SIGRTMIN+12 47) SIGRTMIN+13
48) SIGRTMIN+14 49) SIGRTMIN+15 50) SIGRTMAX-14 51) SIGRTMAX-13 52) SIGRTMAX-12
53) SIGRTMAX-11 54) SIGRTMAX-10 55) SIGRTMAX-9  56) SIGRTMAX-8  57) SIGRTMAX-7
58) SIGRTMAX-6  59) SIGRTMAX-5  60) SIGRTMAX-4  61) SIGRTMAX-3  62) SIGRTMAX-2
63) SIGRTMAX-1  64) SIGRTMAX
[itheima@localhost ~]$
```

图 7-1 CentOS Stream 9 操作系统中的信号

由图 7-1 可知，CentOS Stream 9 操作系统一共定义了 64 个信号，其中，1~31 号信号是从 UNIX 操作系统继承的常规信号，也称为不可靠信号、非实时信号。常规信号中的每个信号都有不同的名称，从名称中比较容易判断信号的含义，这一部分信号也是实际开发中比较常用的信号。34~64 号信号以"SIGRTMIN"或"SIGRTMAX"开头，它们是为了解决不可靠信号产生的问题而扩充的信号，也称为可靠信号、实时信号。编号 32 和 33 是保留给操作系统内部使用的信号，它们通常不会被用户进程发送或接收。

Linux 操作系统对每一个信号都定义了含义和默认动作，常规信号的含义及默认动作如表 7-1 所示。

表 7-1 常规信号的含义及默认动作

编号	名称	含 义	默 认 动 作
1	SIGHUP	当用户关闭终端时，由该终端启动的所有进程将收到这个信号	终止进程
2	SIGINT	用户按下 Ctrl+C 快捷键时，由终端启动的正在执行的进程将收到该信号	终止进程
3	SIGQUIT	用户按下 Ctrl+\ 快捷键时，由终端启动的正在执行的进程将收到该信号	终止进程
4	SIGILL	进程执行了非法指令时产生该信号	终止进程并将错误写入内核文件
5	SIGTRAP	该信号由断点指令或其他 trap 指令产生，GDB 调试时会用到该信号	终止进程并将错误写入内核文件
6	SIGABRT	调用 abort() 函数时产生该信号	终止进程并将错误写入内核文件
7	SIGBUS	总线错误	终止进程并将错误写入内核文件
8	SIGFPE	在发生运算错误时产生该信号，如浮点运算错误、数据溢出、除数为 0 等	终止进程并将错误写入内核文件

续表

编号	名称	含 义	默认动作
9	SIGKILL	无条件终止进程的信号	终止进程
10	SIGUSR1	用户自定义的信号,用户可以在程序中定义并使用该信号	终止进程
11	SIGSEGV	进程进行无效内存访问产生的信号	终止进程并将错误写入内核文件
12	SIGUSR2	用户自定义信号,用户可以在程序中定义并使用该信号	终止进程
13	SIGPIPE	往管道写入数据时,管道的读端程序已经不在,产生该信号;或者往一个断开的socket写入数据时产生该信号	终止进程
14	SIGALRM	时钟定时信号,调用alarm()函数时产生	终止进程
15	SIGTERM	执行kill命令产生该信号	终止进程
16	SIGSTKFLT	栈溢出错误	终止进程并将错误写入内核文件
17	SIGCHLD	子进程结束时,父进程会收到这个信号	忽略信号
18	SIGCONT	让暂停的进程继续执行	进程继续执行或忽略信号
19	SIGSTOP	停止进程的执行	暂停进程
20	SIGTSTP	按下Ctrl+Z快捷键时产生的信号,停止终端交互进程的执行	暂停进程
21	SIGTTIN	后台进程试图从终端读取数据	暂停进程
22	SIGTTOU	后台进程试图向终端输出数据	暂停进程
23	SIGURG	socket上有紧急数据时,向当前正在执行的进程发出该信号,报告有紧急数据到达	忽略信号
24	SIGXCPU	进程执行时间超过了分配给该进程的CPU时间,系统产生该信号并发送给进程	终止进程
25	SIGXFSZ	超过文件的最大长度设置	终止进程
26	SIGVTALRM	虚拟时钟超时产生的信号。类似于SIGALRM,但是该信号只计算进程占用CPU的时间	终止进程
27	SGIPROF	类似于SIGVTALRM,但它不仅包括进程占用CPU时间还包括执行系统调用的时间	终止进程
28	SIGWINCH	窗口大小变化时产生的信号	忽略信号
29	SIGIO	发生一个异步I/O事件时产生该信号	忽略信号
30	SIGPWR	断电信号	终止进程
31	SIGSYS	未知的系统调用	终止进程并将错误写入内核文件

7.1.2 信号的生命周期

一个信号从产生到最后被清理大致可以分为 4 个阶段:信号产生、信号传递、信号处理、信号清理,下面分别进行讲解。

1. 信号产生

信号的产生与事件的发生密不可分,而事件的来源可以分为以下 3 类。

- 用户:用户在操作时会产生一些信号,例如,用户在键盘上按 Ctrl+C 或 Ctrl+Z 快捷键时,终端驱动程序将通知内核产生相应信号发送给进程。

- 内核：内核在执行进程的过程中，如果遇到非法指令、数据溢出等情况，将产生相应信号发送给进程。
- 进程：进程可以调用函数产生信号发送其他进程，例如，调用 alarm() 函数可以产生 SIGALRM 信号。

2. 信号传递

信号产生以后，内核就会将信号发送给目标进程，但进程并不一定接收，即便进程接收了信号，也并不一定会及时处理。在内核发送信号到进程处理信号这段时间，信号的状态是不确定的。

如果内核将信号发送给进程，但进程并未接收，此时信号就处于未决状态（pending），这样的信号称为未决信号，也称为悬挂信号。内核会将悬挂信号的相关信息记录到进程控制块中。

信号没有被进程接收的主要原因是进程阻塞了该信号，避免进程在关键时刻被中断。被阻塞的信号将一直保持未决状态，直到进程解除对信号的阻塞，接收并处理信号。

3. 信号处理

进程接收到信号之后，会对信号进行处理，进程对信号的处理方式有以下 3 种。

- 执行默认动作。Linux 操作系统对每个信号都规定了默认动作，进程接收到信号之后，通常会执行信号的默认动作。
- 忽略信号。当进程不希望接收到的信号对自己产生影响，就可以忽略该信号，即对信号进行丢弃处理。忽略信号与阻塞信号是不同的，忽略信号是进程接收了信号但不进行任何处理，而被阻塞的信号并没有被进程接收。
- 捕获信号。程序开发人员可以为进程定义信号处理函数对信号进行自定义处理，当进程接收到信号时，就可以调用自定义的信号处理函数对信号进行处理。

在 Linux 操作系统中，有两个信号是无法被忽略和捕获的，这两个信号是 SIGKILL 和 SIGSTOP，它们是为了使系统管理员能在任何时候终止或暂停任何进程而设计的。

4. 信号清理

信号被进程接收之后，进程会对信号传达的事件进行相应的处理。当信号已经完成使命时，系统会对信号进行清理，清理工作不需要进程进行干预。

7.2 信号发送

Linux 操作系统提供了多个信号发送函数，如 kill() 函数、raise() 函数、alarm() 函数等，进程调用这些函数就可以实现信号的发送。本节将针对这些信号发送函数进行详细讲解。

7.2.1 kill() 函数

kill() 函数用于向进程发送信号，其所属头文件和声明如下。

```
#include <signal.h>
int kill(pid_t pid,int sig);
```

kill() 函数有两个参数，每个参数的含义如下。

（1）pid：表示接收信号的进程的 PID，其取值有以下 4 种情况。

- 若 pid > 0,则发送信号 sig 给进程标识符为 pid 的进程。
- 若 pid = 0,则发送信号 sig 给当前进程组中的所有进程。
- 若 pid = −1,则发送信号 sig 给除 1 号进程和自身进程之外的所有进程。
- 若 pid < −1,则发送信号 sig 给指定进程组中的所有进程,进程组 PGID 为|pid| (pid 的绝对值)。

(2) sig:表示待发送的信号。

kill()函数调用成功返回 0,否则返回−1。下面通过案例 7-1 演示 kill()函数的用法。

【案例 7-1】 编写 C 语言程序 demo7-1.c,功能如下:创建一个子进程,子进程发送 SIGKILL 信号终止父进程。

demo7-1.c:

```
1   #include <stdio.h>
2   #include <stdlib.h>
3   #include <unistd.h>
4   #include <sys/stat.h>
5   #include <sys/types.h>
6   #include <signal.h>
7   int main()
8   {
9       pid_t pid = fork();
10      if (pid < 0)
11      {
12          perror("子进程创建失败");
13          exit(0);
14      }
15      else if (pid == 0)
16      {
17          sleep(1);
18          printf("子进程 PID=%d 执行任务…\n", getpid());
19          printf("子进程需要终止父进程(PID=%d)\n", getppid());
20          kill(getppid(), SIGKILL);              //向父进程发送 SIGKILL 信号
21          printf("子进程终止父进程之后,继续执行任务…\n");
22          sleep(1);
23          printf("子进程执行任务结束\n");
24      }
25      else
26      {
27          while (1)
28          {
29              printf("父进程 PID=%d 执行任务中…\n", getpid());
30          }
31      }
32      return 0;
33  }
```

在 demo7-1.c 中,第 15~24 行代码为子进程执行的程序,第 17 行代码调用 sleep()函数让子进程休眠 1 秒,目的是让父进程先执行;第 20 行代码调用 kill()函数向父进程发送 SIGKILL 信号终止父进程。第 25~31 行代码为父进程执行的代码,利用 while()无限循环让父进程一直执行。

编译 demo7-1.c 并执行编译后的程序,具体命令及输出结果如下。

```
[itheima@localhost demo7-1]$ gcc -o demo7-1 demo7-1.c
[itheima@localhost demo7-1]$ cat demo7-1.c
...
父进程 PID=1026918 执行任务中…
父进程 PID=1026918 执行任务中…
父进程 PID=1026918 执行任务中…
子进程 PID=1026919 执行任务…
子进程需要终止父进程(PID=1026918)
子进程终止父进程之后,继续执行任务…
已杀死
子进程执行任务结束
```

由上述程序输出结果可知,父进程一直在输出信息,子进程休眠1秒之后开始执行,终止了父进程,终止父进程之后,子进程继续执行任务直到任务执行结束。当输出结果中出现"已杀死"时,表明子进程发送的信号 SIGKILL 成功终止了父进程。

kill()函数用法比较简单,但在调用时有以下3点需要注意。

(1) 调用 kill()函数时,只有 root 用户有权限发送信号给任一进程,普通用户进程只能向属于同一进程组或同一用户的进程发送信号。

(2) kill()函数的第2个参数 sig 的值如果设置为 0,kill()函数不发送信号,但会进行错误检查,检查目标进程或进程组是否存在,并且检查当前进程是否有权限向目标进程或进程组发送信号。如果目标进程或进程组存在,并且当前进程有权限向其发送信号,则 kill()函数会返回 0,表示执行成功;否则,它会返回-1,并设置 errno。

(3) kill()函数调用失败的 errno 值通常有以下3个。

- EINVAL:表明待发送的信号无效。
- EPERM:表明发送进程的权限不够。
- ESRCH:表明目标进程或进程组不存在。

下面通过案例 7-2 演示 kill()函数调用失败的情况。

【案例 7-2】 编写 C 语言程序 demo7-2.c,功能如下:分别调用 kill()函数向 1 号进程发送 SIGSTOP 信号、检查目标进程是否存在、向一个存在的进程发送无效信号。

demo7-2.c:

```
1   #include <stdio.h>
2   #include <stdlib.h>
3   #include <unistd.h>
4   #include <sys/stat.h>
5   #include <sys/types.h>
6   #include <signal.h>
7   #include <error.h>
8   #include <errno.h>
9   int main()
10  {
11      int ret = kill(1, SIGSTOP);
12      if (ret == -1)
13      {
14          printf("第1次调用:errno=%d\n", errno);
15          perror("向1号进程发送 SIGSTOP 信号失败");
16      }
17      else
```

```
18              printf("向 1 号进程发送 SIGSTOP 信号成功\n");
19          ret = kill(1002, 0);
20          if (ret == -1)
21          {
22              printf("第 2 次调用:errno=%d\n", errno);
23              perror("PID=1002 的进程不存在");
24          }
25          else
26              printf("PID=1002 的进程存在\n");
27          ret = kill(1238596, 100);
28          if (ret == -1)
29          {
30              printf("第 3 次调用:errno=%d\n", errno);
31              perror("发送信号 100 失败");
32          }
33          else
34              printf("发送信号 100 成功\n");
35          return 0;
36      }
```

在 demo7-2.c 中,第 11～18 行代码调用 kill()函数向 1 号进程发送 SIGSTOP 信号,根据 kill()函数返回结果判断信号是否发送成功,如果失败则输出提示信息和 errno 的值;第 19～26 行代码调用 kill()函数检查 PID 为 1002 的进程是否存在,根据 kill()函数返回结果判断进程是否存在,如果进程不存在则输出提示信息和 errno 的值;第 27～34 行代码调用 kill()函数向指定进程发送一个无效信号,根据 kill()函数返回结果判断信号是否发送成功。

编译 demo7-2.c 并执行编译后的程序,具体命令及输出结果如下。

```
[itheima@localhost demo7-2]$ gcc -o demo7-2 demo7-2.c
[itheima@localhost demo7-2]$ ./demo7-2
第 1 次调用:errno=1
向 1 号进程发送 SIGSTOP 信号失败: Operation not permitted
第 2 次调用:errno=3
PID=1002 的进程不存在: No such process
第 3 次调用:errno=22
发送信号 100 失败: Invalid argument
```

由上述程序输出结果可知,3 次调用 kill()函数均失败,errno 值分别为 1、3、22,并输出了 errno 值表示的含义。读者可通过/usr/include/asm-generic/errno-base.h 文件,查看 errno 的值对应的宏。

7.2.2 raise()函数

raise()函数用于向当前进程发送信号,即向进程本身发送信号。raise()函数所属头文件和声明如下。

```
#include <signal.h>
int raise(int sig);
```

raise()函数只有一个参数 sig,表示待发送的信号。raise()函数调用成功则返回 0,否则返回-1。

下面通过案例 7-3 演示 raise()函数的用法。

【**案例 7-3**】 编写 C 语言程序 demo7-3.c,功能如下：创建一个子进程,子进程向自己发送 SIGTOP 信号,让自己暂停执行。父进程检测到子进程暂停执行之后,向子进程发送 SIGCONT 信号唤醒子进程继续执行。

demo7-3.c：

```
1   #include <stdio.h>
2   #include <stdlib.h>
3   #include <unistd.h>
4   #include <sys/stat.h>
5   #include <sys/types.h>
6   #include <signal.h>
7   int main()
8   {
9       pid_t pid = fork();
10      pid_t child_pid;
11      if (pid < 0)
12      {
13          perror("子进程创建失败");
14          exit(0);
15      }
16      else if (pid == 0)
17      {
18          child_pid = getpid();
19          printf("子进程 PID=%d 正在执行任务…\n", child_pid);
20          printf("子进程暂停执行\n");
21          raise(SIGSTOP);                        //向自己发送暂停信号
22          printf("子进程任务执行完毕\n");
23      }
24      else
25      {
26          sleep(2);
27          printf("检测到子进程暂停执行,唤醒子进程\n");
28          kill(child_pid, SIGCONT);              //向子进程发送 SIGCONT 信号
29      }
30      return 0;
31  }
```

在 demo7-3.c 中,第 16～23 行代码为子进程执行的代码,第 21 行代码表示子进程调用 raise()函数向自身发送了 SIGSTOP 信号,子进程暂停执行。第 24～29 行代码为父进程执行的代码,第 26 行代码父进程调用 sleep()函数休眠 2 秒,目的是让子进程先执行；第 28 行代码调用 kill()函数向子进程发送 SIGCONT 信号,让子进程继续执行。

编译 demo7-3.c 并执行编译后的程序,具体命令及输出结果如下。

```
[itheima@localhost demo7-3]$ gcc -o demo7-3 demo7-3.c
[itheima@localhost demo7-3]$ ./demo7-3
子进程 PID=1154375 正在执行任务…
子进程暂停执行
检测到子进程暂停执行,唤醒子进程
子进程任务执行完毕
```

在上述程序输出结果中,当输出"子进程暂停执行"后会停顿 2 秒,表明子进程调用 raise()函数成功向自己发送了 SIGSTOP 信号。2 秒之后,父进程调用 kill()函数成功向子

进程发送了 SIGCONT 信号，子进程被唤醒后继续执行，输出了最后两行信息。

7.2.3　alarm()函数

alarm()函数功能类似于定时器，它可以设置一个时间（以秒为单位），时间到达后，alarm()函数向进程本身发送 SIGALARM 信号，该信号默认动作是终止进程。

alarm()函数所属头文件和声明如下。

```
#include <unistd.h>
unsigned int alarm(unsigned int seconds);
```

alarm()函数只有一个参数 seconds，表示定时时间。当 seconds 设置为 0 时，表示取消进程上的所有定时器，即之前调用的所有 alarm()函数都会失效。

调用 alarm()函数时，如果进程之前没有设置过定时器，即没有调用过 alarm()函数，则 alarm()函数返回 0。如果之前设置过定时器，则 alarm()函数返回上一个定时器剩余的秒数。

下面通过案例 7-4 演示 alarm()函数的用法。

【案例 7-4】　编写 C 语言程序 demo7-4.c，功能如下：设置定时器，终止进程的执行。

demo7-4.c：

```
1   #include <stdio.h>
2   #include <stdlib.h>
3   #include <unistd.h>
4   #include <sys/stat.h>
5   #include <sys/types.h>
6   #include <signal.h>
7   int main()
8   {
9       alarm(2);                              //定时 2 秒
10      while (1)
11          printf("进程执行任务中…\n");
12      return 0;
13  }
```

在 demo7-4.c 中，第 9 行代码调用 alarm()函数设置了一个定时器，定时时间为 2 秒。当时间到达后，alarm()函数会发送 SIGALARM 信号终止进程。第 10、11 行代码表示进程在 SIGALARM 信号到达之前，使用 while()无限循环让进程不断输出信息。

编译 demo7-4.c 并执行编译后的程序，具体命令及输出结果如下。

```
[itheima@localhost demo7-4]$ gcc -o demo7-4 demo7-4.c
[itheima@localhost demo7-4]$ ./demo7-4
…
进程执行任务中…
进程执行任务中…
进程执行任务中…
进程执行任务中…
闹钟
```

由上述程序输出结果可知，2 秒之后，进程终止执行，终端输出"闹钟"表明定时器生效。

7.3 信号自定义处理

Linux 操作系统定义的信号都有默认动作,除此之外,Linux 操作系统也支持自定义信号的处理函数。Linux 操作系统提供了两个函数 signal() 和 sigaction(),这两个函数可以捕获信号并调用自定义信号处理函数处理信号。本节将针对这两个函数进行详细讲解。

7.3.1 signal() 函数

signal() 函数用于捕获信号并指定信号的处理方式,其所属头文件和声明如下。

```
#include <signal.h>
typedef void (*sighandler_t)(int);
sighandler_t signal(int signum, sighandler_t handler);
```

signal() 函数有两个参数,每个参数含义如下。

(1) signum:表示待捕获的信号。

(2) handler:指定信号的处理方式,它有以下 3 个取值。

- 函数指针:当 handler 是一个函数指针时,表示进程会调用它指向的函数处理接收到的信号。handler 的类型为 sighandler_t,即上述声明中定义的函数指针类型,该函数指针表明,handler 指向的信号处理函数,有一个 int 类型的参数且无返回值。
- SIG_DFL:保持信号的默认动作。
- SIG_IGN:忽略信号。

根据信号处理方式不同,signal() 函数调用成功返回的值也有 3 种,指向信号处理函数的指针、SIG_DEF 或 SIG_IGN。signal() 函数调用失败返回 SIG_ERR,并设置 errno,errno 唯一错误码为 EINVAL。

下面通过案例 7-5 和案例 7-6 演示 signal() 函数的用法。

【案例 7-5】 编写 C 语言程序 demo7-5.c,功能如下:进程在执行时,如果用户按下 Ctrl+C 快捷键终止进程,让进程忽略。

思路分析:Ctrl+C 快捷键产生 SIGINT 信号,该信号的默认动作是终止进程。让进程忽略 SIGINT 信号,可以调用 signal() 函数,将信号处理方式指定为 SIG_IGN。根据上述思路,demo7-5.c 的具体实现如下。

demo7-5.c:

```
1   #include <stdio.h>
2   #include <stdlib.h>
3   #include <unistd.h>
4   #include <sys/stat.h>
5   #include <sys/types.h>
6   #include <signal.h>
7   int main()
8   {
9       signal(SIGINT, SIG_IGN);                    //忽略 SIGINT 信号
10      while (1)
11          printf("进程执行任务中…\n");
12      return 0;
13  }
```

在 demo7-5.c 中,第 9 行代码调用 signal()函数处理 SIGINT 信号,signal()函数的第 2 个参数设置为 SIG_IGN,表示忽略信号。

编译 demo7-5.c 并执行编译后的程序,具体命令及输出结果如下。

```
[itheima@localhost demo7-5]$ gcc -o demo7-5 demo7-5.c
[itheima@localhost demo7-5]$ ./demo7-5
进程执行任务中…
进程执行任务中…
进程执行任务中…
进程执行任务中…
…
```

当编译执行 demo7-5.c 程序时,终端会循环输出"进程执行任务中…",即使按下 Ctrl+C 快捷键也不会停止,表明调用 signal()函数成功忽略了 SIGINT 信号。

【案例 7-6】 编写 C 语言程序 demo7-6.c,功能如下:当执行中的进程收到 SIGHUP 信号时,交由子进程处理,进程继续执行。

实现思路:进程收到 SIGHUP 信号时交由子进程处理,需要自定义 SIGHUP 信号的处理函数,在自定义 SIGHUP 信号处理函数中调用 fork()函数创建子进程来处理信号。根据上述思路实现 demo7-6.c,具体如下。

demo7-6.c:

```
1   #include <stdio.h>
2   #include <stdlib.h>
3   #include <unistd.h>
4   #include <sys/stat.h>
5   #include <sys/types.h>
6   #include <signal.h>
7   void sighup(int sig)                          //自定义信号处理函数
8   {
9       pid_t pid = fork();                       //创建子进程
10      if (pid < 0)
11      {
12          perror("子进程创建失败\n");
13          exit(0);
14      }
15      else if (pid == 0)                        //子进程执行代码
16      {
17          printf("收到SIGHUP信号,子进程处理出现的问题\n");
18          printf("问题已解决,子进程退出\n");
19          exit(0);
20      }
21  }
22  int main()
23  {
24      signal(SIGHUP, sighup);                   //调用func()函数处理SIGHUP信号
25      printf("父进程执行任务中…\n");
26      raise(SIGHUP);                            //向自身发送SIGHUP信号
27      printf("父进程继续执行任务…\n");
28      return 0;
29  }
```

在 demo7-6.c 中,第 7~21 行代码定义了 SIGHUP 信号的处理函数 sighup();在

sighup()函数中,第 9 行代码调用 fork()函数创建了一个子进程;第 15～20 行代码为子进程执行的代码,即让子进程处理 SIGHUP 信号。

在 main()函数中,第 24 行代码调用 signal()函数捕获 SIGHUP 信号并调用 sighup()函数处理;第 26 行代码表示父进程调用 raise()函数向进程自身发送 SIGHUP 信号,该 SIGHUP 信号会被 signal()函数捕获并交由子进程处理。

编译 demo7-6.c 并执行编译后的程序,具体命令及输出结果如下。

```
[itheima@localhost demo7-6]$ gcc -o demo7-6 demo7-6.c
[itheima@localhost demo7-6]$ ./demo7-6
父进程执行任务中…
父进程继续执行任务…
收到 SIGHUP 信号,子进程处理出现的问题
问题已解决,子进程退出
```

在上述程序输出结果中,前两行是父进程输出结果,后两行为子进程输出结果。由输出结果可知,当父进程接收到 SIGHUP 信号后并未挂起,而是调用 signal()函数捕获了 SIGHUP 信号,并交由 sighup()函数处理。sighup()函数创建了子进程处理信号,而父进程继续执行任务。

7.3.2 signal()函数的缺陷

如果程序只处理一个信号,signal()函数并没有任何问题,但在实际开发中,程序往往要处理多个信号,当处理多个信号时,signal()函数会产生以下问题。

如果多个信号是不同类型的,则后续发送的信号会中断前一个信号的处理。例如,一个进程捕获了 SIGINT 信号,并调用相应信号处理函数进行处理。在 SIGINT 信号处理函数处理过程中,如果又向进程发送 SIGQUIT 信号(Ctrl+\快捷键),则 SIGQUIT 信号会中断 SIGINT 信号的处理程序,进程会优先处理后到来的 SIGQUIT 信号。当 SIGQUIT 信号处理完毕后,进程再接着处理 SIGINT 信号。

下面通过案例 7-7 演示 signal()函数存在的上述缺陷。

【案例 7-7】 编写 C 语言程序 demo7-7.c,功能如下:让进程捕获 SIGINT 信号和 SIGQUIT 信号,在 SIGINT 信号处理函数执行期间,按 Ctrl+\快捷键发送 SIGQUIT 信号,观察进程的执行。

demo7-7.c:

```
1   #include <stdio.h>
2   #include <stdlib.h>
3   #include <unistd.h>
4   #include <sys/stat.h>
5   #include <sys/types.h>
6   #include <signal.h>
7   void sigint(int sig)
8   {
9       printf("捕获 SIGINT 信号,正在处理…\n");
10      sleep(3);
11      printf("SIGINT 信号处理完毕\n");
12      return;
13  }
14  void sigquit(int sig)
```

```
15  {
16      printf("捕获 SIGQUIT 信号,正在处理…\n");
17      sleep(3);
18      printf("SIGQUIT 信号处理完毕\n");
19      return;
20  }
21  int main()
22  {
23      signal(SIGINT, sigint);      //捕获 SIGINT 信号并交由 sigint()函数处理
24      signal(SIGQUIT, sigquit);    //捕获 SIGQUIT 信号并交由 sigquit()函数处理
25      //父进程等待
26      while (1) {}
27      return 0;
28  }
```

在 demo7-7.c 中,第 7~13 行代码定义了 SIGINT 信号处理函数 sigint();第 14~20 行代码定义了 SIGQUIT 信号处理函数 sigquit();在 main()函数中,第 23~24 行代码分别调用 signal()函数捕获 SIGINT 信号和 SIGQUIT 信号。

编译 demo7-7 并执行编译后的程序,具体命令及输出结果如下。

```
[itheima@localhost demo7-7]$ gcc -o demo7-7 demo7-7.c
[itheima@localhost demo7-7]$ ./demo7-7
^C 捕获 SIGINT 信号,正在处理…
^\捕获 SIGQUIT 信号,正在处理…
SIGQUIT 信号处理完毕
SIGINT 信号处理完毕
^Z
[16]+  已停止                  ./demo7-7
```

由上述程序输出结果可知,当按 Ctrl+C 快捷键发送 SIGINT 信号时,signal()函数捕获了 SIGINT 信号并进行处理。

在 SIGINT 信号处理函数 sigint()执行期间,按 Ctrl+\快捷键发送 SIGQUIT 信号,则 signal()函数捕获了 SIGQUIT 信号并交由 sigquit()函数进行处理。

由程序输出的信号处理结果可知,程序先处理了 SIGQUIT 信号,等 SIGQUIT 信号处理完毕之后,才接着处理 SIGINT 信号。

除上述缺陷之外,signal()函数也不会重启被中断的系统调用,信号处理函数会中断像 read()函数、wait()函数等阻塞时间较长的系统调用,这些系统调用被 signal()函数中断之后会返回错误,并设置 errno 为 EINTR。信号处理函数执行完毕之后,这些系统调用也不会重启。

下面通过案例 7-8 演示 signal()函数的上述缺陷。

【案例 7-8】 编写 C 语言程序 demo7-8.c,功能如下:调用 read()函数从终端读取数据,在读取数据过程中,按 Ctrl+C 快捷键向进程发送 SIGINT 信号,观察 read()函数读取数据是否成功。

demo7-8.c:

```
1  #include <stdio.h>
2  #include <stdlib.h>
3  #include <unistd.h>
4  #include <sys/stat.h>
```

```
5   #include <sys/types.h>
6   #include <signal.h>
7   #include <sys/wait.h>
8   #include <string.h>
9   #include <errno.h>
10  void sigint(int sig)                        //定义 SIGINT 信号处理函数
11  {
12      printf("收到 SIGINT 信号,正在处理中…\n");
13      sleep(2);
14      printf("SIGINT 信号处理完毕\n");
15  }
16  int main()
17  {
18      signal(SIGINT, sigint);                 //调用 signal()函数捕获 SIGINT 信号
19      char buf[100];
20      int n;
21      while (1)
22      {
23          printf("请输入数据:\n");
24          n = read(0, buf, 100);              //调用 read()函数从终端读取数据
25          if (n == -1)                        //判断读取是否失败
26          {
27              if (errno == EINTR)             //判断 read()函数是否被中断
28              {
29                  printf("read()被中断,重启中…\n");
30                  continue;
31              }
32              else
33              {
34                  perror("读取数据失败");
35                  break;
36              }
37          }
38          else
39          {
40              buf[n] = '\0';
41              printf("读取的数据为:%s\n", buf);
42          }
43      }
44      return 0;
45  }
```

在 demo7-8.c 中,第 10～15 行代码定义了 SIGINT 信号的处理函数 sigint();第 18 行代码调用 signal()函数捕获 SIGINT 信号并交由 sigint()函数进行处理;第 21～43 行代码利用 while()无限循环从终端读取数据;第 25～37 行代码判断 read()函数从终端读取数据是否失败;第 27～31 行代码判断 read()函数从终端读取数据失败是否是被信号中断,判断条件是 errno 值是否为 EINTR。

编译 demo7-8.c 并执行编译后的程序,具体命令及输出结果如下。

```
[itheima@localhost demo7-8]$ gcc -o demo7-8 demo7-8.c
[itheima@localhost demo7-8]$ ./demo7-8
请输入数据:
hello
```

```
读取的数据为:hello

请输入数据:
nihao^C 收到 SIGINT 信号,正在处理中…
SIGINT 信号处理完毕

读取的数据为:

请输入数据:
```

由上述程序输出结果可知,第 1 次输入数据 hello 之后按 Enter 键,hello 被 read()函数读取。

第 2 次输入数据 nihao 之后按 Ctrl+C 快捷键,则 nihao 没有被 read()函数读取,表明信号处理函数中断了 read()函数的调用。

当 SIGINT 信号被处理完毕后,并没有输出 read()函数重启的提示信息,而是按 Enter 键,重新调用了 read()函数等待用户输入数据,这表明上一次的 read()函数调用被 SIGINT 信号中断之后并没有重启。

7.3.3 sigaction()函数

为了解决 signal()函数存在的问题,POSIX 标准定义了 sigaction()函数,sigaction()函数也用于捕获信号并通过自定义方式处理信号,其所属头文件和声明如下。

```
#include<signal.h>
int sigaction(int sig, const struct sigaction * act, struct sigaction * oldact);
```

sigaction()函数有 3 个参数,每个参数含义如下。

(1) sig:表示待捕获的信号。
(2) act:指定信号的处理方式。
(3) oldact:用于存储信号原来的处理方式,通常设置为 NULL,即不保存信号原来的处理方式。

sigaction()函数调用成功返回 0,否则返回-1。

sigaction()函数的第 2 个参数与第 3 个参数都是 struct sigaction 类型的结构体指针,struct sigaction 结构体用于描述信号的处理方式,其定义如下。

```
struct sigaction {
    void(* sa_handler)(int);
    void(* sa_sigaction)(int, siginfo_t * , void * );
    sigset_t sa_mask;
    int sa_flags;
};
```

struct sigaction 结构体共有 4 个成员,下面对这 4 个成员分别进行讲解。

1. sa_handler

sa_handler 与 signal()函数的第 2 个参数相同,用于指定信号的处理方式,其值可以是 SIG_DFL、SIG_IGN、函数指针。当使用 sa_handler 指定的方式处理信号时,sigaction()函数的作用和 signal()函数相同。

2. sa_sigaction

sa_sigaction 是一个函数指针,指向信号处理函数,该信号处理函数有 3 个参数,这 3 个参数的含义分别如下。

- 第 1 个参数表示待捕获的信号。
- 第 2 个参数是一个 siginfo_t 结构体类型的指针。siginfo_t 结构体主要用于存储与信号相关的信息,如信号产生的原因、发送信号的进程的 PID 等。这也是 sigaction()函数与 signal()函数的不同之处,signal()函数通常只能捕获信号,而无法获取关于信号的更多信息。
- 第 3 个参数是一个无类型指针,主要用于存储信号处理函数调用时的进程上下文信息。

3. sa_mask

sa_mask 用于指定在执行信号处理函数时,需要阻塞的信号的集合。在信号处理函数正在执行时,为了防止其他信号的干扰,通常会将其他信号添加到阻塞集合中,这样信号处理函数在执行期间就不会被其他信号中断,从而保证了信号处理的可靠性和稳定性。sa_mask 就是存储这些被阻塞信号的集合。

4. sa_flags

sa_flags 用于指定信号处理的行为模式,其常用值有以下 3 个。

- SA_NODEFER:不阻塞新来的信号。信号处理函数在执行时,如果新来了其他信号,则立即处理新来的信号,新来的信号处理完毕再返回接着处理被中断的信号。如果 sa_flags 设置了 SA_NODEFER,则 sa_mask 将无效。
- SA_RESTART:重启被阻塞的系统调用。信号会中断某些系统调用,如 read()函数,当 sa_flags 设置了 SA_RESTART,则信号处理函数执行完毕后,会重启被中断的系统调用。SA_RESTART 为 sa_flags 的默认设置。
- SA_SIGINFO:用于指定哪种信号处理方式有效。如果 sa_flags 设置了 SA_SIGINFO,则成员 sa_action 有效,否则成员 sa_handler 有效。

sigaction()函数涉及的参数和数据结构较多,但很多参数和数据结构不必用户管理,所以其用法并不是看起来那么复杂。

下面通过案例 7-9 演示 sigaction()函数的用法。

【案例 7-9】 编写 C 语言程序 demo7-9.c,功能如下:修改案例 7-8,在处理 SIGINT 信号时,通过调用 sigaction()函数重启被 SIGINT 信号中断的 read()函数。

demo7-9.c:

```
1   #include<stdio.h>
2   #include<stdlib.h>
3   #include<unistd.h>
4   #include<sys/stat.h>
5   #include<sys/types.h>
6   #include<signal.h>
7   #include<sys/wait.h>
8   #include<string.h>
9   #include<errno.h>
10  void sigint(int sig, siginfo_t* info, void* context)
```

```
11  {
12      printf("收到SIGINT信号,正在处理中…\n");
13      sleep(2);
14      printf("SIGINT信号处理完毕\n");
15  }
16  int main()
17  {
18      struct sigaction act;              //定义struct sigaction结构体变量act
19      memset(&act, 0, sizeof(act));      //初始化act
20      act.sa_sigaction = sigint;         //通过sa_sigaction成员设置信号处理函数
21      act.sa_flags =  SA_SIGINFO;        //设置sa_flags的值SA_SIGINFO
22      sigaction(SIGINT, &act, NULL);     //调用sigaction()函数捕获SIGINT信号
23      char buf[100];
24      int n;
25      while (1)
26      {
27          printf("请输入数据:\n");
28          n = read(0, buf, 100);
29          if (n == -1)
30          {
31              if (errno == EINTR)
32              {
33                  printf("read()被中断,重启中…\n");
34                  continue;
35              }
36              else
37              {
38                  perror("读取数据失败");
39                  break;
40              }
41          }
42          else
43          {
44              buf[n] = '\0';
45              printf("读取的数据为:%s\n", buf);
46          }
47      }
48      return 0;
49  }
```

在demo7-9.c中,第18行代码定义了struct sigaction结构体变量act;第19行代码调用memset()函数初始化act;第20行代码设置act的成员sa_sigaction的值为sigint,即调用sigint()函数处理捕获的信号;第21行代码设置act的成员sa_flags的值为SA_SIGINFO,即让sa_sigaction成员的设置生效;第22行代码调用sigaction()函数捕获SIGINT信号并调用sigint()函数进行处理。

编译demo7-9.c并执行编译后的程序,具体命令及输出结果如下。

```
[itheima@localhost demo7-9]$ gcc -o demo7-9 demo7-9.c
[itheima@localhost demo7-9]$ ./demo7-9
请输入数据:
hello
读取的数据为:hello
```

```
请输入数据:
nihao^C 收到 SIGINT 信号,正在处理中…
SIGINT 信号处理完毕
read()被中断,重启中…
请输入数据:
```

由上述程序输出结果可知,第 1 次输入数据 hello 之后按 Enter 键,hello 被 read()函数读取。

第 2 次输入数据 nihao 之后按 Ctrl+C 快捷键,则 nihao 没有被 read()函数读取,表明信号处理函数中断了 read()函数的调用。

当 SIGINT 信号被处理完毕后,终端输出了"read()被中断,重启中…",表明被中断的 read()函数重新被调用,而不是按 Enter 键重新调用了 read()函数。

7.4 信号集

进程在执行过程中通常需处理多个不同作用和类型的信号。为了有效管理这些信号,Linux 操作系统引入了信号集的概念,用于集中管理多个信号。本节将详细介绍信号集及其相关知识。

7.4.1 信号集与操作函数

信号集就是一组信号的集合,在 Linux 操作系统中,信号集被定义为了一种数据类型 sigset_t。struct sigaction 结构体中的 sa_mask 成员就是一个信号集,其类型就是 sigset_t。

sigset_t 的定义如下。

```
typedef struct{
    unsigned long sig[_NSIG_WORDS];
}sigset_t;
```

在上述定义中,sigset_t 本质是一个位图向量,每一位对应一个信号,每个位有 0 和 1 两个值,当信号对应位被设置为 1 时,表示阻塞信号,设置为 0 表示不阻塞信号。

系统支持多少个信号,sigset_t 就有多少位,例如,CentOS Stream 9 操作系统支持 64 个信号,则 sigset_t 有 64 位。

Linux 操作系统还提供了一组信号集的基本操作函数,这一组函数所属头文件和声明如下。

```
#include <signal.h>
int sigemptyset(sigset_t * set);                        //清空信号集 set
int sigfillset(sigset_t * set);                         //将所有信号添加到信号集 set 中
int sigaddset(sigset_t * set, int sig);                 //将信号 sig 添加到信号集 set
int sigdelset(sigset_t * set, int sig);                 //从信号集 set 中删除信号 sig
int sigismember(const sigset_t * set, int sig);         //判断信号 sig 是否在 set 中
```

下面对上述信号集基本操作函数进行简单介绍。

- sigemptyset()函数:该函数用于清空信号集 set。所谓清空信号集,就是将信号集所有位都置为 0,即所有信号都不阻塞。sigemptyset()函数调用成功返回 0,否则返回-1,并设置 errno。

- sigfillset()函数：该函数将所有信号添加到信号集 set 中，就是将信号集中的所有位都置为 1，即阻塞所有信号。sigfillset()函数调用成功返回 0，否则返回－1，并设置 errno。
- sigaddset()函数：该函数可以将指定信号 sig 添加到信号集 set 中。将信号添加到信号集中，就是将该信号对应位设置为 1，即阻塞该信号。sigaddset()函数调用成功返回 0，否则返回－1，并设置 errno。
- sigdelset()函数：该函数用于从信号集 set 中删除指定信号 sig。所谓删除信号，就是将该信号对应位设置为 0，即不阻塞该信号。sigdelset()函数调用成功返回 0，否则返回－1，并设置 errno。
- sigismember()函数：该函数用于判断信号 sig 是否在信号集 set 中，即判断该信号对应位是否为 1。如果信号 sig 在信号集 set 中，sigismember()函数返回 1，否则返回 0。

下面通过案例 7-10 演示信号集的使用。

【案例 7-10】 编写 C 语言程序 demo7-10.c，功能如下：创建一个信号集，向其中添加一些信号，判断某个信号是否在信号集中，并输出信号集中的信号。

demo7-10.c：

```
1   #include <stdio.h>
2   #include <stdlib.h>
3   #include <unistd.h>
4   #include <sys/stat.h>
5   #include <sys/types.h>
6   #include <signal.h>
7   #include <sys/wait.h>
8   #include <string.h>
9   int main()
10  {
11      sigset_t set;
12      sigemptyset(&set);
13      //向信号集 set 中添加一些信号
14      sigaddset(&set, SIGINT);
15      sigaddset(&set, SIGHUP);
16      sigaddset(&set, SIGQUIT);
17      sigaddset(&set, SIGCONT);
18      //删除信号 SIGQUIT
19      sigdelset(&set, SIGQUIT);
20      //输出信号集中的信号
21      printf("信号集中的信号包括:\n");
22      for (int i = 1; i <= NSIG; i++)
23      {
24          if (sigismember(&set, i))
25              printf("%d\n", i);
26      }
27      return 0;
28  }
```

在 demo7-10.c 中，第 11、12 行代码定义了信号集 set，并调用 sigemptyset()函数进行初始化；第 14～17 行代码调用 sigaddset()函数向信号集 set 中添加了 4 个信号：SIGINT、SIGHUP、SIGQUIT 和 SIGCONT。第 19 行代码调用 sigdelset()函数将 SIGQUIT 信号从

信号集 set 中删除；第 21～26 行代码调用 sigismember()函数循环判断信号是否在信号集 set 中，如果在就输出该信号。for 循环语句中的 NSIG 是一个宏定义，表示系统的信号数量，例如，CentOS Stream 9 操作系统定义了 64 个信号，则 NSIG 的值就为 64。

编译 demo7-10.c 并执行编译后的程序，具体命令及输出结果如下。

```
[itheima@localhost demo7-10]$ gcc -o demo7-10 demo7-10.c
[itheima@localhost demo7-10]$ ./demo7-10
信号集中的信号包括：
1
2
18
```

由上述程序输出结果可知，信号集中包括 1、2、18 号信号，即 SIGHUP 信号、SIGINT 信号和 SIGQUIT 信号。

7.4.2 信号屏蔽

每一个进程都有一个屏蔽字，屏蔽字是进程控制块中的一个信号集，当信号被加入该信号集后，进程就会屏蔽该信号，即阻塞该信号。将信号加入屏蔽字进行阻塞，也称为设置该信号的屏蔽字。

Linux 操作系统提供了一个函数 sigprocmask()，专门用于设置屏蔽字。sigprocmask()函数所属头文件和声明如下。

```
#include <signal.h>
int sigprocmask(int how,const sigset_t * set,sigset_t * oldset);
```

sigprocmask()函数有 3 个参数，每个参数的含义如下。

(1) how：指定了设置屏蔽字的方式，它有以下 3 个取值。

- SIG_BLOCK：阻塞屏蔽字中的所有信号。
- SIG_UNBLOCK：解除屏蔽字中信号的阻塞。
- SIG_SETMASK：使用新的屏蔽字替换原有的屏蔽字。

(2) set：表示用户设置的屏蔽字，即新的屏蔽字。

(3) oldset：用于保存进程原有的屏蔽字。第 3 个参数如果为 NULL，表明不保存原有的屏蔽字。

sigprocmask()函数调用成功返回 0，否则返回 −1。下面通过案例 7-11 演示 sigprocmask()函数的用法。

【案例 7-11】 编写 C 语言程序 demo7-11.c，功能如下：让当前进程阻塞 SIGINT 信号。
demo7-11.c：

```
1   #include <stdio.h>
2   #include <stdlib.h>
3   #include <unistd.h>
4   #include <sys/stat.h>
5   #include <sys/types.h>
6   #include <signal.h>
7   int main()
8   {
9       sigset_t newset;                              //创建一个信号集
```

```
10        sigemptyset(&newset);                          //清空信号集
11        sigaddset(&newset, SIGINT);                    //将 SIGINT 信号添加到信号集
12        if ((sigismember(&newset, SIGINT)) == 0)
13        {
14            printf("新信号集设置失败\n");
15            exit(0);
16        }
17        sigprocmask(SIG_BLOCK, &newset, NULL);         //阻塞信号集 newset 中的信号
18        while (1)
19        {
20            sleep(1);
21            printf("进程执行任务中…勿扰\n");
22        }
23        return 0;
24    }
```

在 demo7-11.c 中,第 9、10 行代码定义了信号集 newset,并调用 sigemptyset()函数进行初始化;第 11 行代码调用 sigaddset()函数将 SIGINT 信号添加到信号集 newset 中;第 12~16 行代码调用 sigismember()函数判断 SIGINT 信号是否在信号集 newset 中,如果不在,则表明信号集 newset 设置失败,调用 exit()函数结束进程执行;第 17 行代码调用 sigprocmask()函数设置进程新的屏蔽字为 newset。第 18~22 行代码使用 while()无限循环让进程执行任务。

编译 demo7-11.c 并执行编译后的程序,具体命令及输出结果如下。

```
[itheima@localhost demo7-11]$ gcc -o demo7-11 demo7-11.c
[itheima@localhost demo7-11]$ ./demo7-11
进程执行任务中…勿扰
进程执行任务中…勿扰
^C进程执行任务中…勿扰
^C进程执行任务中…勿扰
^C进程执行任务中…勿扰
进程执行任务中…勿扰
进程执行任务中…勿扰
^Z
[4]+  已停止                  ./demo7-11
```

由上述程序输出结果可知,进程在执行任务过程中,按 Ctrl+C 快捷键(发送 SIGINT 信号)无法终止进程,表明进程阻塞了 SIGINT 信号。

7.4.3 获取悬挂信号

悬挂信号会保持在未决状态,直到进程解除对该信号的阻塞,信号才会被进程接收并进行处理。有时,进程在执行过程中会有多个悬挂信号,Linux 操作系统提供了 sigpending()函数用于获取进程的悬挂信号。

sigpending()函数所属头文件和声明如下。

```
#include <signal.h>
int sigpending(sigset_t * set);
```

sigpending()函数只有一个参数 set,表示一个信号集,用于保存获取的悬挂信号。sigpending()函数调用成功返回 0,否则返回-1,并设置 errno。

下面通过案例 7-12 演示 sigpending() 函数的用法。

【案例 7-12】 编写 C 语言程序 demo7-12.c，功能如下：让进程阻塞 SIGINT 信号、SIGQUIT 信号和 SIGHUP 信号，然后调用 sigpending() 函数获取进程的悬挂信号。

demo7-12.c：

```
1   #include<stdio.h>
2   #include<stdlib.h>
3   #include<unistd.h>
4   #include<sys/stat.h>
5   #include<sys/types.h>
6   #include<signal.h>
7   int main()
8   {
9       sigset_t set, pdset;                        //定义两个信号集 set 和 pdset
10      sigemptyset(&set);                          //清空信号集 set
11      sigemptyset(&pdset);                        //清空信号集 pdset
12      sigaddset(&set, SIGINT);                    //将 SIGINT 信号添加到信号集 set
13      sigaddset(&set, SIGQUIT);                   //将 SIGQUIT 信号添加到信号集 set
14      sigaddset(&set, SIGHUP);                    //将 SIGHUP 信号添加到信号集 set
15      sigprocmask(SIG_SETMASK, &set, NULL);       //阻塞信号集 set 中的信号
16      //调用 raise() 函数向进程发送 SIGINT 信号、SIGQUIT 信号和 SIGCOUNT 信号
17      raise(SIGINT);
18      raise(SIGQUIT);
19      raise(SIGCONT);
20      int pd = sigpending(&pdset);                //获取进程的悬挂信号
21      if (pd == -1)
22      {
23          perror("获取悬挂信号失败\n");
24          exit(0);
25      }
26      //输出获取的悬挂信号
27      printf("悬挂信号有:\n");
28      for (int i = 1; i <= NSIG; i++)
29      {
30          if (sigismember(&pdset, i) == 1)
31              printf("%d\n", i);
32      }
33      return 0;
34  }
```

在 demo7-12.c 中，第 9～11 行代码定义了两个信号集 set 和 pdset，并调用 sigemptyset() 函数清空两个信号集；第 12～14 行代码调用 sigaddset() 函数将 SIGINT 信号、SIGQUIT 信号和 SIGHUP 信号添加到信号集 set 中；第 15 行代码调用 sigprocmask() 函数阻塞信号集 set；第 17～19 行代码调用 raise() 函数分别向进程发送 SIGINT 信号、SIGQUIT 信号和 SIGCONT 信号。

第 20 行代码调用 sigpending() 函数获取进程的悬挂信号并保存到信号集 pdset 中；第 28～32 行代码在 for 循环语句中，调用 sigismember() 函数判断信号是否在信号集 pdset 中，如果在则输出该信号。

编译 demo7-12.c 并执行编译后的程序，具体命令及输出结果如下。

```
[itheima@localhost demo7-12]$ gcc -o demo7-12 demo7-12.c
```

```
[itheima@localhost demo7-12]$ ./demo7-12
悬挂信号有：
2
3
```

由上述程序输出结果可知，获取到进程的悬挂信号编号为 2、3，即 SIGINT 信号和 SIGQUIT 信号。虽然第 19 行代码向进程发送了 SIGCONT 信号，但进程并未阻塞 SIGCONT 信号，因此 SIGCONT 信号没有被悬挂。

多学一招：未决信号集和屏蔽字

进程控制块（PCB）中有两个信号集，一个是未决信号集，一个是屏蔽字，如图 7-2 所示。

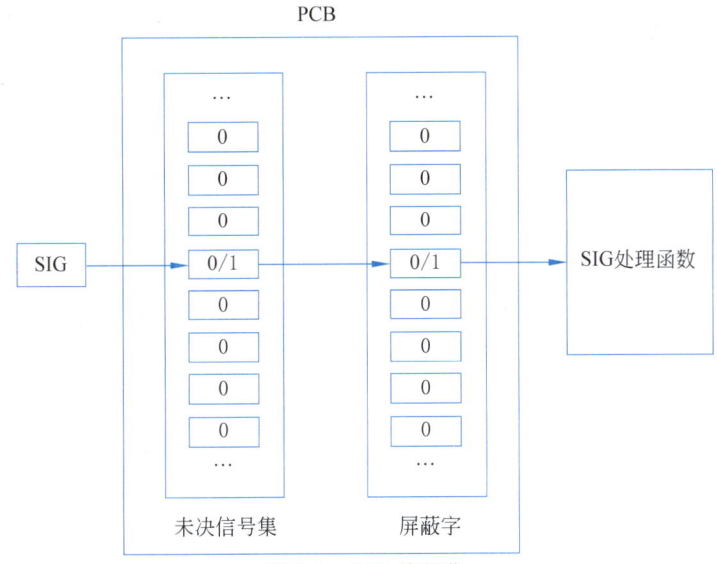

图 7-2　PCB 信号集

下面结合图 7-2 讲解悬挂信号的产生和屏蔽字设置的过程。

当向一个进程发送信号时，信号先到达未决信号集，如果未决信号集中的信号对应位为 0，表示信号可以通过；如果信号对应位为 1，表示不允许信号通过，此时，对于不可靠信号，就直接丢弃，对于可靠信号，则被放入指定队列进行排队。

如果未决信号集对应位为 0，信号会通过未决信号集，到达屏蔽字，同时，未决信号集中信号对应位被设置为 1，不再允许同类型信号通过。信号到达屏蔽字后，如果屏蔽字中的信号对应位为 0，则信号通过屏蔽字，被进程捕获交由信号处理函数处理，同时，未决信号集中的信号对应位恢复为 0。如果屏蔽字中的信号对应位为 1，则表示信号被阻塞，未决信号集中的信号对应位也无法恢复为 0。此时，信号就成为悬挂信号（一直处于未决态），直到进程解除对该信号的阻塞。

sigprocmask()函数就是用于设置屏蔽字，阻塞信号或解除信号的阻塞，实质就是将屏蔽字中信号对应位设置为 1 或 0。

sigpending()函数获取悬挂信号，就是检查未决信号集中哪一个信号的对应位为 1，从而得知该信号为悬挂信号。

7.5 等待指定信号

进程在执行关键代码时往往不希望被信号中断,通常的做法是在执行关键代码之前,调用 sigprocmask()函数设置要阻塞的信号,如 SIGINT 信号。关键代码执行完毕之后,再调用 sigprocmask()函数解除对相应信号的阻塞,并调用 pause()函数挂起进程,等待信号到来,唤醒进程。

以 SIGINT 信号为例,上述过程可通过下面的代码实现。

```
sigset_t newset,oldset;
sigemptyset(&newset);
sigaddset(&newset,SIGINT);
sigprocmask(SIG_BLOCK,&newset,&oldset);        //阻塞信号
/*
    执行关键代码…
*/
sigprocmask(SIG_SETMASK,&oldset,NULL);         //解除对信号的阻塞
pause();                                        //进程挂起,等待信号
```

但是上述代码存在一个问题,如果在调用 sigprocmask()函数之后,调用 pause()函数之前,进程接收到了 SIGINT 信号,则进程会处理 SIGINT 信号之后再调用 pause()函数将自己挂起,之后进程再等不到信号,就会永远挂起。

为了解决上述问题,Linux 操作系统提供了 sigsuspend()函数,sigsuspend()函数将解除信号阻塞和挂起进程合并为了原子操作。

当进程执行关键代码之后,调用 sigsuspend()函数,进程就会等待指定信号的到来。当指定信号到来时,进程捕获信号进行处理,信号处理函数执行期间,sigsuspend()函数会挂起进程。信号处理函数执行完毕,sigsuspend()函数返回,即进程被唤醒,继续往下执行。

sigsuspend()函数所属头文件和声明如下。

```
#include <signal.h>
int sigsuspend(const sigset_t * set);
```

sigsuspend()函数只有一个参数 set,表示一个临时的信号集,sigsuspend()函数使用这个临时的信号集替换进程原有的信号集。需要注意的是,进程等待的信号不能包含在临时信号集 set 中。sigsuspend()函数调用成功返回 0,否则返回-1,并设置 errno。

下面通过案例 7-13 演示 sigsuspend()函数的用法。

【案例 7-13】 编写 C 语言程序 demo7-13.c,功能如下:进程在执行关键代码时要阻塞 SIGINT 信号。当进程执行完关键代码后等待 SIGINT 信号并进行处理。

demo7-13.c:

```
1    #include <stdio.h>
2    #include <stdlib.h>
3    #include <unistd.h>
4    #include <sys/stat.h>
5    #include <sys/types.h>
6    #include <signal.h>
7    void sigint(int sig)                       //定义 SIGINT 信号处理函数
```

```
8   {
9       printf("捕获了SIGINT信号,正在处理中…\n");
10      sleep(1);
11      printf("SIGINT信号处理完毕\n");
12  }
13  int main()
14  {
15      sigset_t set, tmpset;                //定义两个信号集set和tmpset
16      //阻塞SIGINT信号,执行关键代码
17      sigemptyset(&set);                   //清空信号集set
18      sigemptyset(&tmpset);                //清空信号集tmpset
19      sigaddset(&set, SIGINT);             //将SIGINT信号添加到信号集set中
20      sigprocmask(SIG_BLOCK, &set, NULL);  //阻塞信号集set
21      printf("执行关键代码…\n");
22      sleep(2);
23      printf("关键代码执行完毕\n");
24      printf("等待SIGINT信号…\n");
25      signal(SIGINT, sigint);              //捕获SIGINT信号
26      sigsuspend(&tmpset);                 //挂起进程
27      printf("sigsuspend()函数返回\n进程继续执行其他任务\n");
28      return 0;
29  }
```

在demo7-13.c中,第7～12行代码定义了SIGINT信号的处理函数sigint();第15～18行代码定义信号集set和tmpset,并调用sigemptyset()清空两个信号集;第19行代码将SIGINT信号添加到信号集set中;第20行代码调用sigprocmask()函数阻塞信号集set。

第21～23行代码表示进程在执行关键代码;第24～26行代码表示关键代码执行完毕后,进程等待SIGINT信号到来,当SIGINT信号到来时,调用signal()函数捕获SIGINT信号交由sigint()函数处理,在此期间sigsuspend()函数会挂起进程。

编译demo7-13.c并执行编译后的程序,具体命令及输出结果如下。

```
[itheima@localhost demo7-13]$ gcc -o demo7-13 demo7-13.c
[itheima@localhost demo7-13]$ ./demo7-13
执行关键代码…
^C
关键代码执行完毕
等待SIGINT信号…
捕获了SIGINT信号,正在处理中…
SIGINT信号处理完毕
sigsuspend()函数返回
进程继续执行其他任务
```

由上述程序输出结果可知,在进程执行关键代码时,按Ctrl+C快捷键(发送SIGINT信号),进程没有被终止,表明进程阻塞了SIGINT信号。

当关键代码执行完毕,进程捕获了刚才发送的SIGINT信号并交由sigint()函数处理,sigint()函数执行期间,进程是挂起的。当sigint()函数执行完毕,suspend()函数返回,进程被唤醒,执行了第27行代码,输出了相应信息。

7.6 利用 SIGCHLD 信号回收子进程

在程序中可以调用 fork() 函数创建子进程,调用 wait() 函数或 waitpid() 函数使父进程阻塞等待子进程结束。如果要等待回收多个子进程,一般父进程会通过循环,不断获取子进程状态,以保证顺利回收多个子进程。但是循环非常浪费 CPU,为了节省 CPU 资源,可以利用 SIGCHLD 信号回收子进程。

子进程在终止时会向父进程发送 SIGCHLD 信号,进程收到该信号的默认动作是忽略信号。当父进程回收子进程时,可以让父进程捕获 SIGCHLD 信号,为信号设置处理函数,促使父进程完成子进程的回收。

下面通过案例 7-14 演示父进程利用 SIGCHLD 信号回收子进程。

【案例 7-14】 编写 C 语言程序 demo7-14.c,功能如下:让父进程创建 3 个子进程,每个子进程休眠 1 秒后结束执行,父进程通过捕获并处理 SIGCHLD 信号回收 3 个子进程。

思路分析:定义 SIGCHLD 信号的处理函数,在 SIGCHLD 的处理函数中调用 waitpid() 函数等待子进程的结束。根据上述思路实现 demo7-14.c,具体如下。

demo7-14.c:

```
1   #include <stdio.h>
2   #include <stdlib.h>
3   #include <unistd.h>
4   #include <sys/stat.h>
5   #include <sys/types.h>
6   #include <signal.h>
7   #include <sys/wait.h>
8   #include <string.h>
9   //定义 SIGCHLD 信号处理函数
10  void child(int sig, siginfo_t * info, void* context)
11  {
12      pid_t pid;
13      if ((pid = waitpid(-1, NULL, 0))<0)   //调用 waitpid() 函数等待任一子进程结束
14          perror("等待子进程失败");
15      printf("回收子进程%d\n", pid);
16      sleep(2);
17      return;
18  }
19  int main()
20  {
21      struct sigaction act;
22      memset(&act, 0, sizeof(act));
23      act.sa_sigaction = child;              //指定 SIGCHLD 信号处理函数为 child()
24      act.sa_flags = SA_SIGINFO;
25      sigaction(SIGCHLD, &act, NULL);        //调用 sigaction() 函数捕获 SIGCHLD 信号
26      for (int i = 0; i < 3; i++)            //创建 3 个子进程
27      {
28          if (fork() == 0)
29          {
30              printf("来自进程%d的打招呼\n", getpid());
31              sleep(1);
32              exit(0);                       //创建完成后,子进程退出
```

```
33              }
34          }
35          //父进程等待
36          while (1) {}
37          return 0;
38      }
```

在 demo7-14.c 中，第 10~18 行代码定义 SIGCHLD 信号的处理函数 child()；在 child() 函数中，第 13、14 行代码采用 if 选择语句中调用 waitpid() 函数等待任意一个子进程结束。

在 main() 函数中，第 21~24 行代码定义 struct sigaction 结构体变量 act，并进行相关设置；第 25 行代码调用 sigaction() 函数捕获 SIGCHLD 信号并交由 child() 函数处理。

第 26~34 行代码采用 for 循环语句中调用 fork() 函数创建 3 个子进程。第 36 行代码使用 while() 无限循环让父进程保持运行不退出。

编译 demo7-14.c 并执行编译后的程序，具体命令及输出结果如下。

```
[itheima@localhost demo7-14]$ gcc -o demo7-14 demo7-14.c
[itheima@localhost demo7-14]$ ./demo7-14
来自进程 1278030 的打招呼
来自进程 1278032 的打招呼
来自进程 1278031 的打招呼
回收子进程 1278030
回收子进程 1278031
^C
```

由上述程序输出结果可知，父进程只回收了两个子进程，PID 为 1278032 的子进程并未回收成功。再打开一个终端，使用"ps -aux | grep demo7-14"命令查看 demo7-14 进程，其结果如下。

```
[itheima@localhost ~]$ ps -aux | grep demo7-14
itheima   1278029 79.3  0.0   2628    924 pts/0   R+   17:05   0:22 ./demo7-14
itheima   1278032  0.0  0.0      0      0 pts/0   Z+   17:05   0:00 [demo7-14] <defunct>
itheima   1280067  0.0  0.1 221812  2148 pts/2   S+   17:05   0:00 grep --color=auto demo7-14
```

由上述结果可知，PID 为 1278032 的子进程已经成为僵尸进程，表明该子进程已经结束，但没有被父进程回收。

造成上述现象的原因是，当父进程在回收第 1 个子进程（PID＝1278030）时，第 2 个子进程（PID＝1278031）也执行结束，给父进程发送 SIGCHLD 信号，该信号被阻塞。当第 3 个子进程（PID＝1278032）执行结束，给父进程发送 SIGCHLD 信号时，因为已经有一个 SIGCHLD 信号被阻塞，则第 3 个子进程的信号就被丢弃。

父进程回收完第 1 个子进程时，看到有 SIGCHLD 信号被阻塞，会进行处理，即回收第 2 个子进程。回收完第 2 个子进程后，就没有 SIGCHLD 信号了，因此第 3 个子进程无法被回收。

为了能够回收所有的子进程，可以在 SIGCHLD 信号处理函数中循环查看是否有待回收的子进程，如果有待回收的子进程就立即回收。

将 demo7-14.c 中第 13、14 行代码替换为如下代码。

```
while((pid = waitpid(-1,NULL,0)) > 0)
{
    printf("回收子进程%d\n",pid);
}
```

替换之后,再次编译执行程序,具体命令及输出结果如下。

```
[itheima@localhost demo7-14]$ gcc -o demo7-14 demo7-14.c
[itheima@localhost demo7-14]$ ./demo7-14
来自进程 2037560 的打招呼
来自进程 2037558 的打招呼
来自进程 2037559 的打招呼
回收子进程 2037560
回收子进程 2037558
回收子进程 2037559
^C
```

由上述输出结果可知,修改之后的程序回收了全部 3 个子进程。

7.7　本章小结

本章主要讲解了 Linux 操作系统中的信号。首先讲解了信号概述、信号发送和信号自定义处理;然后讲解了信号集和等待指定信号;最后讲解了如何利用 SIGCHLD 信号回收子进程。通过本章的学习,读者能够掌握基本的信号编程,优化程序,为后面更深入的学习打好基础。

7.8　本章习题

请读者扫描左方二维码,查看本章课后习题。

第 8 章 进程间通信

学习目标

- 了解进程间通信机制，能够说出进程间常用的通信方式。
- 掌握管道的应用，能够使用无名管道和命名管道实现进程间通信。
- 掌握消息队列的应用，能够使用消息队列实现进程间通信。
- 掌握共享内存的应用，能够使用共享内存实现进程间通信。
- 掌握信号量的应用，能够使用信号量实现进程间通信。

在 Linux 操作系统中，每个进程的用户地址空间都是独立的，这就意味着进程无法直接访问其他进程中的数据。但是，在实际应用中，一个任务通常需要多个进程协同合作才能完成。此时，进程之间就需要进行通信，实现数据传递。为此，Linux 操作系统提供了进程间通信的机制，如管道、信号量、消息队列、共享内存等。本章将针对进程间通信进行详细讲解。

8.1 进程间通信概述

进程间通信（inter-process communication，IPC）是指多个进程之间相互通信，交换信息。Linux 操作系统的进程间通信机制源自 UNIX 操作系统，UNIX 操作系统最初的 IPC 只有信号和管道，后来 UNIX 操作系统在 System V 发行版本中增加了消息队列、共享内存和信号量 3 种实现进程间通信的机制，因此这 3 种通信机制通常也称为 System V IPC。

后来 POSIX 标准又引入了套接字（第 9 章讲解）用于实现进程间通信，套接字在 Linux 操作系统和 UNIX 操作系统中得到了广泛应用。因此，如今 Linux 操作系统和 UNIX 操作系统中广泛使用的进程间通信机制，包含了管道、消息队列、共享内存、信号量和套接字。

进程间通信一般有如下作用。

- 传输数据：一个进程需要将它的数据发送给另外一个进程，发送的数据量通常比较小。
- 共享数据：多个进程想要操作共享数据，如果一个进程对数据进行修改，别的进程可立刻看到。
- 通知事件：一个进程向其他进程发送消息，通知进程发生了什么事件，要采取何种操作。
- 控制进程：有时进程需要完全控制另外一个进程的执行，例如，GDB 进程控制被调试的程序,此时,控制进程能够控制另一个进程的所有系统调用,并能够及时获取其动态。

进程之间要实现数据交换,必须通过内核才能完成,进程在内核中开辟一块缓冲区,将数据写入内核缓冲区,其他进程通过内核缓冲区读写数据,其过程如图 8-1 所示。

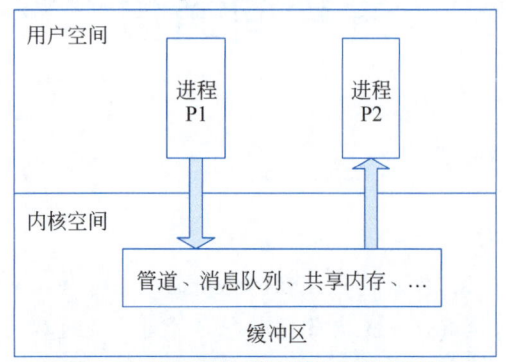

图 8-1 进程之间实现数据交换的过程

在图 8-1 中,进程 P1 将数据写入内核缓冲区,进程 P2 从内核缓冲区读取数据,这样就实现了进程间的数据交换,即实现了进程间通信。

8.2 管道

8.2.1 管道概述

管道是一种非常常用的进程间通信机制,它在进程之间建立一个逻辑上的管道,管道一端为写入端,另一端为读取端,进程从写入端写入数据,其他进程从读取端读取数据,从而实现进程间的通信。

管道的逻辑结构如图 8-2 所示。

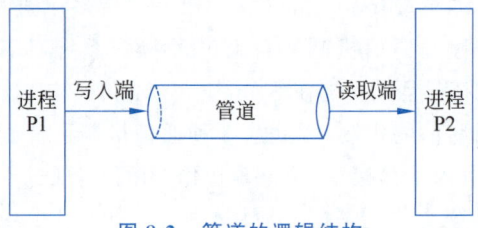

图 8-2 管道的逻辑结构

Linux 操作系统将管道视为一种文件,即管道文件,因此可以使用文件操作函数来操作管道。但是管道属于特殊文件,管道文件的数据只存在于内核缓冲区中,不写入磁盘,即管道文件在磁盘上没有数据块。与磁盘文件相比,进程之间通过管道传递数据,更高效可靠。

8.2.2 无名管道

无名管道是没有名称的临时性管道,它应用于具有亲缘关系的进程之间,如父子进程、兄弟进程。如果父进程创建了无名管道,所有的子进程都会继承父进程的无名管道文件描述符,这些文件描述符指向同一个无名管道,通过该无名管道,具有亲缘关系的进程就可以进行通信。

Linux 操作系统提供了 pipe() 函数用于创建无名管道，pipe() 函数所属头文件和声明如下。

```
#include <unistd.h>
int pipe(int fd[2]);
```

pipe() 函数只有一个参数 fd，fd 是一个大小为 2 的 int 类型数组，它用于存储无名管道两端的文件描述符，其中 fd[0] 表示读取端，fd[1] 表示写入端。pipe() 函数调用成功返回 0，否则返回 -1。

下面以实现父子进程之间的通信为例，讲解无名管道实现通信的过程。无名管道在创建时返回两个文件描述符分别表示读取端和写入端，读取端与写入端连接在同一个进程，如图 8-3 所示。

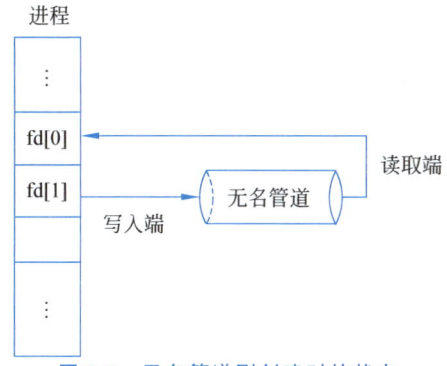

图 8-3　无名管道刚创建时的状态

当进程创建子进程后，子进程继承父进程的文件描述符，无名管道的读写两端也连接到子进程，如图 8-4 所示。

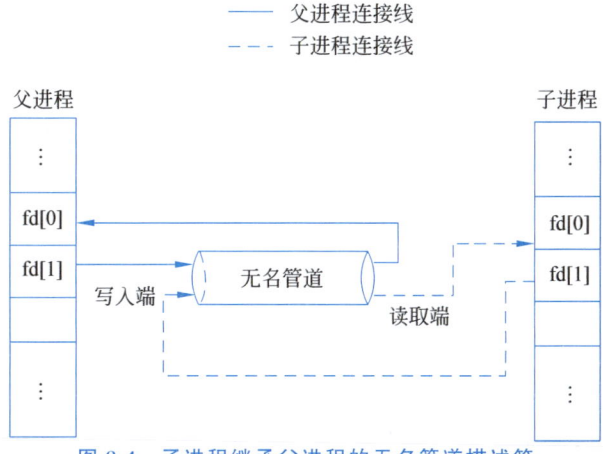

图 8-4　子进程继承父进程的无名管道描述符

在图 8-4 中，无名管道的读写两端既与父进程连接，也与子进程连接，即父进程与子进程都可以通过无名管道读写数据。假如是父进程向子进程传递数据，即父进程向管道写入数据，子进程从管道读取数据，则父进程应当关闭无名管道的读取端，子进程应当关闭无名管道的写入端，关闭之后如图 8-5 所示。

父进程连接线
--- 子进程连接线

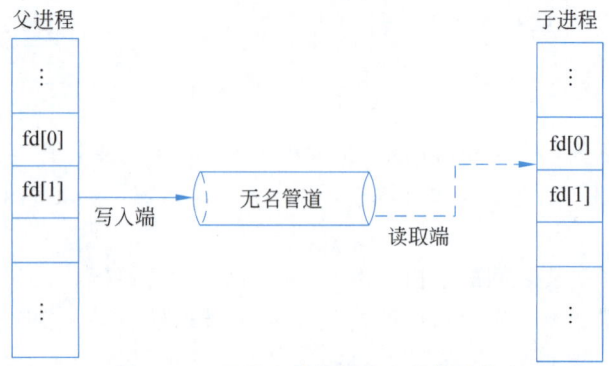

图 8-5　父子进程关闭相应文件描述符

在图 8-5 中,父进程通过文件描述符 fd[1] 向无名管道写入数据,子进程通过文件描述符 fd[0] 从无名管道读取数据,就完成了父子进程之间的通信。

下面通过案例 8-1 演示无名管道的创建和应用。

【**案例 8-1**】　编写 C 语言程序 demo8-1.c,功能如下:父进程创建一个无名管道,通过无名管道向子进程传递数据,实现父子进程之间的通信。

demo8-1.c:

```
1   #include <stdio.h>
2   #include <stdlib.h>
3   #include <unistd.h>
4   #include <sys/types.h>
5   #include <sys/wait.h>
6   #include <sys/stat.h>
7   #include <string.h>
8   int main()
9   {
10      int fd[2];
11      int ret = pipe(fd);
12      if (ret == -1)
13      {
14          perror("无名管道创建失败");
15          exit(1);
16      }
17      pid_t pid = fork();
18      if (pid > 0)                              //父进程
19      {
20          close(fd[0]);                         //关闭读取端
21          char * str = "hello pipe\n";
22          write(fd[1], str, strlen(str) + 1);   //将数据写入管道
23          close(fd[1]);                         //写入完毕关闭写入端
24          wait(NULL);                           //等待子进程结束
25      }
26      else if (pid == 0)                        //子进程
27      {
28          close(fd[1]);                         //关闭写入端
29          char buf[100] = {0};
```

```
30            ret = read(fd[0], buf, sizeof(buf));    //从管道读取数据存储到 buf 中
31            close(fd[0]);                            //读取完毕关闭读取端
32            write(1, buf, ret);                      //将 buf 中的数据输出到终端
33            exit(0);
34        }
35        return 0;
36 }
```

在 demo8-1 中，第 11 行代码调用 pipe()函数创建了一个无名管道，将管道两端的文件描述符存储到数组 fd 中；第 17 行代码调用 fork()函数创建子进程；第 18～25 行代码为父进程执行的代码，第 20 行代码调用 close()函数关闭无名管道的读取端；第 22 行代码调用 write()函数将 str 指针指向的数据写入无名管道；数据写入完成之后，第 23 行代码调用 close()函数关闭无名管道的写入端；第 24 行代码调用 wait()函数等待子进程结束。

第 26～34 行代码为子进程执行的代码，第 28 行代码调用 close()函数关闭无名管道的写入端；第 30 行代码调用 read()函数从无名管道中读取数据，并存储到字符数组 buf 中；数据读取完毕，第 31 行代码调用 close()函数关闭无名管道的读取端；第 32 行代码调用 write()函数将字符数组 buf 中的数据输出到终端。

编译 demo8-1.c 并执行编译后的程序，具体命令及输出结果如下。

```
[itheima@localhost demo8-1]$ gcc -o demo8-1 demo8-1.c
[itheima@localhost demo8-1]$ ./demo8-1
hello pipe
```

由上述程序输出结果可知，终端输出了"hello pipe"，表明父子进程成功通过无名管道实现了通信。

除了父子进程，兄弟进程之间也可以通过无名管道传递数据，下面通过案例 8-2 演示兄弟进程之间通过无名管道传递数据。

【案例 8-2】 编写 C 语言程序 demo8-2.c，功能如下：父进程创建一个无名管道，并创建两个子进程，两个子进程通过无名管道传递数据，实现进程间通信。

demo8-2.c：

```
1  #include <stdio.h>
2  #include <stdlib.h>
3  #include <unistd.h>
4  #include <sys/types.h>
5  #include <sys/wait.h>
6  #include <sys/stat.h>
7  #include <string.h>
8  int main()
9  {
10     int fd[2];
11     int ret = pipe(fd);                    //父进程创建无名管道
12     if (ret == -1)
13     {
14         perror("无名管道创建失败");
15         exit(1);
16     }
17     pid_t pid, wpid;
18     int i;                                 //循环变量
```

```c
19      for (i = 0; i < 2; i++)                 //利用循环创建两个子进程
20      {
21          if ((pid = fork()) == 0)            //创建子进程
22              break;
23      }
24      if (i == 2)                             //父进程
25      {
26          //父进程关闭读写两端
27          close(fd[0]);
28          close(fd[1]);
29          wpid = wait(NULL);
30          printf("子进程%d执行结束\n", wpid);
31          wpid = wait(NULL);
32          printf("子进程%d执行结束\n", wpid);
33      }
34      else if (i == 0)                        //第1个子进程写数据
35      {
36          close(fd[0]);                       //关闭读取端
37          char * p = "hello brother\n";
38          write(fd[1], p, strlen(p) + 1);
39          exit(1);
40      }
41      else if (i == 1)                        //第2个子进程读数据
42      {
43          close(fd[1]);                       //关闭写入端
44          char buf[20] = {0};
45          read(fd[0], buf, 20);               //从无名管道读取数据存储到buf中
46          printf("收到兄弟进程发来的消息:%s\n", buf);
47          exit(2);
48      }
49      return 0;
50  }
```

在demo8-2.c中，第11行代码父进程调用pipe()函数创建无名管道；第19～23行代码在for循环语句中，调用fork()函数创建两个子进程；第24～33行代码为父进程执行的代码，第27、28行代码调用close()函数关闭无名管道的读取端与写入端；第29～32行代码调用wait()函数等待两个子进程执行结束。

第34～40行代码为第1个子进程执行的代码，第36行代码调用close()函数关闭无名管道读取端；第38行代码调用write()函数向无名管道写入数据。

第41～48行代码为第2个子进程执行的代码，第43行代码调用close()函数关闭无名管道写入端；第45行代码调用read()函数从无名管道读取数据存储到字符数组buf中；第46行代码将字符数组buf中的数据输出到终端。

编译demo8-2.c并执行编译后的程序，具体命令及输出结果如下。

```
[itheima@localhost demo8-2]$ gcc -o demo8-2 demo8-2.c
[itheima@localhost demo8-2]$ ./demo8-2
收到兄弟进程发来的消息:hello brother
子进程80210执行结束

子进程80211执行结束
```

管道使用起来比较简单方便，但其受自身数据传输机制的限制，在使用时要注意以下

几点。

- 管道采用单向通信方式,只能进行单向数据传递,虽然多余的读写端口不一定会对程序造成影响,但为严谨起见,还是应当调用 close()函数关闭除通信端口之外的其他端口。
- 管道只能进行单向通信,如果要实现双向通信,则需要为通信的进程创建两个管道。
- 如果管道的所有读取端文件描述符都被关闭,但仍有进程从写入端向管道写入数据,则写入端进程会收到内核发送的 SIGPIPE 信号,默认情况下该信号会终止进程。
- 如果管道的所有写入端文件描述符都被关闭,但仍有进程从管道的读取端读取数据,那么管道中剩余的数据被读取后,再次调用 read()函数就会返回 0。
- 如果管道有写入端文件描述符没有关闭,但是写入端进程并没有往管道中写入数据,而读取端进程持续从管道读取数据,当管道中没有数据时,read()函数就会阻塞,直到写入端进程向管道写入数据,阻塞才会解除。
- 如果管道有读取端文件描述符没有关闭,但读取端进程没有从管道读取数据,而写入端进程持续不断地向管道写入数据,那么当管道被写满时,write()就会阻塞,直到读取端进程将管道中的数据读完,阻塞才会解除。

8.2.3 命名管道

无名管道没有名字,只能在具有亲缘关系的进程间通信,为了打破这一局限,Linux 操作系统提供了命名管道。命名管道又名 FIFO(first in first out),它与无名管道的不同之处在于,命名管道与系统中的一个路径关联,以文件的形式存在于文件系统中,系统中具有访问权限的进程都可以通过该路径访问命名管道,实现彼此间的通信。

虽然命名管道存在于文件系统中,但它与无名管道本质相同,都是内核中的一块缓冲区,命名管道数据也不写入磁盘。对命名管道进行读写不会改变文件的大小。命名管道与无名管道一样,当缓冲区为空或缓冲区满时进行读或写会产生阻塞。

命名管道严格遵循先进先出原则,当对其进行写操作时,数据会被添加到文件末尾;当对其进行读操作时,总是文件首部的数据先返回。

Linux 操作系统提供了 mkfifo()函数用于创建命名管道,mkfifo()函数所属头文件和声明如下。

```
#include <sys/stat.h>
int mkfifo(const char * pathname, mode_t mode);
```

mkfifo()函数有两个参数,每个参数的含义如下。

(1) pathname:用于指定命名管道路径。

(2) mode:用于指定命名管道的访问权限。

mkfifo()函数调用成功返回 0,否则返回 −1,并设置 errno。下面通过案例 8-3 演示命名管道的创建与应用。

【案例 8-3】 编写 C 语言程序,利用命名管道模拟一个简单的服务端/客户端请求通信,服务端等待客户端发送请求。

思路分析:模拟服务端/客户端请求通信,则须分别独立实现服务端程序和客户端程序。此外,服务端与客户端进行通信,可以通过管道实现。由于服务端与客户端是两个无关联的进程,所以需要通过命名管道进行通信。

本案例可以分为 3 个模块实现,每个模块的功能及程序文件如下。

- 第 1 个模块:创建命名管道,可以实现为 demo8-3.c 程序。
- 第 2 个模块:模拟服务端,以只读方式打开命名管道,调用 read() 函数从管道中读取数据,即获取客户端发来的请求。该模块可以实现为 server.c 程序。
- 第 3 个模块:模拟客户端,以只写方式打开命名管道,调用 write() 函数向管道写入数据,即向服务端发送请求。该模块可以实现为 client.c 程序。

根据上述思路,demo8-3.c、server.c 和 client.c 三个文件的具体实现分别如下。

demo8-3.c:

```
1   #include <stdio.h>
2   #include <stdlib.h>
3   #include <unistd.h>
4   #include <sys/types.h>
5   #include <sys/wait.h>
6   #include <sys/stat.h>
7   int main()
8   {
9       //创建命名管道 myfifo
10      int ret = mkfifo("myfifo", 0664);
11      if (ret == -1)
12          perror("命名管道创建失败\n");
13      else
14          printf("命名管道创建成功\n");
15      return 0;
16  }
```

在 demo8-3.c 中,第 10 行代码调用 mkfifo() 函数创建命名管道 myfifo,访问权限为 664。

server.c:

```
1   #include <stdio.h>
2   #include <stdlib.h>
3   #include <unistd.h>
4   #include <sys/types.h>
5   #include <sys/wait.h>
6   #include <sys/stat.h>
7   #include <fcntl.h>
8   int main()
9   {
10      //服务端以只读方式打开命名管道 myfifo
11      int fd = open("myfifo", O_RDONLY);
12      if (fd == -1)
13          perror("命名管道打开失败");
14      //调用 read() 函数从命名管道循环读取数据
15      char buf[100] = {0};
16      while (1)
17      {
18          read(fd, buf, 100);
19          printf("%s\n", buf);
```

```
20      }
21      return 0;
22  }
```

在 server.c 中，第 11 行代码调用 open() 函数以只读方式打开命名管道 myfifo；第 16～20 行代码在 while() 无限循环中，调用 read() 函数持续从命名管道 myfifo 中读取数据，存储到字符数组 buf 中，并调用 printf() 函数将字符数组 buf 中的数据输出到终端。

client.c：

```
1   #include <stdio.h>
2   #include <stdlib.h>
3   #include <unistd.h>
4   #include <sys/types.h>
5   #include <sys/wait.h>
6   #include <sys/stat.h>
7   #include <fcntl.h>
8   int main()
9   {
10      //客户端以只写方式打开命名管道 myfifo
11      int fd = open("myfifo", O_WRONLY);
12      if (fd == -1)
13          perror("命名管道打开失败");
14      //调用 write() 函数向命名管道循环写入数据
15      char buf[100] = {0};
16      while (1)
17      {
18          printf("请输入请求:\n");
19          scanf("%s", buf);
20          write(fd, buf, 100);
21      }
22      return 0;
23  }
```

在 client.c 中，第 11 行代码调用 open() 函数以只写方式打开命名管道 myfifo；第 16～21 行代码在 while() 无限循环中持续向命名管道 myfifo 中写入数据，第 18、19 行代码从键盘输入数据存储到字符数组 buf 中；第 20 行代码调用 write() 函数将字符数组 buf 中的数据写入到命名管道 myfifo 中。

编译 demo8-3.c 并执行编译后的程序，具体命令及输出结果如下。

```
[itheima@localhost demo8-3]$ gcc -o demo8-3 demo8-3.c
[itheima@localhost demo8-3]$ ./demo8-3
命名管道创建成功
```

由上述程序输出结果可知，命名管道 myfifo 创建成功。接着编译 server.c 并执行编译后的程序，具体命令及输出结果如下。

```
[itheima@localhost demo8-3]$ gcc -o server server.c
[itheima@localhost demo8-3]$ ./server
```

server 程序执行即是启动了服务端，服务端启动之后就会等待客户端发送请求。接下来重新打开一个终端，进入当前工作目录，编译 client.c 并执行编译后的程序，具体命令及输出结果如下。

```
[itheima@localhost demo8-3]$ gcc -o client client.c
[itheima@localhost demo8-3]$ ./client
请输入请求:
```

由上述程序输出结果可知,客户端启动成功。接下来在客户端输入请求,可以看到服务器端会同步输出客户端发来的请求。客户端和服务器端的输出结果如下。

客户端

```
[itheima@localhost demo8-3]$ gcc -o client client.c
[itheima@localhost demo8-3]$ ./client
请输入请求:
命名管道比无名管道好用吗
请输入请求:
中国最美的湖泊在哪个城市
请输入请求:
```

服务器端

```
[itheima@localhost demo8-3]$ gcc -o server server.c
[itheima@localhost demo8-3]$ ./server
命名管道比无名管道好用吗
中国最美的湖泊在哪个城市
```

8.2.4 popen()函数和pclose()函数

在 Linux C 程序设计中,除了调用系统函数创建管道之外,还可以调用 C 语言标准库函数 popen()和 pclose()创建管道实现进程间通信。popen()函数和 pclose()函数是对 Linux 操作系统创建管道的一系列函数的封装,它们的实现过程大致如下。

- popen()函数:内部调用 pipe()函数创建管道;创建管道之后,调用 fork()函数创建子进程;子进程调用 exec 系列函数执行任务。
- pclose()函数:用于关闭管道,其内部调用 waitpid()函数回收由 popen()函数创建的子进程。

popen()函数与 pclose()函数所属头文件和声明如下。

```
#include <stdio.h>
FILE * popen(const char * command, const char * type);
int pclose(FILE * stream);
```

popen()函数有两个参数,每个参数的含义如下。

(1) command:表示程序要执行的命令,该命令会交由子进程执行。

(2) type:用于指定管道操作类型,它有两个取值,"r"表示读取,"w"表示写入。由于管道是单向传输,所以 type 参数只能取值为"r"或"w"。

popen()函数调用成功返回指向管道的文件指针,否则返回 NULL,并设置 errno。需要注意的是,popen()函数返回的文件指针与 type 参数取值有关。

- 当 type 参数取值为"r"时,popen()函数返回的文件指针用于从子进程读取数据,即子进程执行 command 命令的结果通过管道传递给父进程。
- 当 type 参数取值为"w"时,popen()函数返回的文件指针用于向子进程传递数据,即子进程执行 command 命令需要前置数据,父进程可以通过管道将这些前置数据传递给子进程。

pclose()函数只有一个参数 stream,表示 popen()函数返回的文件指针。pclose()函数调用成功返回 0,否则返回-1,并设置 errno。

下面通过案例 8-4 和案例 8-5 演示 popen()函数和 pclose()函数的用法。

【案例 8-4】 编写 C 语言程序 demo8-4.c,功能如下:调用 popen()函数创建管道,创建子进程,让子进程执行 ls -l /home/itheima 命令。子进程将命令执行结果通过管道传递给父进程。

demo8-4.c:

```
1   #include <stdio.h>
2   #include <stdlib.h>
3   #include <unistd.h>
4   #include <sys/types.h>
5   #include <sys/wait.h>
6   #include <sys/stat.h>
7   int main()
8   {
9       FILE * r_fp;
10      char buf[100] = {0};
11      r_fp = popen("ls -l /home/itheima", "r");   //创建管道
12      printf("ls命令执行结果如下:\n");
13      while (fgets(buf, sizeof(buf), r_fp) != NULL)
14          printf("%s", buf);
15      pclose(r_fp);                                //关闭文件指针
16      return 0;
17  }
```

在 demo8-4.c 中,第 9 行代码定义了文件指针 r_fp;第 11 行代码调用 popen()函数创建管道,管道操作类型为"r",即父进程可以通过管道读取子进程执行 ls -l /home/itheima 命令的结果;第 13、14 行代码在 while()循环中,调用 fgets()函数从管道中读取数据,存储到字符数组 buf 中,并输出到终端。第 15 行代码调用 pclose()函数关闭文件指针 r_fp。

编译 demo8-4.c 并执行编译后的程序,具体命令及输出结果如下。

```
[itheima@localhost demo8-4]$ gcc -o demo8-4 demo8-4.c
[itheima@localhost demo8-4]$ ./demo8-4
ls命令执行结果如下:
总用量 16
drwxr-xr-x.  2 itheima itheima    6 2月  26 10:26 公共
drwxr-xr-x.  2 itheima itheima    6 2月  26 10:26 模板
drwxr-xr-x.  2 itheima itheima    6 2月  26 10:26 视频
drwxr-xr-x.  2 itheima itheima    6 2月  26 10:26 图片
drwxr-xr-x.  2 itheima itheima    6 2月  26 10:26 文档
drwxr-xr-x.  2 itheima itheima    6 2月  26 10:26 下载
drwxr-xr-x.  2 itheima itheima    6 2月  26 10:26 音乐
drwxr-xr-x.  2 itheima itheima    6 2月  26 10:26 桌面
drwxr-xr-x.  2 itheima itheima 4096 3月   6 17:14 chapter03
drwxr-xr-x.  5 itheima itheima   66 3月  11 14:37 chapter04
drwxr-xr-x. 21 itheima itheima 4096 3月  20 14:15 chapter05
drwxr-xr-x. 17 itheima itheima 4096 3月  27 16:26 chapter06
drwxr-xr-x. 17 itheima itheima 4096 4月   5 15:48 chapter07
drwxr-xr-x.  6 itheima itheima   66 4月   9 16:54 chapter08
```

【案例 8-5】 编写 C 语言程序，模拟敏感词检查，例如，检查文本中是否包含"敏感"一词。由于当前进程正在执行其他任务，所以要求通过管道将要检查的文本传递给子进程进行检查。

思路分析：本案例要求子进程检查文本，检查文本不是执行一个简单的命令，可以将检查文本的操作实现为一个独立的模块。此外，父进程要创建管道、创建子进程等，可以将父进程执行的程序也封装为一个独立模块。因此本案例可以分为两个模块实现，每个模块的功能及程序文件如下。

- 第 1 个模块：父进程执行的模块，调用 popen() 函数创建管道和子进程，将文本通过管道传递给子进程，可以实现为 demo8-5.c 程序。
- 第 2 个模块：子进程执行的模块，对父进程传递过来的文本进行检查，可实现为 task.c 程序。

demo8-5.c 和 task.c 的具体实现如下。

demo8-5.c：

```
1   #include <stdio.h>
2   #include <stdlib.h>
3   #include <unistd.h>
4   #include <sys/types.h>
5   #include <sys/wait.h>
6   #include <sys/stat.h>
7   int main()
8   {
9       FILE* w_fp;
10      char buf[100] = {0};
11      w_fp = popen("./task", "w");           //创建管道
12      printf("请输入文本:\n");
13      scanf("%s", buf);
14      fputs(buf, w_fp);
15      pclose(r_fp);
16      return 0;
17  }
```

在 demo8-5.c 中，第 9 行代码定义了文件指针 w_fp；第 11 行代码调用 popen() 函数创建管道，管道操作类型为"w"，即父进程可以通过管道向子进程传递数据。在这里，父进程要子进程执行的命令为"./task"，执行"./task"命令需要一些前置数据，即待检查的文本，父进程通过管道将待检查的文本传递给子进程。

第 13 行代码调用 scanf() 函数从键盘读取文本存储到字符数组 buf 中；第 14 行代码调用 fputs() 函数将字符数组 buf 中的数据写入管道。第 15 行代码调用 pclose() 函数关闭文件指针。

task.c：

```
1   #include <stdio.h>
2   #include <stdlib.h>
3   #include <unistd.h>
4   #include <sys/types.h>
5   #include <sys/wait.h>
6   #include <sys/stat.h>
7   #include <string.h>
```

```
8    int main()
9    {
10       char buf[100] = {0};
11       scanf("%s", buf);
12       if (strstr(buf, "敏感") != NULL)
13           printf("文本包含敏感,不通过\n");
14       else
15           printf("文本未查到敏感,通过\n");
16       return 0;
17   }
```

在 task.c 中,第 11 行代码调用 scanf()函数读取输入的文本。由于父进程与子进程之间建立了管道,管道连接到子进程的标准输入,即子进程调用 scanf()函数读取数据时,会从管道读取。第 12~15 行代码在 if…else 判断语句中调用 strstr()函数查找文本中是否存在"敏感"一词。

编译 task.c 不必执行,编译 demo8-5.c 并执行编译后的程序,根据提示,分别输入不包含"敏感"一词的文本和包含"敏感"一词的文本,具体命令及输出结果如下。

```
[itheima@localhost demo8-5]$ gcc -o task task.c
[itheima@localhost demo8-5]$ gcc -o demo8-5 demo8-5.c
[itheima@localhost demo8-5]$ ./demo8-5
请输入文本:
中国找到了一条有自身特色的发展道路,为丰富现代化理论作出重要贡献
文本未查到"敏感",通过
[itheima@localhost demo8-5]$ ./demo8-5
请输入文本:
在做用户调研时,要保护用户的敏感信息不被泄露
文本包含"敏感",不通过
```

由上述程序输出结果可知,当输入不包含"敏感"一词的文本时,检查结果通过;当输入包含"敏感"一词的文本时,检查结果不通过。

8.3 消息队列

8.3.1 消息队列概述

消息队列实质上是一个存放消息的链表,该链表由内核维护。消息队列由消息队列标识符(queue ID,QID)标识,对消息队列有写权限的进程可以向消息队列发送消息,每次发送的消息都排在队列末尾;对消息队列有读权限的进程可以从队列中接收消息。

消息队列中的每一条消息都包括两部分内容:消息类型和消息内容。POSIX 标准定义了一个结构体 struct msgbuf 用于存储消息,struct msgbuf 结构体的定义如下。

```
struct msgbuf
{
    long mtype;                          //消息类型
    char mtext[1];                       //消息内容
};
```

在上述定义中,mtype 表示消息类型,是一个整数值;mtext 为消息内容,其大小设计为 1,但系统会根据消息的大小动态调整 mtext 的大小,这样做是为了避免内存空间的浪费。

消息队列的逻辑实现如图 8-6 所示。

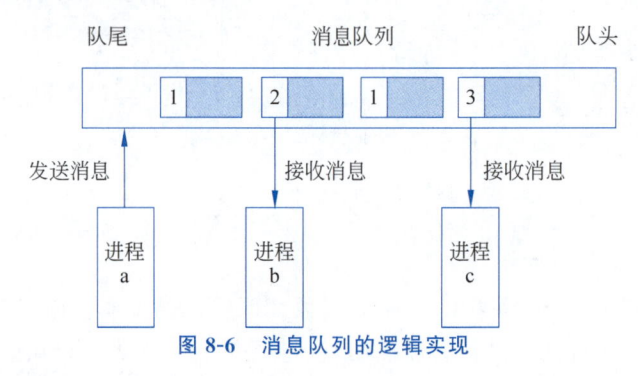

图 8-6 消息队列的逻辑实现

消息队列类似于命名管道,两者的区别主要有以下 4 点。

(1) 使用方式不同。

命名管道是基于文件管理的思想实现的,使用时需要执行打开和关闭操作。消息队列是内核维护的一个链表,只需要找到消息队列的 QID 就可以使用消息队列,免去了打开和关闭操作。

(2) 数据读取顺序不同。

命名管道是一个严格的先进先出的数据结构,接收进程只有读取完前面的数据,才能读取后面的数据。消息队列中的消息有不同的类型,接收进程在接收消息时可以按照指定的规则接收,如按消息的优先级高低接收,因此,排在前面的消息不一定先被接收。

(3) 读写两端关联性不同。

在命名管道中,读取端与写入端相互影响,例如,命名管道中没有数据了,写入端进程也没有再写入数据,读取端进程在读取时就会阻塞,直到命名管道有数据写入。

在消息队列的工作机制中,发送进程和接收进程之间是通过一个中间的消息队列来进行通信的。发送进程可以在任何时候将消息发送到队列中,而不需要等待接收进程准备好接收。同样地,接收进程也可以在任何时候从队列中获取消息,而不需要等待发送进程。

这种设计降低了发送和接收两端之间的耦合度,使得它们在时间和空间上可以完全解耦,各自按照自己的节奏进行数据的发送和接收。因此,消息队列非常适合需要异步通信、解耦发送和接收的场景,提高了系统的灵活性和响应性。

(4) 数据类型不同。

命名管道只能传输原始的字节流数据,不支持传输复杂数据类型。消息队列可以传输各种类型的数据,包括结构体等复杂数据类型。

消息队列是内核维护的一个链表,很多属性都由系统预定义的宏决定,如单个消息的最大长度、消息队列最大数量等,消息队列常用的宏有以下 3 个。

- MSGMAX:消息队列中单个消息的最大长度,即单个消息最多可以有多少字节。
- MSGMNB:消息队列的最大长度,即一个消息队列最多可以存储多少字节的消息。
- MSGMNI:消息队列的最大数量,即内核中最多可以存在多少个消息队列。

8.3.2 消息队列相关函数

使用消息队列实现进程间通信的步骤如下。

（1）创建消息队列。
（2）发送消息到消息队列。
（3）从消息队列中接收数据。
（4）删除消息队列。

Linux 操作系统提供了 4 个函数用于实现上述步骤，这 4 个函数分别为 msgget()、msgsnd()、msgrcv()和 msgctl()，下面分别对这 4 个函数进行讲解。

1. msgget()函数

msgget()函数的功能为创建一个消息队列。msgget()函数所属头文件和声明如下。

```
#include <sys/msg.h>
int msgget(key_t key, int msgflg);
```

msgget()函数有两个参数，每个参数的含义如下。

（1）key：用于指定与消息队列关联的键，key_t 是 long int 类型的重定义。key 通常是一个大于 0 的整数，但它有一个特殊的值 IPC_PRIVATE，当 key 取值为 IPC_PRIVATE 时，表示创建一个私有消息队列，即只有当前进程能访问该消息队列。由于私有消息队列意义不大，所以键 IPC_PRIVATE 的实际意义也不大。

（2）msgflg：是一个位图向量，可以设置的标识位如下。

- 权限掩码：消息队列的访问权限。
- IPC_CREAT：当 msgflg 设置了 IPC_CREAT 标志位时，如果内核中存在指定的消息队列，则获取该消息队列；如果内核中不存在指定的消息队列，则创建一个消息队列。
- IPC_EXCL：检测消息队列是否存在。需要注意的是，当同时设置了 IPC_CREAT 标识位和 IPC_EXCL 标识位时，如果消息队列存在，则 msgget()函数调用会失败。

msgget()函数调用成功返回消息队列的标识符，否则返回−1，并设置 errno。

下面通过调用 msgget()函数获取键为 100 的消息队列，如果消息队列不存在则创建，并判断消息队列获取是否成功。具体示例代码如下。

```
1    int msqid = msgget(100,0664 | IPC_CREAT);
2    if(msqid == -1)
3    {
4        printf("获取消息队列失败\n");
5        exit(0);
6    }
7    printf("获取消息队列%d 成功\n",msqid);
```

上述代码中，第 1 行代码调用 msgget()函数获取键为 100 的消息队列。msgget()函数的第 2 个参数设置了 IPC_CREAT 标识位，表示若消息队列不存在，则创建一个消息队列。第 2~7 行代码判断消息队列是否获取成功。

2. msgsnd()函数

msgsnd()函数的功能是向消息队列中发送一个消息，其所属头文件和声明如下。

```
#include <sys/msg.h>
int msgsnd(int msqid, const void *msgp, size_t msgsz, int msgflg);
```

msgsnd()函数有 4 个参数，每个参数的含义如下。

（1）msqid：表示消息队列的标识符。

（2）msgp：表示要发送的消息，包括消息类型和消息内容。

（3）msgsz：表示要发送的消息长度。

（4）msgflg：用于设置消息队列已满或某些特殊情况下的处理方式。msgflg 有 0 和 IPC_NOWAIT 两个取值。

- 0：如果 msgflg 设置为 0，则当消息队列已满时，msgsnd()函数会挂起进程，直到消息队列有空闲位置时，再将消息写入消息队列。msgflg 通常设置为 0。
- IPC_NOWAIT：如果 msgflg 设置为 IPC_NOWAIT，则当消息队列已满时，msgsnd()函数不进行等待，立即返回，返回值为－1。

msgsnd()函数调用成功返回 0，否则返回－1，并设置 errno。

下面调用 msgsnd()函数向 QID 为 msqid 的消息队列发送用户数据，用户数据包括年龄(20)和姓名(zhangsan)。数据发送完毕之后，判断是否发送成功。具体示例代码如下。

```
1   //定义要发送的消息
2   typedef struct
3   {
4       long mtype;                              //消息类型
5       int age;                                 //年龄
6       char name[20];                           //姓名
7   }USER;
8   USER user1 = {1,20,"zhangsan"};
9   //调用 msgsnd()函数发送消息
10  int msqid = msgsnd(msqid,(struct msgbuf * )(&user1),sizeof(user1),0);
11  if(msqid == -1)
12  {
13      perror("发送消息失败\n");
14      exit(0);
15  }
16  printf("用户消息发送成功\n");
```

上述代码中，第 2～7 行代码定义了用户结构体（消息）USER；第 8 行代码定义了用户变量 user1 并进行了初始化；第 10 行代码调用 msgsnd()函数将用户 user1 表示的数据发送到消息队列 msqid 中；第 11～16 行代码使用 if 选择语句判断 msgsnd()函数发送消息是否成功。

3. msgrcv()函数

msgrcv()函数的功能是从消息队列中接收消息。msgrcv()函数所属头文件和声明如下。

```
#include <sys/msg.h>
ssize_t msgrcv(int msqid, void * msgp, size_t msgsz, long msgtype,int msgflg);
```

msgrcv()函数有 5 个参数，每个参数的含义如下。

（1）msqid：表示消息队列的标识符。

（2）msgp：msgp 是一个指针，指向一块内存，该内存用于存储 msgrcv()函数从消息队列中接收到的消息。

（3）msgsz：接收的消息的长度。

（4）msgtype：用于指定消息类型，即 msgrcv()函数要接收哪种类型的消息。msgtype

的取值有以下 3 种情况。
- mtype=0：接收消息队列中的第 1 个消息。
- mtype>0：接收消息队列中第 1 个 mtype 类型的消息。
- mtype<0：接收消息队列中消息类型小于或等于 mtype 绝对值的第 1 个消息。

(5) msgflg：用于设置接收消息的行为方式。msgflg 有 0 和 IPC_NOWAIT 两个取值。
- 0：如果 msgflg 设置为 0，则当消息队列没有指定类型的消息时，msgrcv()函数会挂起进程，直到消息队列被发送了指定类型的消息，进程被唤醒接收该类型消息。msgflg 通常设置为 0。
- IPC_NOWAIT：如果 msgflg 设置为 IPC_NOWAIT，则当消息队列没有指定类型的消息时，msgrcv()函数不进行等待，立即返回，返回值为-1。

msgrcv()函数调用成功返回接收到的字节数，否则返回-1，并设置 errno。

下面调用 msgrcv()函数从 QID 为 msqid 的消息队列中接收消息类型为 1 的用户数据，并判断消息是否接收成功。具体示例代码如下。

```
1   //定义消息
2   typedef struct
3   {
4       long mtype;                                //消息类型
5       int age;                                   //年龄
6       char name[20];                             //姓名
7   }USER;
8   USER user2;
9   //调用 msgrcv()函数接收消息
10  int count = msgrcv(msqid,(struct msgbuf *)(&user2),sizeof(user2),1,0);
11  if(count == -1)
12  {
13      perror("接收消息失败\n");
14      exit(0);
15  }
16  printf("接收消息成功\n");
17  printf("年龄:%d  姓名:%s\n",user2.age,user2.name);
```

在上述代码中，第 2～7 行代码定义了用户结构体(消息)USER；第 8 行代码定义了用户变量 user2，用于存储从消息队列接收到的消息；第 10 行代码调用 msgrcv()函数从消息队列 msqid 中接收消息类型为 1(用户数据)的数据，存储到变量 user2 中；第 11～17 行代码使用 if 选择结构语句判断 msgrcv()函数接收消息是否成功。

4．msgctl()函数

msgctl()函数的功能是管理消息队列，包括获取消息队列属性、设置消息队列属性、删除消息队列等。msgctl()函数所属头文件和声明如下。

```
#include <sys/msg.h>
#include <sys/ipc.h>
int msgctl(int msqid, int cmd, struct msqid_ds * buf);
```

msgctl()函数有 3 个参数，每个参数的含义如下。

(1) msqid：表示消息队列的标识符。

(2) cmd：用于指定对消息队列的操作。cmd 通常有以下 3 个取值。
- IPC_RMID：删除消息队列。cmd 设置为 IPC_RMID 时，第 3 个参数设置为 NULL。
- IPC_STAT：获取消息队列属性并存储到第 3 个参数 buf 中。
- IPC_SET：使用第 3 个参数 buf 中的值设置消息队列的属性。

(3) buf：用于存储消息队列属性。buf 是一个 struct msqid_ds 结构体类型的指针，内核为每一个消息队列维护了一个 struct msqid_ds 结构体，用于管理消息队列。struct msqid_ds 结构体定义在 sys/ipc.h 头文件中，具体定义如下。

```
struct msqid_ds {
    struct ipc_perm msg_perm;           //消息队列的权限信息
    time_t msg_stime;                   //最后一次发送消息的时间
    time_t msg_rtime;                   //最后一次接收消息的时间
    time_t msg_ctime;                   //最后一次修改消息队列属性的时间
    unsigned long __msg_cbytes;         //消息队列中当前数据的字节数
    msgqnum_t msg_qnum;                 //消息队列中的当前消息数
    msglen_t msg_qbytes;                //消息队列允许的最大字节数
    pid_t msg_lspid;                    //最后一次发送消息的进程的 PID
    pid_t msg_lrpid;                    //最后一次接收消息的进程的 PID
};
```

其中，第 1 个成员 msg_perm 是一个 struct ipc_perm 结构体类型的变量，struct ipc_perm 结构体用于存储消息队列的用户相关信息，其定义如下。

```
struct ipc_perm {
    key_t __key;                        //唯一的 IPC 键
    uid_t uid;                          //所有者的用户 ID
    gid_t gid;                          //所有者的用户组 ID
    uid_t cuid;                         //创建者的用户 ID
    gid_t cgid;                         //创建者的用户组 ID
    mode_t mode;                        //访问权限
    unsigned short __seq;               //序列号
};
```

msgctl()函数调用成功返回 0，否则返回 -1，并设置 errno。

下面调用 msgctl()函数删除 QID 为 msqid 的消息队列，并判断消息队列是否删除成功。具体示例代码如下。

```
1   int ret = msgctl(msqid,IPC_RMID,NULL);    //调用 msgctl()函数删除消息队列
2   if(ret == -1)
3   {
4       perror("消息队列删除失败\n");
5       exit(0);
6   }
7   printf("消息队列删除成功\n");
```

📖 **多学一招：消息队列的键与标识符**

消息队列的键和标识符都用于唯一地标识消息队列，但它们两者并不相同，键和标识符的关系类似于文件和文件描述符的关系。消息队列的键和标识符主要有以下 3 点不同。
- 作用范围不同：键是消息队列系统范围内的唯一标识，内核通过键管理消息队列；标识符是消息队列进程级别的唯一标识，进程通过标识符访问消息队列。不同进程

通过同一个键获取同一个消息队列,但不同进程获取同一个消息队列时,系统返回给它们的消息队列标识符并不相同。
- 用途不同:键在获取或创建消息队列时使用,例如,键作为参数传递给 msgget() 函数,用于获取或创建消息队列。标识符在成功获取或创建消息队列后由系统返回给程序,用于后续对消息队列的操作,如发送消息、接收消息等。
- 取值不同:键通常用一个正整数来表示,并且只要操作系统允许,键的大小没有限制。标识符无法由用户指定,只能由系统返回给用户,它从 0 开始,每获取或创建一次消息队列,无论是否是同一个消息队列,返回的消息队列标识符都会依次加 1,直到达到系统允许的最大值,就会返回 −1。

> **多学一招:ftok() 函数**

在进程中使用 System V IPC 系列的接口进行通信时,调用创建函数必须要指定一个键作为第 1 个参数。在实际开发中,指定 key 值时,通常不会直接使用具体数值,而是通过调用 Linux 操作系统提供的 ftok() 函数获取 key 值。

ftok() 函数用于生成 System V IPC 的键,其所属头文件和声明如下。

```
#include <sys/types.h>
#include <sys/ipc.h>
key_t ftok(const char *pathname, int proj_id);
```

ftok() 函数有两个参数,每个参数的含义如下。

(1) pathname:表示文件路径,一般会设置为当前目录"."。

(2) proj_id:一个用户定义的整数,用于区分同一路径下的不同 IPC 对象。通常设置为 1~255 的整数。

当 ftok() 函数被调用时,该函数首先会获取文件路径的 inode 编号,其次将十进制的 inode 编号及参数 proj_id 分别转换为十六进制,最后将这两个十六进制数进行拼接,生成一个 key_t 类型的返回值,作为创建函数的第 1 个参数。

例如,假设当前目录的 inode 编号为 65538,转换为十六进制为 0x10002;指定的 proj_id 值为 24,转换为十六进制为 0x18,那么 ftok() 返回的键则为 0x1810002。

8.3.3 消息队列通信实例

前面学习了消息队列的通信原理和消息队列的相关函数,下面通过案例 8-6 演示消息队列的应用。

【案例 8-6】 学校后勤的日常事务,如计算机故障、桌椅故障、购置办公用品等,都要通过工单形式提交给后勤部门。后勤部门的报事工单包括工单号(工单类型)、报事名称两项内容。其中工单号有 3 种,分别如下。

- 1:表示计算机故障。
- 2:表示桌椅损坏。
- 3:购置办公用品。

今日后勤部门要查看计算机故障类报事工单,假设今日学校的员工提交几份报事工单,计算机维护人员要从这些报事工单中整理出计算机故障报事工单。请编写程序实现上述场景描述的功能。

请读者扫描左方二维码，查看本案例的具体实现步骤。

8.4 共享内存

8.4.1 共享内存概述

在多用户环境下，进程采用的地址是虚拟地址，也称为逻辑地址，进程执行过程中，系统会将内存的物理地址映射为虚拟地址。通常情况下，系统给不同进程分配的内存区域既不重合也不重叠，可以认为，不同进程的虚拟地址，无论相同还是不相同，都会映射到不同的物理地址。

如果要使不同的进程共享物理内存，通过共享的物理内存实现数据的传递，就需要通过特定的机制将同一块物理内存的地址映射到不同进程的虚拟地址中，而共享内存就是通过特殊的系统调用，将同一块物理内存的地址映射给不同进程的虚拟地址，使多个进程可以共享这一块物理内存。

共享内存的逻辑实现如图 8-7 所示。

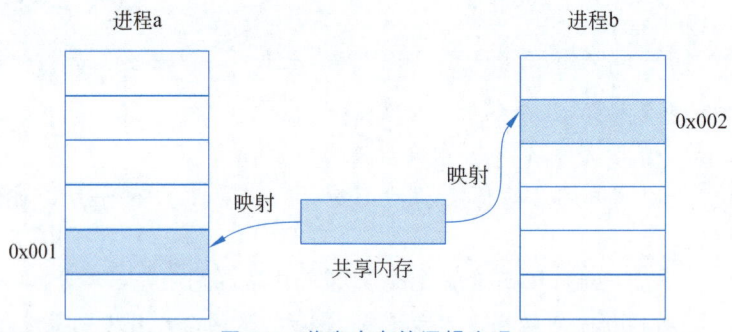

图 8-7 共享内存的逻辑实现

各进程分配给共享内存的虚拟地址可能不同，但这些虚拟地址一定会映射到相同的物理地址。

与管道和消息队列相比，管道和消息队列在通信时，读取数据进行了一次数据复制，写入数据也进行了一次数据复制，而共享内存是进程可以直接访问的，完全省去了这些复制操作，相对更高效。

如果有多个进程将自己的虚拟地址与共享内存进行了映射，那么当一个进程对共享内存中的数据进行修改时，其他进程可以直接获得修改后的数据。当然，在写入进程的操作尚未完成时，不应有进程从共享内存中读取数据，共享内存自身不限制进程对共享内存的读写次序，但程序开发人员应自觉遵循读写规则。

8.4.2 共享内存相关函数

使用共享内存实现进程间通信的步骤如下。
（1）创建共享内存。
（2）映射共享内存。

(3)管理共享内存。

(4)解除映射。

Linux操作系统提供了4个函数用于实现共享内存的创建、映射、管理和解除映射,这4个函数分别为shmget()、shmat()、shmdt()和shmctl(),下面分别对这4个函数进行讲解。

1. shmget()函数

shmget()函数的功能是获取共享内存,其所属头文件和声明如下。

```
#include <sys/shm.h>
int shmget(key_t key, size_t size, int shmflg);
```

shmget()函数有3个参数,每个参数的含义如下。

(1)key:共享内存的键,通常为一个正整数。它也有一个特殊的键IPC_PRIVATE,当key取值为IPC_PRIVATE时,用于创建一个私有共享内存,实际意义不大。

(2)size:用于指定共享内存的大小。

(3)shmflg:是一个位图向量,可以设置的标识位如下。

- 权限掩码:共享内存的访问权限。
- IPC_CREAT:当shmflg设置了IPC_CREAT标识位时,如果内核中存在指定的共享内存,则获取该共享内存;如果内核中不存在指定的共享内存,则创建一个共享内存。
- IPC_EXCL:检测共享内存是否存在。需要注意的是,当同时设置了IPC_CREAT标识位和IPC_EXCL标识位时,如果共享内存存在,则shmget()函数调用会失败。

shmget()函数调用成功返回共享内存的标识符,否则返回-1,并设置errno。

下面调用shmget()函数获取键为1000的共享内存,如果共享内存不存在,则创建一个共享内存。具体示例代码如下。

```
1    //获取共享内存
2    int shmid = shmget(1000,100,0664 | IPC_CREAT);
3    if(shmid == -1)
4    {
5        perror("共享内存获取失败\n");
6        exit(0);
7    }
8    printf("共享内存获取成功,标识符为%d\n",shmid);
```

上述代码中,第2行代码调用shmget()函数获取键为1000的共享内存,shmget()函数的第2个参数设置了IPC_CREAT标识位,表示如果要获取的共享内存不存在,则创建一个键为1000的共享内存;第3~8行代码使用if选择语句判断共享内存是否获取成功。

2. shmat()函数

shmat()函数的功能是进行地址映射,将共享内存映射到进程虚拟地址空间中,其所属头文件和声明如下。

```
#include <sys/shm.h>
void * shmat(int shmid, const void * shmaddr, int shmflg);
```

shmat()函数有3个参数,每个参数的含义如下。

(1)shmid:表示共享内存的标识符。

(2) shmaddr：用于指定共享内存映射的虚拟地址，一般设置为 NULL，让系统分配映射的虚拟地址。

(3) shmflg：用于设置共享内存的读写方式。shmflg 有以下两个取值。

- 0：默认值，共享内存可读写。
- SHM_RDONLY：共享内存只读。

shmat()函数调用成功返回共享内存的虚拟地址，否则返回-1，并设置 errno。

下面调用 shmat()函数将标识符为 shmid 的共享内存映射到进程虚拟地址空间，并判断映射是否成功。具体示例代码如下。

```
1   //映射共享内存
2   int * p = (int *)shmat(shmid,NULL,0);
3   if(p == (void*)-1)
4   {
5       perror("共享内存映射失败\n");
6       exit(0);
7   }
8   printf("共享内存映射成功,地址为:%p\n",p);
```

上述代码中，第 2 行代码调用 shmat()函数将共享内存 shmid 映射到进程虚拟地址空间；第 3～8 行代码使用 if 选择语句判断映射是否成功。

3. shmdt()函数

shmdt()函数的功能是解除共享内存与进程虚拟地址空间的映射关系，其所属头文件和声明如下。

```
#include <sys/shm.h>
int shmdt(const void * shmaddr);
```

shmdt()函数只有一个参数 shmaddr，表示共享内存的虚拟地址。shmdt()函数调用成功返回 0，否则返回-1，并设置 errno。

下面调用 shmdt()函数解除共享内存的映射，并判断解除映射是否成功。具体示例代码如下。

```
1   //解除映射
2   int ret = shmdt(p);                              //p 为 shmat()函数的返回值
3   if(ret == -1)
4   {
5       perror("解除映射失败\n");
6       exit(0);
7   }
8   printf("解除映射成功\n");
```

上述代码中，第 2 行代码调用 shmdt()函数解除共享内存的映射，参数 p 为共享内存的虚拟地址，通常为 shmat()函数的返回值；第 3～8 行代码使用 if 选择语句判断解除共享内存映射是否成功。

4. shmctl()函数

shmctl()函数的功能是对共享内存进行管理，如获取或设置共享内存属性、删除共享内存等。shmctl()函数所属头文件和声明如下。

```
#include <sys/shm.h>
int shmctl(int shmid, int cmd, struct shmid_ds * buf);
```

shmctl()函数有 3 个参数,每个参数的含义如下。

(1) shmid:表示共享内存的标识符。

(2) cmd:用于指定对共享内存进行的操作,它有以下 3 个常用取值。

- IPC_STAT:获取共享内存属性。获取的共享内存属性会保存到第 3 个参数 buf 中。
- IPC_SET:设置共享内存属性。使用第 3 个参数 buf 中的值设置共享内存属性。
- IPC_RMID:删除共享内存。删除共享内存时,第 3 个参数设置为 NULL。

(3) buf:用于存储共享内存属性。buf 是一个 struct shmid_ds 结构体类型的指针。系统为每一个共享内存维护了一个 struct shmid_ds 结构体,用于管理共享内存。struct shmid_ds 结构体的定义可能会因为不同的操作系统和 C 语言标准库而有所不同,但通常都包含以下成员。

```
struct shmid_ds {
    struct ipc_perm shm_perm;           //所有者和权限标识
    size_t shm_segsz;                   //共享内存大小
    time_t shm_atime;                   //最后一次映射时间
    time_t shm_dtime;                   //最后一次解除映射时间
    time_t shm_ctime;                   //最后一次修改共享内存属性的时间
    pid_t shm_cpid;                     //创建共享内存进程的 PID
    pid_t shm_lpid;                     //最后操作共享内存的进程的 PID
    shmatt_t shm_nattch;                //映射共享内存的进程数量
};
```

shmctl()函数调用成功时返回 0,否则返回 −1,并设置 errno。

下面调用 shmctl()函数删除共享内存 shmid,具体示例代码如下。

```
1   //删除共享内存
2   ret = shmctl(shmid, IPC_RMID, NULL);
3   if(ret == -1)
4   {
5       perror("删除共享内存失败\n");
6       exit(0);
7   }
8   printf("删除共享内存成功\n");
```

8.4.3 共享内存通信实例

前面学习了共享内存的通信原理和共享内存的相关函数,下面通过案例 8-7 演示共享内存的应用。

【案例 8-7】 以生产者和消费者为例,生产者负责生产产品,消费者负责消费产品。生产者每生产一个产品,消费就即时消费一个产品。在本案例中,要求使用共享内存实现生产者进程和消费者进程的通信。生产者持续不断地向共享内存写入数据,每写入一次数据,消费者就即时读取数据。当生产者向共享内存写入 quit 时,生产者和消费者就结束程序执行。

请读者扫描右方二维码,查看本案例的具体实现步骤。

8.5 信号量

8.5.1 信号量概述

信号量与其他 IPC 机制不同,信号量并不在进程间传递数据,而多用于实现读写共享资源的多个进程的同步。在学习信号量的使用之前,需要先了解两个概念:信号量和信号量集。

1. 信号量

交通指挥中使用信号灯指示车辆运行,假设在一段特殊路段,当信号灯为绿色时,车辆允许通行,当车辆驶入之后,信号灯变为红色,禁止其他车辆驶入。当车辆驶离该路段时,恢复信号灯为绿色,以允许其他车辆驶入。

在计算机中,可使用的资源相当于可行驶的路段,信号灯用一个整数模拟,这个整数就称为信号量,最简单的信号量是二值信号量,它有 0 和 1 两个取值,0 表示资源不可用,1 表示资源可用。在使用二值信号量时,进程通过等待信号量变为 1 来获得资源,并在获得资源后将信号量减 1,使信号量变成 0,以阻止其他进程获取该资源,这一系列操作称为 P 操作,也称为请求信号量。当进程使用完资源之后,会归还资源,同时让信号量加 1,这一系列操作称为 V 操作,也称为释放信号量。

除了二值信号量,其他信号量称为计数信号量,计数信号量有一个值大于 1 的计数器,每当获得信号量时,计数器的值减 1;每当释放信号量时,计数器的值加 1。计数信号量的值可用来表示可用资源的数量。例如,如果一个缓冲池中有 10 个缓冲区,则指示缓冲区的信号量就为 10,每当有进程获取一个缓冲区时,信号量就减 1。当缓冲区被申请完时,信号量减为 0,这时候再有进程请求缓冲区就会发生阻塞。当有进程使用完缓冲区后,信号量会加 1,表示有可用缓冲区。

计数信号量通常用于高级编程,本章只学习相对简单的二值信号量。

2. 信号量集

有时,一个进程会同时需要多个不同的资源,这就需要请求多个信号量。但在请求多个信号量时,可能会因为某个信号量所标识的资源无法获得而发生阻塞。例如,进程 1 需要请求资源 1、资源 2、资源 3,其中资源 1 和资源 2 已经获取,但资源 3 被进程 2 占用着,则进程 1 会发生阻塞。进程 2 在执行过程中又需要请求资源 1,而资源 1 被进程 1 占据,则进程 2 也会发生阻塞无法执行完成,从而无法释放资源 3。进程 1 和进程 2 互相等待,就产生了死锁。

为了避免死锁,Linux 操作系统对多个信号量的请求采用"全有或全无"的方式,即一个进程同时请求多个信号量时,如果一个信号量标识的资源没有获取成功,则其他资源都不能获得。例如,进程 1 获取资源 3 时发生了阻塞,则立即释放已经获得的资源 1 和资源 2,直到哪一次请求时,资源 1、资源 2 和资源 3 能够同时满足再执行。

为了便于管理,Linux 操作系统将相关的信号量组织在一个集合中,这个集合称为信号量集。例如,进程 1 需要请求资源 1、资源 2、资源 3,可以将标识这 3 个资源的信号量放在一个集合中进行统一管理。每个信号量在信号量集中都有一个唯一的索引(从 0 开始),以便进程可以识别并对其执行 P 操作和 V 操作。

8.5.2 信号量相关函数

Linux 操作系统提供了 3 个信号量集相关的函数，这 3 个函数分别为 semget()、semop() 和 semctl()。这 3 个函数都是对信号量集进行操作的，如果想调用这 3 个函数操作单个信号量，可以将单个信号量放入信号量集，即一个信号量集只有一个信号量，这样调用这 3 个函数操作该信号量集，就相当于操作单个信号量了。本书包括市面上大多 Linux 基础编程的书籍，几乎都只学习单个信号量，且会简称这 3 个函数为信号量函数，但读者要理解其中的含义。

下面分别对信号量相关函数进行讲解。

1. semget() 函数

semget() 函数的功能是获取一个已经存在的信号量集，其所属头文件和声明如下。

```
#include <sys/sem.h>
int semget(key_t key, int nsems, int semflg);
```

semget() 函数有 3 个参数，每个参数的含义如下。

（1）key：信号量集的键，通常为一个正整数。它也有一个特殊的键 IPC_PRIVATE，当 key 取值为 IPC_PRIVATE 时，用于创建一个私有信号量集，实际意义不大。

（2）nsems：用于指定信号量集中信号量的个数。如果是创建一个新的信号量集，可以指定信号量的个数；如果是获取一个已经存在的信号量集，则 nsems 通常设置为 0，表示不需要指定信号量的个数。

（3）semflg：是一个位图向量，可以设置的标识位如下。

- 权限掩码：信号量集的访问权限。
- IPC_CREAT：当 semflg 设置了 IPC_CREAT 标识位时，如果内核中存在指定的信号量集，则获取该信号量集；如果内核中不存在指定的信号量集，则创建一个信号量集。
- IPC_EXCL：检测信号量集是否存在。需要注意的是，当同时设置了 IPC_CREAT 标识位和 IPC_EXCL 标识位时，如果信号量集存在，则 semget() 函数调用会失败。

semget() 函数调用成功返回信号量集的标识符，否则返回 -1，并设置 errno。

下面调用 semget() 函数获取键为 1000 的信号量集，并判断信号量集获取是否成功。如果信号量集不存在，则创建一个信号量集。具体示例代码如下。

```
1    //创建一个只有 1 个信号量的信号量集
2    int semid = semget(1000,1,0664 | IPC_CREAT);
3    if(semid == -1)
4    {
5        perror("获取或创建信号量集失败");
6        exit(0);
7    }
8    printf("获取或创建信号量集成功\n");
```

上述代码中，第 2 行代码调用 semget() 函数获取键为 1000 的信号量集，semget() 函数的第 2 个参数设置了 IPC_CREAT 标识位，表示如果要获取的信号量集不存在，则创建一个键为 1000 的信号量集;第 3~8 行代码使用 if 选择语句判断信号量集获取是否成功。

2. semop()函数

semop()函数用于操作信号量集中的信号量,其所属头文件和声明如下。

```
#include <sys/sem.h>
int semop(int semid, struct sembuf * sops, unsigned nsops);
```

semop()函数有 3 个参数,每个参数的含义如下。

(1) semid:信号量集的标识符。

(2) sops:用于指定对信号量集中的哪个信号量执行何种操作。sops 是一个 struct sembuf 结构体类型的指针,struct sembuf 结构体定义如下。

```
struct sembuf{
    short sem_num;                //信号量在信号量集中的索引
    short sem_op;                 //对信号量的操作
    short sem_flg;                //标识位
};
```

struct sembuf 结构体有 3 个成员,每个成员的作用与取值具体如下。

- sem_num:表示信号量在信号量集中的索引。
- sem_op:表示要对信号量执行的操作类型。sem_op 设置为 −1,即信号量减 1,表示 P 操作,即请求资源;sem_op 设置为 1,即信号量加 1,表示 V 操作,即释放资源。
- sem_flag:用于设置信号量操作的方式,它有以下两个取值。
    ◆ IPC_NOWAIT:如果 sem_flag 取值为 IPC_NOWAIT,则当指定操作不能完成时,进程不阻塞,而是立即返回,返回值为 −1,并设置 errno 为 EAGAIN。
    ◆ SEM_UNDO:如果 sem_flag 取值为 SEM_UNDO,则当进程异常终止时,例如,进程收到信号而终止,进程未来得及释放所占用的信号量,此时,操作系统会代替进程释放信号量。需要注意的是,当对一个信号量的操作设置了 SEM_UNDO 标识,那么对同一个信号的相反操作也必须设置 SEM_UNDO 标识。

(3) nspos:用于设置要操作的信号量的个数。

semop()函数在调用时,只有要操作的所有信号量都成功操作时,才能成功返回,返回值为 0。如果有某个信号量操作没成功,则所有信号量操作都不成功,此时,semop()函数返回值 −1,并设置 errno。

下面调用 semop()函数对信号量集 semid 中的第 1 个信号量执行 P 操作,即请求该信号量标识的资源。要求对第 1 个信号量的操作方式为 SEM_UNDO。具体示例代码如下。

```
1   //定义 struct sembuf 结构体变量 sem
2   struct sembuf sem;
3   sem.sem_num = 0;                        //操作第 1 个信号量
4   sem.sem_op = 1;                         //信号量加 1,执行 P 操作,即请求信号量标识的资源
5   sem.sem_flg = SEM_UNDO;                 //设置信号量操作的方式
6   int ret = semop(semid,&sem,1);          //调用 semop()函数操作信号量
7   if(ret == -1)
8   {
9       perror("信号量操作不成功");
10      exit(0);
11  }
12  printf("信号量操作成功\n");
```

上述代码中,第 2 行代码定义了 struct sembuf 结构体变量 sem,用于存储对信号量的信息,即对信号量集中的哪个信号量执行哪种操作;第 3 行代码设置变量 sem 的成员 sem_num 的值为 0,表示操作信号量集中索引为 0 的信号量,即第 1 个信号量;第 4 行代码设置变量 sem 的成员 sem_op 的值为 1,表示对信号量执行 P 操作;第 5 行代码设置变量 sem 中的成员 sem_flg 的值为 SEM_UNDO,表示当进程异常终止时,由操作系统代替进程释放信号量。

第 6 行代码调用 semop() 函数对信号量集 semid 进行操作,操作的信号量和操作行为由第 2 个参数 sem 描述。第 7~12 行代码使用 if 选择语句判断对信号量的操作是否成功。

3. semctl() 函数

semctl() 函数用于管理信号量集,如初始化信号量集中的信号量、获取或设置信号量集的属性、删除信号量集中的信号量等。semctl() 函数所属头文件和声明如下。

```
#include <sys/sem.h>
int semctl(int semid, int semnum, int cmd, [union semun sem]);
```

semctl() 函数是一个变参函数,它最多可以有 4 个参数,第 4 个参数是否需要取决第 3 个参数。semctl() 函数的每一个参数的含义如下。

(1) semid:信号量集的标识符。

(2) semnum:表示信号量在信号量集中的索引。

(3) cmd:用于设置信号量的操作。cmd 的常用取值如表 8-1 所示。

表 8-1 cmd 的常用取值

取　　值	操　　作	第 4 个参数
SETVAL	设置信号量的值	需要
GETALL	获取信号量集中所有信号量的值	需要
SETALL	设置信号量集中所有信号量的值	需要
IPC_STAT	获取信号量集的属性	需要
IPC_SET	设置信号量集的属性	需要
GETVAL	获取信号量的值	不需要
GETPID	获取最后一次操作该信号量集的进程的 PID	不需要
IPC_RMID	删除信号量集	不需要

(4) sem:sem 为第 4 个参数,它的存在与否依赖于第 3 个参数 cmd 的取值。sem 是一个 union semun 共用体类型的变量,union semun 共用体用于在信号量操作中传递参数,其定义如下。

```
union semun {
    int val;                    //cmd 取值 SETVAL 时,用于指定信号量值
    struct semid_ds * buf;      //cmd 取值 IPC_STAT 或 IPC_SET 时生效
    unsigned short  * array;    //cmd 取值 GETALL 或 SETALL 时生效
    struct seminfo  * __buf;    //cmd 取值 IPC_INFO(获取信号量集信息)时生效
};
```

union semun 共用体中的第 2 个成员 buf 的类型为 struct semid_ds。操作系统为每一个信号量集维护了一个 struct semid_ds 结构体,用于存储信号量集的属性信息。struct semid_ds 结构体的定义如下。

```
struct semid_ds {
    struct ipc_perm sem_perm;              //信号量集的所有者和权限
    time_t sem_otime;                      //信号量集最后一次操作时间
    time_t sem_ctime;                      //信号量集最后一次更改时间
    unsigned short   sem_nsems;            //信号集中信号量的数量
};
```

semctl()函数调用成功时,其返回值取决于第 3 个参数 cmd 的取值;调用失败时返回-1,并设置 errno。

下面调用 semctl()函数获取信号量集 semid 中的第 1 个信号量的值,具体示例代码如下。

```
1    //获取信号量集中第 1 个信号量的值
2    int ret = semctl(semid,0,GETVAL);
3    if(ret == -1)
4    {
5        perror("获取信号量的值失败");
6        exit(0);
7    }
8    printf("第 1 个信号量值为%d\n",ret);
```

上述代码中,第 2 行代码调用 semctl()函数从信号量集 semid 中获取索引为 0(第 1 个信号量)的信号量的值,semctl()函数的第 3 个参数 GETVAL 表示获取信号量的值;第 3~8 行代码使用 if 选择语句判断获取信号量的值是否成功。

8.5.3　信号量通信实例

在案例 8-7 中,使用共享内存实现了生产者和消费者的通信,但两个进程的同步是通过标识变量 flag 实现的,它只能支持一个生产者进程和一个消费者进程。如果生产者进程和消费者进程有多个,就无法通过标识变量实现多个进程的同步。此时,可以使用信号量实现多个进程的同步。

下面通过案例 8-8 演示使用信号量实现多个进程的同步。

【**案例 8-8**】　修改案例 8-7,利用信号量实现多个生产者进程和消费者进程同步的案例。

请读者扫描左方二维码,查看本案例的具体实现步骤。

8.6　本章小结

本章主要讲解了进程间通信。首先对进程间通信进行了概述;然后讲解了管道;最后讲解了消息队列、共享内存和信号量。Linux 操作系统的进程间通信是学习和实现复杂编程的基石,读者应尽力理解本章内容,掌握各个通信机制的接口函数的调用。

8.7　本章习题

请读者扫描左方二维码,查看本章课后习题。

第 9 章 线 程

学习目标

- 了解线程,能够说出线程的相关概念以及线程机制的优点与不足。
- 掌握线程的基本操作,能够调用相关函数获取线程 ID、实现线程创建、退出、挂起、分离等基本操作。
- 了解线程属性,能够说出线程主要有哪些属性。
- 了解线程并发,能够分析出线程并发存在的问题。
- 掌握线程同步,能够使用互斥锁、条件变量、信号量实现线程同步。

线程(Thread)是 CPU 调度分派的最小单位,与进程相比,线程没有独立的地址空间,多个线程共享一段地址空间,因此线程消耗更少的内存资源,线程间通信也更为方便。本章将围绕线程的相关知识进行详细讲解。

9.1 线程概述

线程是现代操作系统实现并发的重要机制,它与进程密不可分,在学习线程编程之前,我们先来学习一下线程的基础知识。

1. 线程的概念

早期操作系统中并没有线程这一概念,无论是资源分配还是 CPU 调度分派,都以进程为最小单位。随着计算机技术的发展,人们逐渐发现,进程作为 CPU 调度分派单位时存在一些弊端,具体如下。

(1) 操作系统允许多个进程并行执行,但由于每个进程都拥有独立的地址空间,占用资源较多,所以如果多个进程协同完成任务,该任务的资源消耗就非常大。

(2) 由于每个进程拥有独立的地址空间,包括数据段、代码段以及堆栈等,因此当系统切换进程时,需要切换这些地址空间,导致较大的空间和时间消耗。这种情况下,切换效率较低。

基于以上两点,人们意识到操作系统应能调度一个更小的单位,以减少消耗,提高效率,由此,线程应运而生。

线程被定义为进程内的一个执行单元或可调度实体,每个线程可执行进程的一段程序代码,如函数。在一个进程内可创建多个线程,这些线程并发执行。

同一个进程内的多个线程共用进程的地址空间,共享进程的所有资源,包括代码、数据、堆、打开的文件等。当然,线程中也包含一部分私有数据,如栈空间、寄存器等,但它拥有的私有数据非常少,因此线程又称为轻量级进程(Light-Weight Process,LWP)。

线程与进程的关系如图 9-1 所示。

在多线程应用环境下,进程是资源分配的最小单位,而线程是 CPU 调度的最小单位。在创建线程时,系统也会为线程分配唯一的数据结构空间,用于存储线程的相关信息,如线程 ID、线程状态等,这个数据结构空间称为 TCB(Thread Control Block,线程控制块)。但线程所需的大部分资源都在进程中,线程需要维护的资源、属性相对较少,因此线程管理开销很低。

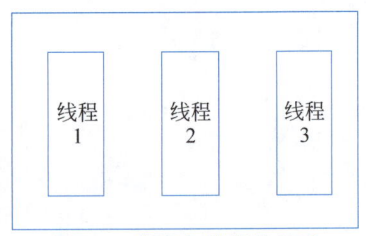

图 9-1 线程与进程的关系

2. 主线程和子线程

每个进程都至少有一个线程。程序启动时,操作系统会为进程创建一个默认线程,用于执行 main() 函数,这个默认线程称为当前进程的主线程,其生命周期与进程一致。主线程通常用于执行程序的初始化操作,如资源分配、环境设置。主线程可以创建和管理其他线程,相对于主线程,其他线程称为子线程。

一个进程中,主线程只能有一个,子线程可以有多个。虽然在称呼上分为主线程和子线程,但主线程和子线程对进程的资源享有平等的共享权利,没有主次之分。

3. 线程的优点与不足

与进程相比,线程具有以下几个优点。

(1) 资源开销更小:线程是轻量级的执行单元,占用的资源更少,创建和销毁线程的开销比创建和销毁进程要小很多。

(2) 切换速度更快:由于线程共享进程的地址空间,线程之间的切换速度比进程之间的切换速度更快。这意味着线程可以更快地响应和处理任务切换,提高系统的响应速度和资源利用率。

(3) 通信更便捷:多个线程共享进程的资源,因此线程之间不必通过管道、消息队列等方式便能通信,这使得多线程编程在处理共享数据和协作任务时更加高效便捷。

(4) 并发性能更高:进程拥有独立的地址空间和资源,它们之间的通信和同步通常需要更复杂的机制。而线程并行执行时,能够更好地利用多核处理器的并行性,提高程序的并发性能和执行效率。

虽然线程有很优势,但它也有一些不足,主要有以下两点。

(1) 共享资源的竞争:由于线程共享进程的资源,所以可能会出现资源竞争的问题。如果多个线程同时访问和修改共享的数据,就可能导致数据不一致或者产生竞态条件,需要通过同步机制来解决这些问题,如互斥锁、条件变量、信号量等,这会增加编程的复杂性。

(2) 错误难以调试:多个线程在进程中并发执行,线程之间的交互和调试可能会变得更加复杂。当程序出现问题时,线程之间的交互关系和执行顺序可能会导致错误难以重现和调试,增加程序调试的难度。

9.2 线程基本操作

Linux 操作系统下的多线程操作通过调用 pthread 库提供的函数实现,pthread 库是 POSIX Threads 的简称,是 C 语言的标准库之一。pthread 库在 Linux 操作系统上被广泛支持,它提供了一系列函数用于线程的操作管理,如获取线程 ID、线程创建、线程退出、线程挂起、线程分离等。本节将针对线程基本操作进行详细讲解。

9.2.1 获取线程 ID

线程 ID(Thread Indentifier,TID)是线程的唯一标识,通过 TID 可以区分不同的线程,从而实现对线程的管理。

pthread 库提供了 pthread_self() 函数来获取线程 ID,pthread_self() 函数所属头文件和声明如下。

```
#include <pthread.h>
pthread_t pthread_self();
```

pthread_self() 函数没有参数,返回一个 pthread_t 类型的值,即 TID。pthread_t 类型为 long unsigned int 的重定义,在输出线程 ID 时,要使用%u 或%lu 格式。

下面通过案例 9-1 演示 pthread_self() 函数的用法。

【案例 9-1】 编写 C 语言程序 demo9-1.c,功能如下:获取当前线程的 TID。

```
1   #include <stdio.h>
2   #include <stdlib.h>
3   #include <pthread.h>
4   int main()
5   {
6       pthread_t tid;
7       tid = pthread_self();                    //获取当前线程的 TID
8       printf("当前线程 TID=%u\n", tid);
9       return 0;
10  }
```

编译 demo9-1.c 并执行编译后的程序,具体命令及输出结果如下。

```
[itheima@localhost demo9-1]$ gcc -o demo9-1 -lpthread demo9-1.c
[itheima@localhost demo9-1]$ ./demo9-1
当前线程 TID=48350720
```

需要注意的是,因为 pthread 库不是 Linux 操作系统默认的库,在调用 pthread 库提供的函数时,需要链接 libpthread.a 静态库,所以在使用 gcc 命令编译包含 pthread 库的程序时,需要使用-lpthread 选项,表示链接 libpthread.a 静态库。

9.2.2 线程创建

Linux 操作系统提供了 pthread_create() 函数用于创建线程,pthread_create() 函数所属头文件和声明如下。

```
#include <pthread.h>
int pthread_create(pthread_t * thread, const pthread_attr_t * attr,void * ( *
start_routine) (void *), void * arg);
```

pthread_create()函数有 4 个参数,每个参数的含义如下。

(1) thread:用于存储创建出的子线程的 TID。

(2) attr:用于设置子线程的属性,通常传入 NULL,表示使用线程的默认属性。

(3) start_routine:是一个函数指针,指向子线程要执行的函数,这个函数参数为 void * 类型,返回值也为 void * 类型。

(4) arg:指定要传给子线程执行函数的参数,即子线程要执行的函数如果需要参数,参数就通过 arg 传递。如果子线程要执行的函数不需要参数,则 arg 设置为 NULL。

pthread_create()函数调用成功返回 0,否则直接返回 errno 错误码。下面通过案例 9-2 演示 pthread_create()函数的用法。

【**案例 9-2**】 编写 C 语言程序 demo9-2.c,功能如下:定义 func()函数表示子线程要执行的任务,在 func()函数中,调用 sleep()函数模拟子线程执行任务的过程。在进程中创建一个子线程执行 func()函数。

demo9-2.c:

```
1   #include <stdio.h>
2   #include <stdlib.h>
3   #include <pthread.h>
4   #include <unistd.h>
5   #include <string.h>
6   pthread_t tid;
7   void func()
8   {
9       printf("子线程%u 正在执行任务\n", tid);
10      sleep(2);
11      printf("子线程任务执行完毕\n");
12      printf("子线程%u 退出\n", pthread_self());
13  }
14  int main()
15  {
16      int ret = pthread_create(&tid, NULL, (void *)func, NULL);    //创建子线程
17      if (ret != 0)
18      {
19          printf("线程创建失败:%s\n", strerror(ret));
20          exit(0);
21      }
22      sleep(2);
23      printf("主线程%u 退出\n", pthread_self());
24      return 0;
25  }
```

在 demo9-2.c 中,第 7~13 行代码定义了 func()函数,该函数为子线程要执行的函数;第 16 行代码调用 pthread_create()函数创建子线程,根据传入的参数可知,子线程的 TID 存储在变量 tid 中,子线程属性保持默认属性,子线程要执行函数为 func()。func()函数不需要参数,因此 pthread_create()函数的第 4 个参数为 NULL。

编译 demo9-2.c 并执行编译后的程序,具体命令及输出结果如下。

```
[itheima@localhost demo9-2]$ gcc -o demo9-2 -lpthread demo9-2.c
[itheima@localhost demo9-2]$ ./demo9-2
子线程 3609093696 正在执行任务
子线程任务执行完毕
子线程 3609093696 退出
主线程 3611244032 退出
```

9.2.3 线程退出

在之前的编程中,退出程序一般是通过使用 return 语句或调用 exit()函数实现的,但 return 语句用于退出函数,让进程返回到函数调用处继续往下执行代码;exit()函数用于退出进程。如果在线程中调用 exit()函数,该线程所属的进程就会退出,那么进程中的其他线程也会退出,并不能达到使单个线程退出的目的。

为了能使单个线程退出而不影响其他线程的执行,pthread 库提供了 pthread_exit()函数,用于线程的退出。pthread_exit()函数所属头文件和声明如下。

```
#include <pthread.h>
void pthread_exit(void * retval);
```

pthread_exit()函数只有一个参数 retval,用于描述线程的退出状态,通常设置为 NULL。pthread_exit()函数没有返回值。

下面通过案例 9-3 演示 pthread_exit()函数的用法。

【案例 9-3】 编写 C 语言程序 demo9-3.c,功能如下:创建两个子线程,一个子线程循环执行任务,另一个子线程执行完任务后调用 pthread_exit()函数退出,观察其退出是否影响其他线程的执行。

demo9-3.c:

```
1   #include <stdio.h>
2   #include <stdlib.h>
3   #include <pthread.h>
4   #include <unistd.h>
5   #include <string.h>
6   void func1()
7   {
8       printf("子线程%u 正在执行任务\n", pthread_self());
9       sleep(5);
10      printf("子线程任务执行完毕\n");
11      printf("子线程%u 退出\n", pthread_self());
12      pthread_exit(NULL);                        //第 1 个子线程退出
13  }
14  void func2()
15  {
16      while (1)                                  //第 2 个子线程循环执行任务
17      {
18          printf("子线程%u 正在执行任务\n", pthread_self());
19          sleep(1);
20      }
21  }
22  int main()
23  {
```

```
24        pthread_t tid1, tid2;
25        pthread_create(&tid1, NULL, (void*)func1, NULL);   //执行func1()函数
26        pthread_create(&tid2, NULL, (void*)func2, NULL);   //执行func2()函数
27        pause();                                           //挂起主线程
28        return 0;
29    }
```

在demo9-3.c中,第25行代码调用pthread_create()函数创建一个子线程执行func1()函数,在func1()函数中,子线程沉睡5秒之后,调用pthread_exit()函数退出;第26行代码调用pthread_create()函数创建一个子线程执行func2()函数,在func2()函数中,子线程循环执行任务。第27行代码调用pause()函数挂起主线程,防止主线程退出导致整个进程退出。

编译demo9-3.c并执行编译后的程序,具体命令及输出结果如下。

```
[itheima@localhost demo9-3]$ gcc -o demo9-3 -lpthread demo9-3.c
[itheima@localhost demo9-3]$ ./demo9-3
子线程883160640正在执行任务
子线程874767936正在执行任务
子线程874767936正在执行任务
子线程874767936正在执行任务
子线程874767936正在执行任务
子线程874767936正在执行任务
子线程任务执行完毕
子线程883160640退出                                  //第1个子线程退出
子线程874767936正在执行任务
子线程874767936正在执行任务
子线程874767936正在执行任务
^C
```

由上述输出结果可知,当第1个子线程(PID=883160640)退出后,第2个子线程依然在执行任务,并没有受到第1个子线程退出的影响。

在demo9-3.c中,如果将func1()函数中的第12行代码修改为exit()函数,则第1个子线程退出时,整个进程都会退出。读者可以自行修改验证。

9.2.4 线程挂起

在多进程编程中,父进程可以调用wait()函数、waitpid()函数将自己挂起,等待子进程结束。在多线程编程中,线程可以调用pthread_join()函数将自己挂起,等待指定线程结束,当指定线程结束时,调用pthread_join()函数等待它的线程会负责回收清理其所占用的资源。

pthread_join()函数所属头文件和声明如下。

```
#include <pthread.h>
int pthread_join(pthread_t thread, void **retval);
```

pthread_join()函数有两个参数,每个参数的含义如下。

(1) thread:表示要等待的目标线程的TID。

(2) retval:是一个二级指针,用于存储目标线程的退出状态码。如果不关心目标线程的退出状态,retval可以设置为NULL。

pthread_join()函数调用成功返回 0,否则返回 errno 错误码。下面通过案例 9-4 演示 pthread_join()函数的用法。

【**案例 9-4**】 编写 C 语言程序 demo9-4.c,功能如下:创建一个子线程判断一个整数是否为偶数,主线程调用 pthread_join()函数等待子线程执行完任务,对子线程进行清理回收。

demo9-4.c:

```c
1   #include <stdio.h>
2   #include <stdlib.h>
3   #include <pthread.h>
4   #include <unistd.h>
5   #include <string.h>
6   void even(int * p)
7   {
8       if (*p % 2 == 0)
9           printf("%d 为偶数\n", *p);
10      else
11          printf("%d 为奇数\n", *p);
12  }
13  int main()
14  {
15      int exit_code;                                      //存储线程退出状态码
16      int * p_exit = &exit_code;
17      int num;                                            //要判断的整数
18      printf("请输入一个整数:");
19      scanf("%d", &num);
20      pthread_t tid;
21      pthread_create(&tid, NULL, (void *)even, &num);     //创建子线程
22      pthread_join(tid, (void**)&p_exit);                 //等待子线程
23      printf("子线程%u 结束,退出状态码为%d\n", tid, exit_code);
24      perror("子线程退出状态");
25      return 0;
26  }
```

在 demo9-4.c 中,第 6~12 行代码定义 even()函数实现奇偶数判断;第 15 行代码定义了存储线程退出码的变量 exit_code,第 16 行代码定义了指向变量 exit_code 的指针 p_exit;第 17 行代码定义了 int 类型变量 num,第 19 行代码调用 scanf()函数从键盘输入要判断的整数并赋值给变量 num。

第 21 行代码调用 pthread_create()函数创建一个子线程执行 even()函数,并将要判断的变量 num 传递给 even()函数;第 22 行代码调用 pthread_join()函数等待子线程退出,子线程退出状态码存储在变量 exit_code 中。

编译 demo9-4.c 并执行编译后的程序,根据提示输入一个整数,具体命令及输出结果如下。

```
[itheima@localhost demo9-4]$ ./demo9-4
请输入一个整数:10
10 为偶数
子线程 812623424 结束,退出状态码为 0
子线程退出状态: Success
```

需要注意的是,一个线程可以等待多个线程退出。但多个线程不能挂起去等待同一个

线程。因为目标线程退出后，会被其中一个线程回收，而其他调用了 pthread_join() 函数的线程就会一直将自己挂起。

9.2.5 线程分离

线程终止包括正常退出和异常终止，如果没有其他线程调用 pthread_join() 函数回收终止的线程，则该线程就一直处于僵尸状态。线程所占用的资源也不会被回收清理，虽然线程占用的资源比较少，但是当系统中有太多僵尸状态的线程时，资源消耗也就多了，可能会导致新线程创建失败。

在多线程编程中，如果一个线程，通常是主线程，调用 pthread_join() 函数等待其他线程结束，那么主线程就会一直挂起，直到等待的线程执行结束。在这个过程中，主线程一直处于挂起状态，无法执行任何程序，这也是一种资源浪费。

为了解决上述问题，Linux 操作系统提供了线程分离机制，可以将一个线程标记为分离状态（detached），标记为分离状态的线程就脱离了主线程的控制，当处于分离状态的线程终止后，它所占用的资源都由系统自动回收清理。

pthread 库提供了 pthread_detach() 函数用于实现线程分离，pthread_detach() 函数所属头文件和声明如下：

```
#include <pthread.h>
int pthread_detach(pthread_t thread);
```

pthread_detach() 函数只有一个参数 thread，表示要分离的线程的 TID。pthread_detach() 函数调用成功返回 0，否则返回 errno 错误码。

下面通过案例 9-5 演示 pthread_detach() 函数的用法。

【案例 9-5】 编写 C 语言程序 demo9-5.c，功能如下：创建一个子线程计算两个整数相加，主线程将子线程分离出去，不等待子线程退出。

demo9-5.c：

```
1   #include <pthread.h>
2   #include <unistd.h>
3   #include <string.h>
4   #include <errno.h>
5   void add()                                              //定义 add() 函数
6   {
7       printf("子线程%u 执行任务...\n", pthread_self());
8       printf("请输入两个整数：\n");
9       int a, b;
10      scanf("%d%d", &a, &b);
11      printf("两个整数相加的结果为:%d\n", a + b);
12      sleep(1);
13      printf("子线程执行任务完毕，退出\n");
14      pthread_exit(NULL);
15  }
16  int main()
17  {
18      pthread_t tid;
19      int ret = pthread_create(&tid, NULL, (void *) add, NULL);  //创建子线程
20      if (ret != 0)
```

```
21      {
22          printf("子线程创建失败:%s\n", strerror(errno));
23          exit(0);
24      }
25      pthread_detach(tid);                                    //分离子线程
26      printf("主线程继续执行其他任务...\n");
27      sleep(5);
28      printf("主线程退出\n");
29      return 0;
30  }
```

在 demo9-5.c 中，第 5~15 行代码定义了 add()函数，用于计算两个整数的和；第 19 行代码调用 pthread_create()函数创建一个子线程执行 add()函数；第 25 行代码调用 pthread_detach()函数分离子线程，即主线程不再将自己挂起等待子线程退出，主线程继续执行后面的程序代码。

编译 demo9-5.c 并执行编译后的程序，根据提示输入两个整数，具体命令及输出结果如下。

```
[itheima@localhost demo9-5]$ gcc -o demo9-5 -lpthread demo9-5.c
[itheima@localhost demo9-5]$ ./demo9-5
主线程继续执行其他任务...
子线程 1142179392 执行任务...
请输入两个整数:
10 2
两个整数相加的结果为:12
子线程执行任务完毕,退出
主线程退出
```

由上述程序输出结果可知，主线程与子线程并行执行任务。在 demo9-5.c 中，子线程退出之后，其占用资源将由系统自动回收清理。

线程被创建之后，默认是非分离状态，也称为加入状态（joinable），读者要养成调用 pthread_detach()函数分离线程的习惯。需要注意的是，线程一旦分离，其他线程就无法再调用 pthread_join()函数等待该线程结束，这是因为分离的线程一旦终止，其占用资源会立即被系统回收清理。

如果有线程调用 pthread_join()函数等待被分离的线程，则 pthread_join()函数调用会失败。下面通过案例 9-6 演示调用 pthread_join()函数等待被分离的线程。

【案例 9-6】 编写 C 语言程序 demo9-6.c，功能如下：创建一个子线程执行任务，主线程将子线程分离出去，继续执行任务，待主线程任务执行结束，再调用 pthread_join()函数等待子线程，观察主线程调用 pthread_join()函数的结果。

demo9-6.c：

```
1   #include <stdio.h>
2   #include <stdlib.h>
3   #include <pthread.h>
4   #include <unistd.h>
5   #include <string.h>
6   #include <errno.h>
7   void* func()                                                //子线程要执行的函数
8   {
```

```c
 9        printf("子线程执行任务...\n");
10        int n = 5;
11        while (n--)
12        {
13            printf("n=%d\n", n);
14            sleep(1);
15        }
16        printf("子线程执行任务完毕,退出\n");
17        return (void*)7;
18    }
19    int main()
20    {
21        pthread_t tid;
22        void* pret;                                      //存储子线程的退出状态
23        int ret = pthread_create(&tid, NULL, func, NULL);   //创建子线程
24        if (ret != 0)
25        {
26            printf("子线程创建失败:%s\n", strerror(errno));
27            exit(0);
28        }
29        pthread_detach(tid);                             //分离子线程
30        printf("子线程已分离,主线程继续执行其他任务...\n");
31        sleep(2);
32        printf("主线程任务执行完毕,等待子线程\n");
33        int retval = pthread_join(tid, (void**)&pret);   //等待子线程
34        if (retval != 0)
35            printf("等待子线程失败:%s\n", strerror(retval));
36        else
37            printf("主线程等到了子线程退出,退出状态:%d\n", (long int)pret);
38        sleep(5);
39        printf("主线程退出\n");
40        return 0;
41    }
```

在 demo9-6.c 中,第 7~18 行代码定义了子线程要执行的函数 func(),该函数每隔 1 秒在终端输出变量 n 的值。第 23 行代码调用 pthread_create()函数创建子线程执行 func()函数;第 29 行代码调用 pthread_detach()函数分离子线程;第 30~32 行代码模拟主线程分离子线程后继续执行任务;主线程执行完任务后,第 33 行代码调用 pthread_join()函数等待子线程结束;第 34~37 行代码使用 if…else 选择语句判断 pthread_join()函数调用是否成功;第 38 行代码调用 sleep()函数让主线程休眠 5 秒,以保证主线程最后退出。

编译 demo9-6.c 并执行编译后的程序,具体命令及输出结果如下。

```
[itheima@localhost demo9-6]$ gcc -o demo9-6 -lpthread demo9-6.c
[itheima@localhost demo9-6]$ ./demo9-6
子线程已分离,主线程继续执行其他任务...
子线程执行任务...
n=4
n=3
主线程任务执行完毕,等待子线程
n=2
等待子线程失败:Invalid argument
n=1
n=0
```

```
子线程执行任务完毕,退出
主线程退出
```

由上述程序输出结果可知,主线程与子线程分离之后,并行执行任务。当主线程执行完任务等待子线程时,终端输出"等待子线程失败:Invalid argument",表明 pthread_join()函数调用失败。调用 pthread_join()函数之后输出的"主线程退出",表明主线程并没有挂起,再次表明 pthread_join()函数调用失败。

9.2.6 线程取消

线程除了调用 pthread_exit()函数退出之外,还可以被其他线程终止。pthread 库提供了一个函数 pthread_cancel(),用于向其他线程发送取消请求,请求终止其他线程。例如,线程 A 要终止线程 B,则线程 A 可以调用 pthread_cancel()函数向线程 B 发送取消请求,请求终止线程 B。

pthread_cancel()函数所属头文件和声明如下。

```
#include <pthread.h>
int pthread_cancel(pthread_t thread);
```

pthread_cancel()函数只有一个参数 thread,表示要终止的目标线程的 TID。pthread_cancel()函数调用成功则返回 0,否则返回 errno 错误码。被 pthread_cancel()函数取消请求终止的线程,其退出码为 PTHREAD_CANCELED。

下面通过案例 9-7 演示 pthread_cancel()函数的用法。

【案例 9-7】 编写 C 语言程序 demo9-7.c,功能如下:创建一个子线程执行任务,在子线程执行任务过程中,主线程终止子线程。

思路分析:主线程可以调用 pthread_cancel()函数向子线程发送取消请求,以终止子线程。

根据上述思路实现 demo9-7.c,具体如下。

demo9-7.c:

```
1   #include <stdio.h>
2   #include <stdlib.h>
3   #include <pthread.h>
4   #include <unistd.h>
5   #include <string.h>
6   #include <errno.h>
7   void* func()                                      //子线程执行的函数
8   {
9       while (1)
10      {
11          printf("子线程执行任务…\n");
12      }
13  }
14  int main()
15  {
16      pthread_t tid;
17      int ret_create = pthread_create(&tid, NULL, func, NULL);   //创建子线程
18      if (ret_create != 0)
```

```
19      {
20          printf("子线程创建失败:%s\n", strerror(errno));
21          exit(0);
22      }
23      sleep(1);
24      int cancel = pthread_cancel(tid);                    //向子线程发送取消请求
25      if (cancel == 0)
26          printf("取消请求发送成功\n");
27      else
28          printf("取消请求未发送成功\n");
29      void* pret;
30      int ret_join = pthread_join(tid, (void**)&pret);     //等待子线程结束
31      if (ret_join == 0)
32          printf("子线程退出,退出码:%d\n", (long int)pret);
33      sleep(5);
34      printf("主线程退出\n");
35      return 0;
36  }
```

在demo9-7.c中,第7~13行代码定义子线程执行的函数func(),在func()函数内部,子线程利用while()无限循环在终端输出数据。第17行代码调用pthread_create()函数创建子线程,执行func()函数;第23、24行代码表示主线程在休眠1秒之后,调用pthread_cancel()函数向子线程发送取消请求;第30行代码表示主线程调用pthread_join()函数等待子线程结束。

编译demo9-7.c并执行编译后的程序,具体命令及输出结果如下。

```
[itheima@localhost demo9-7]$ gcc -o demo9-7 -lpthread demo9-7.c
[itheima@localhost demo9-7]$ ./demo9-7
…
子线程执行任务…
子线程执行任务…
子线程执行任务…
取消请求发送成功
子线程退出,退出码:-1
主线程退出
```

由上述程序输出结果可知,主线程向子线程成功发送了取消请求,并且成功终止了子线程。

线程调用pthread_cancel()函数终止其他线程的过程,类似进程调用kill()函数发送信号终止其他进程的过程,但pthread_cancel()函数发送的并不是信号,而是一个取消请求。pthread_cancel()函数只负责向目标线程发送取消请求,目标线程能否被终止取决于目标线程是否到达了取消点。

取消点是指线程可以检查并响应取消请求的特定位置或函数调用。当一个线程的执行到达取消点时,如果之前有其他线程向这个线程发送了取消请求,则该线程将处理取消请求并进行适当的清理操作后终止。

POSIX标准指定了一系列函数调用作为标准取消点,如read()、write()、wait()、sleep()等,这些函数调用通常会发生阻塞。

在demo9-7.c中,第11行代码的printf()函数调用就是一个取消点。当子线程收到主线程的取消请求后,在下一次循环执行到printf()函数时,就会响应取消请求,即终止自身

线程。如果注释 demo9-7.c 中的第 11 行代码,则子线程就不会响应主线程的取消请求,读者可自行修改测试。

9.2.7 线程取消状态设置

取消请求到达目标线程之后,线程是否终止、何时终止,要取决于目标线程的取消状态和取消类型的设置。如果目标线程设置了线程取消状态为禁止取消,则即便目标线程执行到了取消点也不会终止。

pthread 库提供了两个函数 pthread_setcancelstate() 和 pthread_setcanceltype(),分别用于设置线程的取消状态和取消类型,下面分别对这两个函数进行讲解。

1. pthread_setcancelstate()

pthread_setcancelstate() 函数用于设置线程的取消状态,其所属头文件和声明如下。

```
#include <pthread.h>
int pthread_setcancelstate(int state, int * oldstate);
```

pthread_setcancelstate() 函数有两个参数,每个参数的含义分别如下。

(1) state:用于设置线程的取消状态,它有以下两个取值。

- PTHREAD_CANCEL_ENABLE:允许线程响应取消请求,即允许线程被终止。
- PTHREAD_CANCEL_DISABLE:禁止线程响应取消请求,即不允许线程被终止。

(2) oldstate:用于存储线程之前的取消状态。如果不关心线程之前的取消状态,可以将 oldstate 设置为 NULL。

pthread_setcancelstate() 函数调用成功返回 0,否则返回 errno 错误码。

为了验证 pthread_setcancelstate() 函数的作用,可以修改案例 9-7,在 demo9-7.c 第 8、9 行代码之间添加如下代码。

```
pthread_setcancelstate(PTHREAD_CANCEL_DISABLE,NULL);
```

上述代码表示禁止子线程响应取消请求。添加之后,再次编译执行 demo9-7.c 并执行编译后的程序,就可以观察到子线程在持续输出"子线程执行任务…",不会响应主线程发送的取消请求。读者可以自行修改测试,这里不再赘述。

2. pthread_setcanceltype()

pthread_setcanceltype() 函数用于设置线程的取消类型,即线程对取消请求的响应方式,其所属头文件和声明如下。

```
#include <pthread.h>
int pthread_setcanceltype(int type, int * oldtype);
```

pthread_setcanceltype() 函数有两个参数,每个参数的含义分别如下。

(1) type:用于设置线程的取消类型,它有以下两个取值。

- PTHREAD_CANCEL_DEFERRED:延迟取消。在取消请求到达时,线程不会立即终止,而是在下一个取消点取消。
- PTHREAD_CANCEL_ASYNCHRONOUS:异步取消。在取消请求到达时,线程会立即终止执行。

(2) oldtype:用于存储线程之前的取消类型。如果不关心线程之前的取消类型,

oldtype 可以设置为 NULL。

pthread_setcanceltype()函数调用成功返回 0,否则返回 errno 错误码。下面通过案例 9-8 演示 pthread_setcanceltype()函数的用法。

【案例 9-8】 编写 C 语言程序 demo9-8.c,功能如下:创建一个子线程执行任务,主线程向子线程发送取消请求。子线程调用 pthread_setcanceltype()函数分别设置取消类型为延迟取消和异步取消,观察两种取消类型下程序的输出结果。

demo9-8.c:

```
1   #include<stdio.h>
2   #include<stdlib.h>
3   #include<pthread.h>
4   #include<unistd.h>
5   #include<string.h>
6   #include<errno.h>
7   void* func()
8   {
9       //设置取消类型:延迟取消
10      pthread_setcanceltype(PTHREAD_CANCEL_DEFERRED, NULL);
11      int n = 1;
12      while (n)
13      {
14          printf("子线程执行任务%d...\n", n);
15          n++;
16      }
17  }
18  int main()
19  {
20      pthread_t tid;
21      int ret_create = pthread_create(&tid, NULL, func, NULL);
22      int cancel = pthread_cancel(tid);
23      if (cancel == 0)
24          printf("取消请求发送成功\n");
25      else
26          printf("取消请求未发送成功\n");
27      void* pret;
28      int ret_join = pthread_join(tid, (void**)&pret);
29      sleep(2);
30      printf("主线程退出\n");
31      return 0;
32  }
```

编译 demo9-8.c 并执行编译后的程序,多次执行,可以得出其输出结果有以下两种情形。

```
[itheima@localhost demo9-8]$ gcc -o demo9-8 -lpthread demo9-8.c
[itheima@localhost demo9-8]$ ./demo9-8
子线程执行任务 1...                        //第 1 种情形:子线程先执行
子线程执行任务 2...
...
取消请求发送成功
主线程退出
```

```
[itheima@localhost demo9-8]$ ./demo9-8
取消请求发送成功                                    //第 2 种情形：主线程先执行
子线程执行任务 1...
主线程退出
```

在上述程序输出结果中，第 1 种情形是子线程抢先执行，在执行过程中收到主线程发来的取消请求，在下一个取消点取消。第 2 种情形是主线程抢先执行，向子线程发送取消请求，子线程收到取消请求后，终止执行。

将 demo9-8.c 中子线程取消类型设置为异步取消，即将第 10 行代码替换为如下代码。

```
pthread_setcanceltype(PTHREAD_CANCEL_ASYNCHRONOUS,NULL);
```

再次编译 demo9-8.c 并执行编译后的程序，它的输出结果也有两种情形。

```
[itheima@localhost demo9-8]$ gcc -o demo9-8 -lpthread demo9-8.c
[itheima@localhost demo9-8]$ ./demo9-8
子线程执行任务 1...                                 //第 1 种情形：子线程先执行
子线程执行任务 2...
...
取消请求发送成功
主线程退出
[itheima@localhost demo9-8]$ ./demo9-8
取消请求发送成功                                    //第 2 种情形：主线程先执行
主线程退出
```

在上述输出结果中，第 1 种情形是子线程抢先执行，在执行过程中收到主线程发来的取消请求，子线程立即终止执行。第 2 种情形是主线程抢先执行，向子线程发送取消请求，子线程收到取消请求后，立即终止了执行。

在第 1 种情形中，子线程设置为延迟取消和异步取消，并无法区分出不同。但在第 2 种情形中，延迟取消与异步取消的区别如下。

- 延迟取消时，子线程收到取消请求后，子线程会输出一次执行任务信息，然后在下一次输出时（遇到取消点）终止线程。
- 异步取消时，子线程收到取消请求后，立即终止执行，一次执行任务的信息也没有输出。

9.3 线程属性

调用 pthread_create() 函数创建线程时，可以通过第 2 个参数 attr 设置线程的属性，该参数是一个 pthread_attr_t 结构体类型的指针，pthread_attr_t 结构体是系统定义的用于管理线程属性的结构体，其定义如下。

```
typedef struct
{
    int                 etachstate;     //线程的分离状态
    int                 schedpolicy;    //线程的调度策略
    struct sched_param  schedparam;     //线程的调度参数
    int                 inheritsched;   //线程的继承性
    int                 scope;          //线程的作用域
```

```
    size_t              guardsize;          //线程栈末尾的警戒缓冲区大小
    int                 stackaddr_set;      //线程栈的设置,用于内部实现,无法访问
    void*               stackaddr;          //线程栈的地址
    size_t              stacksize;          //线程栈的大小
} pthread_attr_t;
```

该结构体的成员值不能直接修改,必须通过调用系统提供的函数进行修改。针对 pthread_attr_t 结构体中的每一个成员,系统都提供了一对查询和设置函数。

9.3.1 线程属性对象的初始化与销毁

pthread 库提供了一对函数 pthread_attr_init() 和 pthread_attr_destroy(),分别用于初始化线程属性对象和销毁线程属性对象,即清理线程属性资源。pthread_attr_init() 函数和 pthread_attr_destroy() 函数所属头文件和声明分别如下。

```
#include <pthread.h>
int pthread_attr_init(pthread_attr_t * attr);
int pthread_attr_destroy(pthread_attr_t * attr);
```

pthread_attr_init() 函数和 pthread_attr_destroy() 函数都只有一个参数 attr,表示线程属性对象。这两个函数调用成功都返回 0,否则都返回 errno 错误码。

线程属性对象在使用之前必须进行初始化。当线程创建完毕之后,线性属性对象便不再有用,为了节省内存空间,应当调用 pthread_attr_destroy() 函数及时销毁线程属性对象。销毁线程属性对象不会对已经创建的线程产生影响。

线程属性对象的初始化与销毁示例代码如下。

```
pthread_attr_t attr;                 //创建线程属性对象
pthread_attr_init(&attr);            //初始化线程属性对象,使用系统默认属性初始化线程对象
pthread_attr_destroy(&attr);         //销毁线程属性对象
```

9.3.2 线程状态

pthread_attr_t 结构体中的成员 etachstate 表示线程的分离状态,它有以下两个取值。
- PTHREAD_CREATE_DETACHED:分离状态。
- PTHREAD_CREATE_JOINABLE:非分离状态。

pthread 库提供了一对函数 pthread_attr_getdetachstate() 和 pthread_attr_setdetachstate(),分别用于查询和设置线程分离状态。这两个函数所属头文件和声明如下。

```
#include <pthread.h>
int pthread_attr_getdetachstate(pthread_attr_t * attr, int * detachstate);
int pthread_attr_setdetachstate(pthread_attr_t * attr, int detachstate);
```

pthread_attr_getdetachstate() 函数有两个参数,两个参数的含义分别如下。

(1) attr:表示线程属性对象。

(2) detachstate:用于存储获取的线程分离状态。

pthread_attr_getdetachstate() 函数调用成功,会将查询到的线程分离状态保存到 detachstate 中,并返回 0,否则返回 errno 错误码。

pthread_attr_setdetachstate()函数有两个参数,两个参数的含义分别如下。

(1) attr:表示线程属性对象。

(2) detachstate:表示要设置的线程分离状态。

pthread_attr_setdetachstate()函数调用成功,会设置线程的分离状态为 detachstate,并返回 0,否则返回 errno 错误码。

9.3.3 线程调度策略

pthread_attr_t 结构体中的成员 schedpolicy 表示线程调度策略,线程的调度策略决定了系统调用线程的方式。schedpolicy 有以下 3 个取值。

- SCHED_OTHER:普通调度策略,所有线程优先级都被设置为 0,系统按照线程的动态优先级调度。当一个就绪态的线程没有被调度时,其动态优先级自动加 1,增加下次被调度的概率。SCHED_OTHER 是 Linux 操作系统线程的默认调度策略。
- SCHED_FIFO:先进先出调度策略。如果所有线程优先级相同,则就绪队列中先到达的线程先被调度;如果线程的优先级不同,则高优先级线程先被调度。线程一旦被调度,就会一直执行,直到线程执行结束,或者被更高优先级的线程抢占 CPU。
- SCHED_RR:时间片轮询调度策略。该策略在 SCHED_FIFO 策略的基础上,添加了时间片机制,每个线程被分配一个时间片,当线程的时间片用完之后,线程就会让出 CPU,让其他线程执行。

pthread 库提供了 pthread_attr_getschedpolicy()函数和 pthread_attr_setschedpolicy()函数分别用于查询和设置线程的调度策略,这两个函数所属头文件和声明如下。

```
#include <pthread.h>
int pthread_attr_getschedpolicy(pthread_attr_t * attr, int * policy);
int pthread_attr_setschedpolicy(pthread_attr_t * attr, int policy);
```

pthread_attr_getschedpolicy()函数有两个参数,每个参数的含义如下。

(1) attr:表示线程属性对象。

(2) policy:用于保存查询到的线程调度策略。

pthread_attr_getschedpolicy()函数调用成功,会将查询到的线程调度策略存储到 policy 中,并返回 0,否则返回 errno 错误码。

pthread_attr_setschedpolicy()函数有两个参数,每个参数的含义如下。

(1) attr:表示线程属性对象。

(2) policy:表示要设置的线程调用策略。

pthread_attr_setschedpolicy()函数调用成功,并将线程的调度策略设置为 policy,并返回 0,否则返回 errno 错误码。

9.3.4 线程调度参数

pthread_attr_t 结构体中的成员 schedparam 表示线程调度参数,用于设置线程的优先级。schedparam 是 struct sched_param 结构体类型的变量,该结构体只有一个 int 类型的成员 sched_priority,表示线程的优先级。

调度参数通常与调度策略一起使用,只有调度策略为 SCHED_FIFO 或 SCHED_RR

时,调度参数才有效,即线程优先级才有意义。在 CentOS Stream 9 操作系统中,SCHED_FIFO 或 SCHED_RR 调度策略能够识别的优先级范围为 1~99。

pthread 库提供了 pthread_attr_getschedparam()函数和 pthread_attr_setschedparam()函数,分别用于查询和设置线程调度参数,这两个函数所属头文件和声明如下。

```
#include <pthread.h>
int pthread_attr_getschedparam(pthread_attr_t *attr,
                                            struct sched_param *param);
int pthread_attr_setschedparam(pthread_attr_t *attr,
                                            const struct sched_param *param);
```

pthread_attr_getschedparam()函数有两个参数,每个参数的含义如下。

(1) attr:表示线程属性对象。

(2) param:用于存储查询到的线程调度参数。

pthread_attr_getschedparam()函数调用成功,会将查询到的线程调度参数存储到 param 中,并返回 0,否则返回 errno 错误码。

pthread_attr_setschedparam()函数有两个参数,每个参数的含义如下。

(1) attr:表示线程属性对象。

(2) param:表示要设置的线程调度参数。

pthread_attr_setschedparam()函数调用成功,会将线程的调度参数设置为 param,并返回 0,否则返回 errno 错误码。

9.3.5 线程继承性

pthread_attr_t 结构体中的成员 inheritsched 表示线程的继承性,线程的继承性决定了线程是否继承创建者的调度策略与调度参数。inheritsched 有以下 2 个取值。

- PTHREAD_INHERIT_SCHED:继承创建者的调度策略和调度参数。
- PTHREAD_EXPLICIT_SCHED:不继承创建者的调度策略和调度参数,根据线程属性对象中的值来设置自己的调度策略和调度参数。

pthread 库提供了 pthread_attr_getinheritsched()函数和 pthread_attr_setinheritsched()函数,分别用于查询和设置线程的继承性,这两个函数所属头文件和声明如下。

```
#include <pthread.h>
int pthread_attr_getinheritsched(pthread_attr_t *attr,int *inheritsched);
int pthread_attr_setinheritsched(pthread_attr_t *attr,int inheritsched);
```

pthread_attr_getinheritsched()函数有两个参数,每个参数的含义如下。

(1) attr:表示线程属性对象。

(2) inheritsched:用于保存查询到的线程继承性。

pthread_attr_getinheritsched()函数调用成功,会将查询到的线程继承性存储到 inheritsched 中,并返回 0,否则返回 errno 错误码。

pthread_attr_setinheritsched()函数有两个参数,每个参数的含义如下。

(1) attr:表示线程属性对象。

(2) inheritsched:表示要设置的线程继承性。

pthread_attr_setinheritsched()函数调用成功,并将线程继承性设置为 inheritsched,并

返回 0,否则返回 errno 错误码。

9.3.6 线程作用域

pthread_attr_t 结构体中的成员 scope 表示线程的作用域,线程的作用域决定了线程将与哪些线程竞争资源。scope 有以下 2 个取值。

- PTHREAD_SCOPE_PROCESS:表示线程只与同一进程中的其他线程竞争资源。
- PTHREAD_SCOPE_SYSTEM:表示线程与系统中的所有线程一起竞争资源。

pthread 库提供了 pthread_attr_getscope()函数和 pthread_attr_setscope()函数,分别用于查询和设置线程的作用域,这两个函数所属头文件和声明如下。

```
#include <pthread.h>
int pthread_attr_getscope(pthread_attr_t * attr, int * scope);
int pthread_attr_setscope(pthread_attr_t * attr, int scope);
```

pthread_attr_getscope()函数有两个参数,每个参数的含义如下。

(1) attr:表示线程属性对象。

(2) scope:用于存储查询到的线程作用域。

pthread_attr_getscope()函数调用成功,会将查询到的线程作用域存储到 scope 中,并返回 0,否则返回 errno 错误码。

pthread_attr_setscope()函数有两个参数,每个参数的含义如下。

(1) attr:表示线程属性对象。

(2) scope:表示要设置的线程作用域。

pthread_attr_setscope()函数调用成功,会将线程作用域设置为 scope,并返回 0,否则返回 errno 错误码。

9.3.7 线程栈

线程有属于自己的栈,用于存储线程的私有数据。一般情况下,线程栈使用默认设置即可,但是当对程序执行效率要求较高,或者线程调用的函数中局部变量较多时,可以根据实际情况对线程栈进行修改。

用户可以调用 pthread 库提供的函数对线程栈的大小、地址及栈末尾警戒缓冲区的大小进行设置。下面分别介绍线程栈的相关操作。

1. 线程栈末尾警戒缓冲区大小

pthread_attr_t 结构体中的成员 guardsize 表示线程栈末尾警戒缓冲区大小,警戒缓冲区也称守护区,它是栈空间末尾和下一个内存空间之间的一块缓冲区,用于防止栈溢出时栈中数据覆盖附近内存空间中存储的数据。线程栈末尾的警戒缓冲区逻辑表现形式如图 9-2 所示。

| 线程栈 | 警戒缓冲区 | 其他内存空间 |

图 9-2 线程栈末尾的警戒缓冲区逻辑表现形式

当线程栈空间已满时,如果又往线程栈空间写入数据,则数据会被写入警戒缓冲区,此时程序就会报栈溢出错误。

pthread 库提供了 pthread_attr_getguardsize()函数和 pthread_attr_setguardsize()函数,分别用于查询和设置警戒缓冲区的大小,这两个函数所属头文件和声明如下。

```
#include <pthread.h>
int pthread_attr_getguardsize(pthread_attr_t * attr, size_t * guardsize);
int pthread_attr_setguardsize(pthread_attr_t * attr, size_t guardsize);
```

pthread_attr_getstacksize()函数有两个参数,每个参数的含义如下。

(1) attr:表示线程属性对象。

(2) guardsize:用于存储查询到的警戒缓冲区大小。

pthread_attr_getstacksize()函数调用成功,会将查询到的警戒缓冲区大小存储到 guardsize 中,并返回 0,否则返回 errno 错误码。

pthread_attr_setstacksize()函数有两个参数,每个参数的含义如下。

(1) attr:表示线程属性对象。

(2) guardsize:表示要设置的警戒缓冲区大小。

pthread_attr_setstacksize()函数调用成功,会将警戒缓冲区大小设置为 guardsize,并返回 0,否则返回 errno 错误码。

2. 线程栈地址和大小

pthread_attr_t 结构体中的成员 stackaddr 和 stacksize 分别表示线程栈地址和大小。pthread 库提供了 pthread_attr_getstack()函数和 pthread_attr_setstack()函数,分别用于查询和设置线程栈的地址和大小,这两个函数所属头文件和声明如下。

```
#include <pthread.h>
int pthread_attr_getstack(pthread_attr_t * attr,
                          void **stackaddr, size_t * stacksize);
int pthread_attr_setstack(pthread_attr_t * attr,
                          void * stackaddr, size_t stacksize);
```

pthread_attr_getstack()函数有 3 个参数,每个参数的含义如下。

(1) attr:表示线程属性对象。

(2) stackaddr:用于存储查询到的线程栈的地址。

(3) stacksize:用于存储查询到的线程栈的大小。

pthread_attr_getstack()函数调用成功,会将查询到的线程栈地址和大小分别存储到 stackaddr 和 stacksize 中,并返回 0,否则返回 errno 错误码。

pthread_attr_setstack()函数有 3 个参数,每个参数的含义如下。

(1) attr:表示线程属性对象。

(2) stackaddr:表示要设置的线程栈的地址。

(3) stacksize:表示要设置的线程栈的大小。

pthread_attr_setstack()函数调用成功,会将线程栈地址和大小分别设置为 stackaddr 和 stacksize,并返回 0,否则返回 errno 错误码。

需要注意的是,早期的 pthread 库提供了两组函数:pthread_attr_getstackaddr()和 pthread_attr_setstackaddr()、pthread_attr_getstacksize()和 pthread_attr_setstacksize(),分别用于查询和设置线程栈的地址、大小,即线程栈地址、线程栈大小的查询和设置是分开的。

随着技术迭代更新,pthread_attr_getstackaddr()函数和 pthread_attr_setstackaddr()函数已经弃用,即无法再单独查询和设置线程栈的地址。但 pthread_attr_getstacksize()函

数和 pthread_attr_setstacksize()函数保留了下来,即可以单独查询和设置线程栈的大小。

pthread_attr_getstacksize()函数和 pthread_attr_setstacksize()函数所属头文件和声明如下。

```
#include <pthread.h>
int pthread_attr_getstacksize(pthread_attr_t * attr, size_t * stacksize);
int pthread_attr_setstacksize(pthread_attr_t * attr, size_t stacksize);
```

pthread_attr_getstacksize()函数有两个参数,每个参数的含义如下。

(1) attr:表示线程属性对象。

(2) stacksize:用于存储查询到的线程栈大小。

pthread_attr_getstacksize()函数调用成功,会将查询到的线程栈大小存储到 stacksize 中,并返回 0,否则返回 errno 错误码。

pthread_attr_setstacksize()函数有两个参数,每个参数的含义如下。

(1) attr:表示线程属性对象。

(2) stacksize:表示要设置的线程栈大小。

pthread_attr_setstacksize()函数调用成功,会将线程栈大小设置为 stacksize,并返回 0,否则返回 errno 错误码。

很多书籍会调用 pthread_attr_getstacksize()函数和 pthread_attr_setstacksize()函数,查询和设置线程栈大小,读者遇到这两个函数要知道其作用。

需要注意的是,由于线程栈中存储的是线程的私有数据,在获取线程栈相关信息时可能需要 root 权限,权限不足会导致线程栈相关信息获取失败。有些系统甚至根本不允许获取线程栈的相关信息。

9.3.8 线程属性设置实例

学习了线程属性的相关知识,下面通过案例 9-9 演示线程属性的设置与查询。

【案例 9-9】 编写 C 语言程序 demo9-9.c,功能如下:创建一个子线程执行任务,设置子线程的属性,具体如下。

- 线程状态:分离。
- 线程调度策略:SCHED_FIFO。
- 线程优先级:10。
- 线程继承性:继承创建者的调度策略和调度参数。
- 线程作用域:系统。
- 线程栈大小:10240 字节。
- 线程栈末尾警戒缓冲区大小:2048 字节。

子线程属性设置完成之后,查询子线程属性并输出到终端。

demo9-9.c:

```
1  #include <stdio.h>
2  #include <stdlib.h>
3  #include <pthread.h>
4  #include <unistd.h>
```

```c
5   #include <string.h>
6   #include <errno.h>
7   void* func(void* arg)
8   {
9       //子线程输出自己的属性信息
10      printf("------子线程输出------\n");
11      //获取本线程属性
12      pthread_attr_t * attr = (pthread_attr_t*)arg;
13      int detachstate;                            //存储线程分离状态
14      int policy;                                 //存储线程调度策略
15      struct sched_param param;                   //存储线程调用参数:优先级
16      int inherit;                                //存储线程继承性
17      int scope;                                  //存储线程作用域
18      void* stackaddr;                            //存储线程栈地址
19      size_t stacksize;                           //存储线程栈大小
20      size_t guardsize;                           //存储线程栈末尾警戒缓冲区大小
21      //查询线程分离状态
22      pthread_attr_getdetachstate(attr, &detachstate);
23      if (detachstate == PTHREAD_CREATE_DETACHED)
24          printf("线程状态:分离状态\n");
25      else
26          printf("线程状态:非分离状态\n");
27      //查询线程调度策略
28      pthread_attr_getschedpolicy(attr, &policy);
29      if (policy == SCHED_OTHER)
30          printf("线程调度策略:SCHED_OTHER\n");
31      else if (policy == SCHED_FIFO)
32          printf("线程调度策略:SCHED_FIFO\n");
33      else
34          printf("线程调度策略:SCHED_RR\n");
35      //查询线程调度参数
36      pthread_attr_getschedparam(attr, &param);
37      printf("线程优先级:%d\n", param.sched_priority);
38      //查询线程继承性
39      pthread_attr_getinheritsched(attr, &inherit);
40      if (inherit == PTHREAD_INHERIT_SCHED)
41          printf("线程继承性:PTHREAD_INHERIT_SCHED\n");
42      else if (inherit == PTHREAD_EXPLICIT_SCHED)
43          printf("线程继承性:PTHREAD_EXPLICIT_SCHED\n");
44      //查询线程的作用域
45      pthread_attr_getscope(attr, &scope);
46      if (scope == PTHREAD_SCOPE_PROCESS)
47          printf("线程作用域:PTHREAD_SCOPE_PROCESS\n");
48      else if (scope == PTHREAD_SCOPE_SYSTEM)
49          printf("线程作用域:PTHREAD_SCOPE_SYSTEM\n");
50      //查询线程栈的地址和大小
51      pthread_attr_getstack(attr, &stackaddr, &stacksize);
52      pthread_attr_getguardsize(attr, &guardsize);
53      printf("线程栈地址:%p\n线程栈大小:%d\n", stackaddr, stacksize);
54      printf("线程栈末尾警戒缓冲区大小:%d\n", guardsize);
55  }
56  int main()
57  {
58      pthread_t tid;                              //线程 TID
59      pthread_attr_t attr;                        //线程属性对象
```

```
60      struct sched_param priority = {10};        //线程调度参数,优先级为 10
61      size_t stacksize = 10240;                  //线程栈大小
62      size_t guardsize = 2048;                   //警戒缓冲区大小
63      pthread_attr_init(&attr);                  //初始化线程属性结构体
64      //设置线程分离状态:分离
65      pthread_attr_setdetachstate(&attr, PTHREAD_CREATE_DETACHED);
66      //设置线程调度策略
67      pthread_attr_setschedpolicy(&attr, SCHED_FIFO);
68      //设置线程调度参数:优先级为 10
69      pthread_attr_setschedparam(&attr, &priority);
70      //设置线程栈的大小
71      pthread_attr_setstacksize(&attr, stacksize);
72      //设置线程栈末尾警戒缓冲区大小
73      pthread_attr_setguardsize(&attr, guardsize);
74      //创建线程
75      pthread_create(&tid, &attr, func, &attr);
76      printf("主线程继续执行后面任务...\n");
77      pause();
78      pthread_attr_destroy(&attr);
79      return 0;
80  }
```

在 demo9-9.c 中,第 7~55 行代码定义了子线程要执行的函数 func()。在 func()函数内部,第 12 行代码定义线程属性对象指针 attr,将其指向参数 arg;第 13~20 行代码定义存储线程属性的变量;第 22~26 行代码调用 pthread_attr_getdetachstate()函数查询线程状态并输出;第 28~34 行代码调用 pthread_attr_getschedpolicy()函数查询线程调度策略并输出;第 36、37 行代码调用 pthread_attr_getschedparam()函数查询线程优先级并输出;第 39~43 行代码调用 pthread_attr_getschedparam()函数查询线程的继承性并输出;第 51~54 行代码调用相应函数获取线程栈的地址、大小和末尾警戒缓冲区的大小并输出。

在 main()函数中,第 59~62 行代码定义了线程属性对象 attr 和要设置的线程属性;第 63 行代码调用 pthread_attr_init()函数初始化线程属性对象 attr;第 65 行代码调用 pthread_attr_setdetachstate()函数设置线程状态为 PTHREAD_CREATE_DETACHED,即线程为分离状态;第 67 行代码调用 pthread_attr_setschedpolicy()函数设置线程调度策略为 SCHED_FIFO;第 69 行代码调用 pthread_attr_setschedparam()函数设置线程调度参数,即设置线程优先级为 10;第 71 行代码调用 pthread_attr_setstacksize()函数设置线程栈大小为 stacksize(10240 字节);第 73 行代码调用 pthread_attr_setguardsize()函数设置线程栈末尾的警戒缓冲区为 guardsize(2048 字节);线程属性设置完成之后,第 75 行代码调用 pthread_create()函数创建子线程,子线程属性使用 attr 进行设置,子线程要执行的函数为 func(),func()函数需要的参数为 &attr。

第 77 行代码调用 pause()函数使主线程挂起,等待子线程执行结束;第 78 行代码调用 pthread_attr_destroy()函数销毁线程属性对象。

编译 demo9-9.c 并执行编译后的程序,具体命令及输出结果如下。

```
[itheima@localhost demo9-9]$ gcc -o demo9-9 -lpthread demo9-9.c
[itheima@localhost demo9-9]$ ./demo9-9
主线程继续执行后面任务...
------子线程输出------
```

```
线程状态:分离状态
线程调度策略:SCHED_FIFO
线程优先级:10
线程继承性:PTHREAD_INHERIT_SCHED
线程作用域:PTHREAD_SCOPE_SYSTEM
线程栈地址:(nil)
线程栈大小:0
线程栈末尾警戒缓冲区大小:2048
^C
```

由上述程序输出结果可知,子线程状态、调度策略、优先级、继承性、作用域和线程栈末尾警戒区大小都与程序设置的线程属性一致。但子线程输出的线程栈地址为 nil、线程栈大小为 0,这表明程序未能访问到线程栈信息。

9.4 线程并发

在实际开发中,常常会遇到大量耗时的任务,单个线程由于资源独占可能导致长时间等待,难以满足多个用户的需求。采用多线程并发的方式能够让多个线程协同完成任务。多线程并发执行不仅可以同时处理多个任务,提升整体工作效率,还能够充分利用系统资源,提高程序的整体运行性能。

例如,以窗口售票为例,如果只有一个窗口售票,当售票员临时有事暂停办公时,那么后面排队的人都需要等待。如果有多个窗口售票,当某一个窗口暂停办公时,其他窗口可以分流排队的人,这就提高了整体工作效率。

多线程并发使得程序能够更灵活地响应用户请求,避免了单线程模式下可能出现的假死情况,从而改善了用户体验。

但是多线程并发协同完成任务时,往往需要访问一些共享资源,而由于多个线程执行顺序的不确定性,可能产生意外的结果。下面通过案例 9-10 演示多线程并发存在的问题。

【案例 9-10】 编写 C 语言程序 demo9-10.c,功能如下:创建 3 个子线程模拟 3 个窗口售票。当有余票时,窗口可以售票;当票数为 0 时,窗口停止售票。

思路分析:创建 3 个子线程模拟 3 个窗口,可以定义一个 pthread_t 类型的数组存储 3 个子线程的 TID。3 个子线程都执行售票任务,即 3 个子线程执行同一个函数。在子线程要执行的函数内部,使用 if…else 选择结构语句判断总票数(共享资源)是否大于 0,如果大于 0 就可以售票。如果总票数小于或等于 0,子线程退出。

根据上述思路实现 demo9-10.c,具体实现如下。

demo9-10.c:

```
1    #include <stdio.h>
2    #include <stdlib.h>
3    #include <pthread.h>
4    #include <unistd.h>
5    #include <string.h>
6    #include <errno.h>
7    int tickets = 10;                              //定义票总数
8    void* sell_ticket()
9    {
```

```
10      while (tickets > 0)                              //售票
11      {
12          sleep(1);
13          printf("线程%u 正在售卖第%d 张票\n", pthread_self(), tickets);
14          tickets--;
15      }
16      return NULL;
17  }
18  int main()
19  {
20      pthread_t threads[3];
21      for (int i = 0; i < 3; i++)                      //循环创建 3 个子线程
22      {
23          if (pthread_create(&threads[i], NULL, &sell_ticket, NULL) != 0)
24          {
25              perror("线程创建失败");
26              pthread_exit(NULL);
27          }
28      }
29      for (int i = 0; i < 3; i++)                      //循环等待 3 个子线程结束
30          pthread_join(threads[i], NULL);
31      return 0;
32  }
```

在 demo9-10.c 中，第 8～17 行代码定义了售票函数 sell_ticket()，在 sell_ticket()函数中，第 10～15 行代码在 while 循环语句判断票数是否大于 0，如果大于 0，则子线程可以售票，输出售出的票的子线程 ID，以及售出的票的信息。子线程售票之后，让票数减 1。

在 main()函数中，第 21～28 行代码在 for 循环结构语句中，调用 pthread_create()函数创建 3 个子线程，3 个子线程 ID 存储在数组 threads 中；第 29～30 行代码在 for 循环结构语句中，调用 pthread_join()函数等待 3 个子线程执行结束。

编译 demo9-10.c 并执行编译后的程序，具体命令及输出结果如下。

```
[itheima@localhost demo9-10]$ ./demo9-10
线程 1732412992 正在售卖第 10 张票
线程 1724020288 正在售卖第 9 张票
线程 1715627584 正在售卖第 8 张票
线程 1724020288 正在售卖第 7 张票
线程 1732412992 正在售卖第 7 张票
线程 1715627584 正在售卖第 7 张票
线程 1724020288 正在售卖第 4 张票
线程 1732412992 正在售卖第 4 张票
线程 1715627584 正在售卖第 3 张票
线程 1732412992 正在售卖第 1 张票
线程 1724020288 正在售卖第 0 张票
线程 1715627584 正在售卖第-1 张票
```

由上述程序输出结果可知，3 个子线程在同时售票，但在售票过程中，出现了意外情况，具体如下所示。

- 3 个子线程重复售卖同一张票。
- 有的票未被售卖。
- 售卖第 0 张票和第—1 张票。

这显然不是我们想要的结果,对上述情况进行分析,为了便于分析,将线程 1715627584 简称为线程 84,线程 1724020288 简称为线程 88,线程 1732412992 简称为线程 92。

以 3 个子线程重复售卖第 7 张票为例,线程 88 抢占 CPU 资源后,执行了售卖操作(第 13 行代码),在还未执行 tickets--时(第 14 行代码),线程 92 抢占了 CPU 资源,执行了售卖操作。同样,在线程 92 还未执行 tickets--操作时,线程 84 抢占了 CPU 资源,执行了售卖操作。因此,第 7 张票被 3 个子线程售卖了 3 次。

售卖完第 7 张票之后,3 个子线程都执行了 tickets--操作,tickets 直接减至 4,因此第 6 张票和第 5 张票未被售卖。

同样,售卖第 0 张票和第 -1 张票也是由于线程抢占 CPU 资源导致。当线程 92 执行售卖第 1 张票之后,还未执行 tickets--操作时,线程 88 抢占了 CPU 资源,执行了第 12 行代码进入休眠;紧接着线程 84 抢占了 CPU 资源,也执行了第 12 行代码进入休眠;此时,线程 92 重新抢占 CPU 执行了 tickets--操作,tickets--操作执行之后,tickets 变为 0,线程 92 退出。

线程 92 退出后,线程 88 抢占了 CPU 之后,执行售卖操作(第 13 行代码),此时 tickets 已为 0,因此出现了第 0 张票。线程 88 售卖第 0 张票之后,执行 tickets--操作,tickets 变为 -1,再次判断,tickets 不满足条件,线程 88 退出。线程 88 退出之后,线程 84 抢占了 CPU,执行售卖操作(第 13 行代码),此时 tickets 已为 -1,因此出现了第 -1 张票。

在多线程并发中,如果没有适当的同步机制管理对共享资源的访问,就可能导致执行时间顺序错位,产生意外结果。

9.5 线程同步

在多线程编程中,为了防止共享资源访问冲突,必须采用同步机制协调多个线程的执行顺序,以确保它们正确有序地访问共享资源。线程同步机制主要有 3 种:互斥锁、条件变量和信号量。本节将针对线程同步机制进行详细讲解。

9.5.1 互斥锁实现线程同步

互斥锁(mutex)也称为互斥量,它用于锁定共享资源。当某个线程访问共享资源时,可以使用互斥锁锁定共享资源,这个过程称为上锁。上锁之后,其他线程就无法再访问共享资源。线程访问完共享资源之后会对共享资源进行解锁,解锁之后,其他线程就可以访问共享资源了。互斥锁的逻辑表现形式如图 9-3 所示。

在图 9-3 中,线程 A、线程 B 和线程 C 同时访问共享资源,其中线程 B 抢先访问到了共享资源,对共享资源上了锁,线程 A 和线程 C 只能等待。线程 B 访问完共享资源之后会对共享资源解锁,这时,线程 A、线程 B、线程 C 重新竞争共享资源。

这个过程类似于街头的艺术拍照空间,当一个人进入房间拍照时会上锁,其他人就无法再使用该房

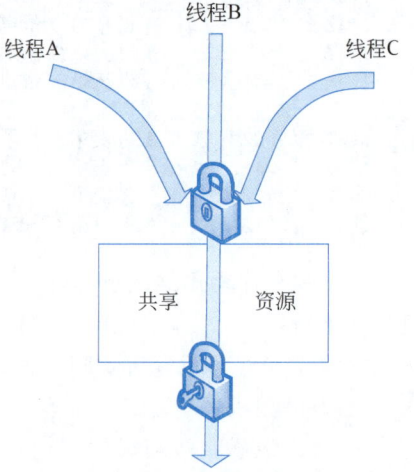

图 9-3 互斥锁的逻辑表现形式

间,当这个人拍照完毕之后,会打开锁让出房间,其他人才有机会使用。

使用互斥锁实现线程同步时,如果一个线程获取了互斥锁,那么加锁与解锁之间的操作会被锁定为一个原子操作,这些操作要么全部完成,要么一个也不执行。

互斥锁实现线程同步主要分为以下 4 个步骤。

(1) 初始化互斥锁。

(2) 上锁。

(3) 解锁。

(4) 销毁锁。

pthread 库提供了一组与互斥锁相关的函数用于实现上述步骤,下面对这一组函数分别进行讲解。

1. pthread_mutex_init()函数

pthread_mutex_init()函数的功能是初始化互斥锁,其所属头文件和声明如下。

```
#include <pthread.h>
int pthread_mutex_init(pthread_mutex_t * restrict mutex,
                       const pthread_mutexattr_t * restrict attr);
```

pthread_mutex_init()函数有两个参数,每个参数的含义如下。

(1) mutex:表示待初始化的互斥锁。mutex 是 pthread_mutex_t 结构体类型的指针,pthread_mutex_t 结构体用于描述互斥锁的属性及控制信息,如互斥锁的类型、状态、拥有者等信息。对于 pthread_mutex_t 结构体,读者了解其作用即可,不必关心具体实现。

(2) attr:用于设置互斥锁的互斥属性,通常传入为 NULL,表示使用系统默认属性。attr 是 pthread_mutexattr_t 结构体类型的指针,pthread_mutexattr_t 结构体用于设置互斥锁的类型和行为。对于 pthread_mutexattr_t 结构体,读者了解其作用即可,不必关心具体实现。

需要注意的是,在参数 mutex 和 attr 之前有一个关键字 restrict,它是一个只适用于指针的关键字,表示指针指向的对象是独立的,即不能有其他指针指向该对象。使用 restrict 关键字修饰指针,可以提高编译器的优化效率。

pthread_mutex_init()函数调用成功返回 0,否则返回 errno 错误码。

多学一招:互斥锁静态初始化

调用 pthread_mutex_init()函数初始化互斥锁的方式称为互斥锁的动态初始化。除了动态初始化,互斥锁还能以静态方式进行初始化,静态初始化是指使用系统定义的宏 PTHREAD_MUTEX_INITIALIZER 直接为互斥锁赋值,具体如下。

```
pthead_mutex_t muetx = PTHREAD_MUTEX_INITIALIZER;
```

互斥锁是 pthread_mutex_t 结构体类型的变量,而宏 PTHREAD_MUTEX_INITIALIZER 是系统定义的 pthread_mutex_t 结构体类型的常量,其属性都是系统定义好的。

互斥锁的静态初始化与动态初始化主要有以下 4 点区别。

- 静态初始化的互斥锁存在于栈空间,这种方式无法初始化堆空间上的互斥锁,即无法初始化 malloc()函数申请的空间。而动态初始化方式无此限制。

- 静态初始化无法设置互斥锁属性,只能使用系统默认属性;而动态初始化可以通过 pthread_mutex_init()函数传入互斥锁属性参数。
- 静态初始化之后,互斥锁的属性便不能再修改,而动态初始化可以对互斥锁属性进行修改。
- 静态初始化的互斥锁无须手动释放其占用的资源,而动态初始化的互斥锁需要手动释放其占用的资源。

此外,静态初始化方式的可读性相对较差,不易理解和维护;动态初始化方式可以更清晰地表达互斥锁的初始化操作,并且动态初始化方式更加灵活,可定制性更强,常用于复杂场景和需要动态设置互斥锁属性的情况。静态初始化方式适用于简单和互斥锁属性固定的情况。因此,在使用互斥锁时,尽量使用动态初始化方式初始化互斥锁。

2. pthread_mutex_lock()函数

pthread_mutex_lock()函数的功能是获取已经完成初始化的互斥锁,即为共享资源上锁。从调用 pthread_mutex_lock()函数开始,后面的代码就只能由上锁的线程操作,直到线程解锁。

pthread_mutex_lock()函数所属头文件和声明如下。

```
#include <pthread.h>
int pthread_mutex_lock(pthread_mutex_t * mutex);
```

pthread_mutex_lock()函数只有一个参数 mutex,表示待获取的互斥锁。pthread_mutex_lock()函数调用成功返回 0,否则返回 errno 错误码,常见的 errno 错误码有以下 3 个。

- EBUSY:互斥锁已经被其他线程获取并上锁。
- EINVAL:互斥锁未被初始化。
- EDEADLK:发生了死锁。

在调用 pthread_mutex_lock()函数时,如果互斥锁已经被其他线程上锁,则调用 pthread_mutex_lock()函数的线程会进入阻塞。但是在有些情况下,用户希望线程先执行其他任务而不进入阻塞,此时就需要非阻塞地获取互斥锁。

pthread 库提供了非阻塞获取互斥锁的函数 pthread_mutex_trylock(),该函数的功能是尝试获取互斥锁,如果互斥锁已经被其他线程获取,那么线程不阻塞,而是直接返回。

pthread_mutex_trylock()函数所属头文件和声明如下。

```
#include <pthread.h>
int pthread_mutex_trylock(pthread_mutex_t * mutex);
```

pthread_mutex_trylock()函数也只有一个参数 mutex,表示待获取的互斥锁。如果互斥锁获取成功,pthread_mutex_trylock()函数返回 0,否则返回 errno 错误码。

3. pthread_mutex_unlock()函数

pthread_mutex_unlock()函数的功能是解锁,即释放互斥锁。当线程调用 pthread_mutex_unlock()函数之后,其他线程就可以重新竞争互斥锁,访问共享资源了。

pthread_mutex_unlock()函数所属头文件和声明如下。

```
#include <pthread.h>
int pthread_mutex_unlock(pthread_mutex_t * mutex);
```

pthread_mutex_unlock()函数也只有一个参数 mutex,表示待解锁的互斥锁。pthread_mutex_unlock()函数调用成功返回 0,否则返回 errno 错误码。

4. pthread_mutex_destroy()函数

互斥锁也占用系统资源,使用完毕后应当将其释放。pthread_mutex_destroy()函数就用于销毁互斥锁,释放互斥锁占用的系统资源。pthread_mutex_destroy()函数所属头文件和声明如下。

```
#include <pthread.h>
int pthread_mutex_destroy(pthread_mutex_t * mutex);
```

pthread_mutex_destroy()函数只有一个参数 mutex,表示待销毁的互斥锁。pthread_mutex_destroy()函数调用成功返回 0,否则返回 errno 错误码。

学习了互斥锁实现线程同步的原理及相关函数后,下面通过案例 9-11 演示互斥锁实现线程同步的用法。

【案例 9-11】 编写 C 语言程序 demo9-11.c,功能如下:修改案例 9-10,使用互斥锁实现 3 个线程同步,即 3 个窗口(线程)售票不发生冲突与错误。

请读者扫描右方二维码,查看本案例的具体实现步骤。

案例 9-11

9.5.2 条件变量实现线程同步

互斥锁提供了多线程互斥访问共享资源的手段,但是它只能实现简单的互斥访问。在多线程编程中经常会遇到一些较为复杂的线程同步问题,当线程访问某个共享资源时,不仅仅需要互斥,而且还要求这个共享资源满足某种状态和条件,才能被相应的线程访问。如果其他线程不改变共享资源的状态,相应线程就无法访问共享资源。这个时候,仅靠互斥锁是解决不了的。

例如,在生产者与消费者模型中,产品队列是共享资源,假如消费线程抢先获取互斥锁锁定了产品队列,当消费线程消费产品时却发现产品队列为空,消费线程就会发生阻塞,不释放互斥锁。消费线程不释放互斥锁,生产线程就无法获取互斥锁,无法生产产品并放入产品队列,产品队列就一直为空,消费线程就一直无法释放互斥锁,这就发生了死锁,程序就无法正常执行下去。

为了解决这个问题,就需要加入条件判断,即消费线程获取互斥锁之后,需要判断一下产品队列是否为空,如果产品队列中有产品,就消费产品;如果产品队列为空,就及时释放互斥锁,将自己挂起,让生产线程获取互斥锁去生产产品并放入产品队列。生产线程生产产品并将产品放入产品队列之后,消费线程的条件得到满足,生产线程会唤醒消费线程去消费产品。

这就是通过条件变量实现线程同步的机制,线程首先获取互斥锁,然后检测条件变量,若条件变量满足,线程就继续执行,在访问完共享资源后释放互斥锁;若条件变量不满足,线程将释放互斥锁,进入阻塞状态,等待条件变量状态发生改变。一般条件变量的状态由其他非阻塞态的线程改变,其他线程改变条件变量之后,会唤醒阻塞在条件变量上的线程,这些线程重新竞争互斥锁,获取互斥锁对条件变量进行检测。

条件变量是一个所有线程可共享的全局变量,对条件变量的操作主要包括以下 4 个。

(1) 初始化条件变量。

(2) 等待条件变量满足。

(3) 条件变量满足时唤醒阻塞的线程。

(4) 销毁条件变量。

针对条件变量的上述操作，pthread 库提供了一组相关的函数，下面分别对这一组函数进行讲解。

1. pthread_cond_init()函数

pthread_cond_init()函数用于初始化条件变量，其所属头文件和声明如下。

```
#include <pthread.h>
int pthread_cond_init(pthread_cond_t * restrict cond,
                      const pthread_condattr_t * restrict attr);
```

pthread_cond_init()函数有两个参数，每个参数的含义如下。

(1) cond：待初始化的条件变量。cond 是 pthread_cond_t 结构体类型的指针，pthread_cond_t 结构体是用于表示条件变量的数据类型，读者不必关心其具体实现。

(2) attr：用于设置条件变量的属性，通常传入为 NULL，表示使用系统默认属性初始化条件变量。

pthread_cond_init()函数调用成功返回 0，否则返回 −1，并设置 errno。条件变量也有静态初始化方式，具体如下。

```
pthread_cond_t cond = PTHREAD_COND_INITIALIZER;
```

2. pthread_cond_wait()函数

当条件变量不满足时，线程会释放互斥锁，将自己挂起，等待条件变量满足要求。这个过程可以通过调用 pthread_cond_wait()函数实现。pthread_cond_wait()函数所属头文件和声明如下。

```
#include <pthread.h>
int pthread_cond_wait(pthread_cond_t * cond, pthread_mutex_t * mutex);
```

pthread_cond_wait()函数有两个参数，每个参数的含义如下。

(1) cond：待检测的条件变量。

(2) mutex：互斥锁。如果条件变量不满足，就释放该互斥锁。

pthread_cond_wait()函数调用成功则返回 0，否则返回 −1，并设置 errno。当有其他线程改变了条件变量，使条件变量满足要求时，其他线程会唤醒因条件变量不满足而挂起的线程。

3. pthread_cond_signal()函数

条件变量满足要求之后，更改条件变量的线程会唤醒被阻塞在该条件变量上的线程。pthread 库提供了 pthread_cond_signal()函数，用于唤醒被阻塞在条件变量上的线程。

pthread_cond_signal()函数所属头文件和声明如下。

```
#include <pthread.h>
int pthread_cond_signal(pthread_cond_t * cond);
```

pthread_cond_signal()函数只有一个参数 cond，表示被更改的条件变量。pthread_cond_signal()函数调用成功则返回 0，否则返回 −1，并设置 errno。

4. pthread_cond_broadcast()函数

pthread_cond_broadcast()函数的功能也是唤醒阻塞在条件变量的线程，不同的是，该函数会以广播的形式，唤醒阻塞在条件变量上的所有线程。pthread_cond_broadcast()函数所属头文件和声明如下。

```
#include <pthread.h>
int pthread_cond_broadcast(pthread_cond_t * cond);
```

pthread_cond_broadcast()函数只有一个参数 cond，表示被更改的条件变量。pthread_cond_broadcast()函数调用成功返回 0，否则返回-1，并设置 errno。

5. pthread_cond_destroy()函数

pthread_cond_destroy()函数的功能是释放条件变量，其所属头文件和声明如下。

```
#include <pthread.h>
int pthread_cond_destroy(pthread_cond_t * cond);
```

pthread_cond_destroy()函数只有一个参数 cond，表示待释放的条件变量。pthread_cond_destroy()函数调用成功返回 0，否则返回-1，并设置 errno。

学习了条件变量实现线程同步的原理及相关操作后，下面通过案例 9-12 演示条件变量实现线程同步的用法。

【案例 9-12】 编写 C 语言程序 demo9-12.c，功能如下：使用条件变量实现生产者和消费者同步。假设存储产品的容器无限大，生产者可以持续生产产品（共享资源）；消费者在消费产品时，如果产品数量为 0，则消费者无法消费产品，应阻塞等待。当生产者生产产品之后，唤醒消费者进行消费。

请读者扫描右方二维码，查看本案例的具体实现步骤。

9.5.3 信号量实现线程同步

互斥锁在实现线程同步时，同一时刻只能由一个线程访问共享资源，但在实际开发中，共享资源可能不唯一，例如，打印店中的多台计算机连接了多台打印机，每台计算机通过任意一台打印机都可以执行打印任务。在这里，共享资源（打印机）有多个，在协调资源时，如果仍然使用互斥锁实现同步，那么需要创建多个互斥锁，且需要使每个线程（计算机）尝试申请互斥锁，这样实现起来显然比较麻烦。

为了提高多线程访问多个共享资源的同步效率，POSIX 标准提供了信号量机制。POSIX 标准的信号量机制与 System V 信号量机制在本质上是相同的。信号量的值表示共享资源的数量，如果线程申请访问共享资源，会执行 P 操作使共享资源计数减 1；如果线程释放共享资源，会执行 V 操作使共享资源计数加 1。

相对于互斥锁，信号量既能保证线程同步，防止数据混乱，又能提高线程并发效率。对信号量的操作主要有以下 4 个。

（1）初始化信号量。
（2）阻塞等待信号量。
（3）唤醒阻塞线程。
（4）释放信号量。

针对信号量的上述操作,Linux 操作系统提供了一组相关函数,下面分别对这一组函数进行讲解。

1. sem_init()函数

sem_init()函数的功能是初始化信号量,其所属头文件和声明如下。

```
#include <semaphore.h>
int sem_init(sem_t * sem, int pshared, unsigned int value);
```

sem_init()函数有 3 个参数,每个参数的含义如下。

(1) sem:表示待初始化的信号量。

(2) pshared:用于指定信号量的作用范围。pshared 通常取值为 0 和非 0,当取 0 值时,信号量为当前进程中的所有线程共享;当取非 0 值时,信号量可以在进程之间共享。

(3) value:用于设置信号量的初始值。当信号量的初始值设置为 1 时,信号量就相当于互斥锁。

sem_init()函数调用成功,会将信号量的值设置为 value,并返回 0;否则返回 −1,并设置 errno。

2. sem_wait()函数

sem_wait()函数的功能是对信号量执行 P 操作,其所属头文件和声明如下。

```
#include <semaphore.h>
int sem_wait(sem_t * sem);
```

sem_wait()函数只有一个参数 sem,表示待操作的信号量。sem_wait()函数调用成功,线程执行 P 操作,信号量的值会减 1,并返回 0;否则返回 −1,并设置 errno。

线程在申请共享资源时,如果信号量值不为 0,则系统会分配共享资源给线程,共享资源数量减 1;如果信号量值为 0,即共享资源耗尽时,线程就会阻塞,直到有线程释放共享资源。

如果不希望线程在申请共享资源时因共享资源不足进入阻塞状态,可以调用 sem_trywait()函数尝试申请共享资源,sem_trywait()函数与互斥锁中的 pthread_mutex_trylock()函数功能类似,若资源申请不成功会立即返回。

sem_trywait()函数所属头文件和声明如下。

```
#include <semaphore.h>
int sem_trywait(sem_t * sem);
```

sem_trywait()函数也只有一个参数 sem,表示待操作的信号量。如果成功申请到共享资源,则 sem_trywait()函数返回 0;如果共享资源耗尽,sem_trywait()函数返回一个正整数,通常为 1;如果调用失败,sem_trywait()函数返回 −1,并设置 errno。

3. sem_post()函数

sem_post()函数的功能是对信号量执行 V 操作,其所属头文件和声明如下。

```
#include <semaphore.h>
int sem_post(sem_t * sem);
```

sem_post()函数只有一个参数 sem,表示待操作的信号量。sem_post()函数调用成功,线程执行 V 操作,信号量值加 1,并返回 0;否则返回 −1,并设置 errno。

当线程访问完共享资源后,会归还共享资源,可以调用 sem_post()函数使信号量加 1。此时,如果有阻塞在信号量上的线程,系统会唤醒这些线程,重新申请共享资源。

4. sem_getvalue()函数

sem_getvalue()函数的功能是获取信号量的值,其所属头文件和声明如下。

```
#include <semaphore.h>
int sem_getvalue(sem_t * sem, int * sval);
```

sem_getvalue()函数有两个参数,每个参数的含义如下。

(1) sem:表示信号量。

(2) sval:用于存储获取的信号量的值。

sem_getvalue()函数调用成功,会将获取的信号量的值存储到 sval 中,并返回 0;否则返回-1,并设置 errno。

5. sem_destroy()函数

sem_destroy()函数的功能是释放信号量资源,其所属头文件和声明如下。

```
#include <semaphore.h>
int sem_destroy(sem_t * sem);
```

sem_destroy()函数只有一个参数 sem,表示待释放的信号量。sem_destroy()函数调用成功返回 0,否则返回-1,并设置 errno。

学习了信号量实现线程同步的原理及相关函数后,下面通过案例 9-13 演示信号量实现线程同步的用法。

【案例 9-13】 编写 C 语言程序 demo9-13.c,功能如下:模拟 5 台计算机共享 3 台打印机的使用场景。

请读者扫描右方二维码,查看本案例的具体实现步骤。

9.6 本章小结

本章主要讲解了线程的相关知识。首先讲解了线程基本知识;然后讲解了线程的基本操作和线程属性;最后讲解了线程并发和线程同步。线程是 Linux 编程基础中非常重要的一项内容,掌握线程的概念和相关操作可以显著提升程序的效率。深入理解线程不仅有助于开发高效的应用程序,还为学习网络编程奠定了坚实的基础。

9.7 本章习题

请读者扫描右方二维码,查看本章课后习题。

第 10 章
socket 网络编程

学习目标

- 了解 socket 通信过程，能够说出 socket 通信过程。
- 了解 socket 地址结构，能够说出 socket 地址结构的作用及常用的 socket 地址结构。
- 了解 socket 属性，能够说出 socket 的 3 个属性及作用。
- 了解字节序，能够说出主机字节序与网络字节序的概念。
- 掌握 IP 地址的转换，能调用相关函数实现 IP 地址的转换。
- 了解 socket 通信流程，能够说出面向连接的 socket 通信流程和无连接的 socket 通信流程。
- 掌握 socket 编程接口，能够调用相关函数实现 socket 通信各部分的功能。
- 掌握 socket 网络实例，能够独立实现 TCP 通信与 UDP 通信。

当今社会已经深度融入信息化时代，而信息的传播离不开互联网的支持。随着计算机和因特网的迅猛发展，网络已经渗透到社会生活的各个角落。从操作系统到手机应用，无论是大型服务器开发还是小型嵌入式应用，都与网络息息相关。Linux 操作系统在网络方面尤为重要，无论是服务器开发还是嵌入式应用，都需要依赖网络进行数据传输。Linux 网络编程通常通过 socket（套接字）实现，本章将针对 socket 网络编程的相关内容进行详细讲解。

10.1 socket 简介

socket 是 Linux 操作系统网络编程的核心，本节将针对 socket 的基础知识进行讲解，包括 socket 通信过程、socket 地址结构和 socket 属性。

10.1.1 socket 通信过程

socket 是实现网络通信的一种机制。所谓网络通信就是网络中的进程间通信，它是单机上进程间通信的一种扩展。

网络通信的两个进程通常运行在不同的主机上，甚至不同的网络中。这样的两个进程之间进行通信，需要知道对方的主机位置（IP 地址）和进程位置（端口号），同时双方还需要遵循相同的通信协议。因此网络通信的机制与单机上的进程间通信机制并不相同，为了实现网络通信，人们设计了 socket 通信机制。

socket 可以视为两个进程间的通信端点,通信的进程双方都有一个 socket,socket 维护了两个缓冲区,一个是读缓冲区,一个是写缓冲区,即两个进程之间是全双工通信,进程可以向对方发送数据,也可以读取对方发送过来的数据。

socket 通信过程如图 10-1 所示。

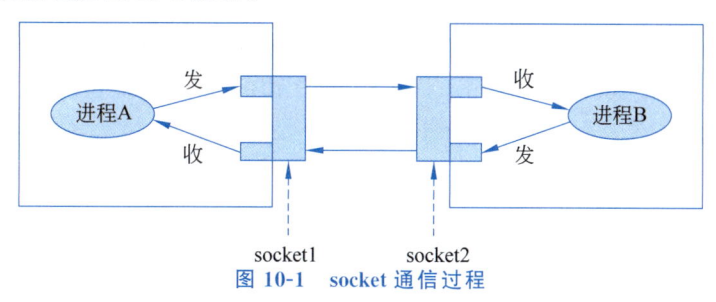

图 10-1 socket 通信过程

socket 必须是成对出现的,即通信双方的进程必须各自都有一个 socket。Linux 操作系统将 socket 视为一种特殊类型的文件,每个 socket 都有一个文件描述符,称为 socket 文件描述符。通过 socket 文件描述符,两个进程就能识别对方的 socket 并进行通信。

10.1.2 socket 地址结构

网络进程通信需要一些参数,如 IP 地址、端口号、通信协议等。socket 要实现网络通信就需要描述这些参数。为此,Linux 操作系统定义了一些结构体封装这些信息,这些结构体称为 socket 地址结构。下面介绍几个常用的 socket 地址结构。

1. struct sockaddr

struct sockaddr 是一个通用的 socket 地址结构,其定义如下。

```
struct sockaddr
{
    sa_family_t sa_family;              //协议族
    char        sa_data[14];            //IP 地址与端口号
};
```

在 struct sockaddr 结构体中,成员 sa_family 用于指定协议族;成员 sa_data 用于指定 IP 地址与端口号。

struct sockaddr 把 IP 地址与端口号融合在了一起,但使用起来比较麻烦。例如,对于 IPv4 地址、IPv6 地址,两种地址的表示方式、长度等都不相同,在使用成员 sa_data 存储时,需要进行一些位运算操作,操作过程比较烦琐。

2. struct sockaddr_in

为了解决 struct sockaddr 存在的问题,人们又针对不同的 IP 地址协议族定义了不同的 socket 地址结构,并且将 IP 地址与端口号分开描述。相对应地,这些针对不同 IP 地址协议族的 socket 地址结构称为专用 socket 地址结构。

在专用 socket 地址结构中,比较常用的是 struct sockaddr_in 结构体,它是针对 IPv4 协议族的地址结构。struct sockaddr_in 结构体的定义如下。

```
struct sockaddr_in
{
```

```
    sa_family_t        sin_family;         //协议族
    in_port_t          sin_port;           //端口号
    struct in_addr     sin_addr;           //IP 地址
    char               sin_zero[8];        //填充字节
};
```

在 struct sockaddr_in 结构体中,存储 IP 地址的成员 sin_addr 是 struct in_addr 结构体类型的变量,struct in_addr 结构体用于描述一个 32 位的 IPv4 地址,其定义如下。

```
struct in_addr
{
    unsigned long s_addr;
};
```

3. struct sockaddr_in6

struct sockaddr_in6 结构体是针对 IPv6 协议族而定义的 socket 地址结构,其定义如下。

```
struct sockaddr_in6
{
    sa_family_t        sin6_family;        //协议族
    in_port_t          sin6_port;          //端口号
    uint32_t           sin6_flowinfo;      //流信息
    struct in6_addr    sin6_addr;          //IPv6 地址,网络字节顺序
    uint32_t           sin6_scope_id;      //作用域 ID
};
```

在 struct sockaddr_in6 结构体中,存储 IP 地址的成员 sin6_addr 是 struct in6_addr 结构体类型,struct in6_addr 结构体用于描述一个 IPv6 地址,其定义如下。

```
struct in6_addr {
    uint8_t s6_addr[16];
};
```

目前 IPv6 地址仍未普及,因此,struct sockaddr_in6 结构体使用也未普及。

4. struct sockaddr_un

struct sockaddr_un 结构体是针对 UNIX 域套接字而定义的 socket 地址结构,用于实现本地进程间通信、本地文件共享等功能,并不用于网络通信。

struct sockaddr_un 结构体定义如下。

```
struct sockaddr_un
{
    sa_family_t        sun_family;         //协议族
    char               sun_path[];         //文件路径
};
```

专用的 socket 地址结构将 IP 地址与端口号分开定义,弥补了 struct sockaddr 的缺陷,使用起来更加灵活方便。这些专用的 socket 地址结构与通用的 socket 地址结构可以相互转换,在调用 socket 接口函数时,有的函数参数类型为 struct sockaddr,它可以兼容专用 socket 地址结构。

10.1.3　socket 属性

socket 的特性主要由 3 个属性确定，这 3 个属性分别是通信域、类型和协议。下面分别对 socket 的这 3 个属性进行讲解。

1. 通信域

socket 通信域决定了通信使用的协议族，不同的协议族对应不同的地址结构和通信规则。Linux 操作系统比较常用的通信域有以下 3 个。

- AF_UNIX：UNIX 通信域，即同一台计算机内两个进程通过文件系统进行通信。底层协议为 UNIX 本地域协议族，使用的 socket 地址结构为 struct sockaddr_un，socket 地址为文件路径。
- AF_INET：IPv4 网络通信域，底层协议为 IPv4 协议族，使用的 socket 地址结构为 struct sockaddr_in，socket 地址包括 16 位端口号和 32 位 IPv4 地址。
- AF_INET6：IPv6 网络通信域，底层协议为 IPv6 协议族，使用的 socket 地址结构为 struct sockaddr_in6，socket 地址包括 16 位端口号、32 位流标识和 128 位 IPv6 地址。

2. 类型

一个 socket 域可能有多种不同的通信方式，即类型，而每种通信方式又有其不同的特点。Linux 操作系统常用的 socket 类型有以下两种。

- SOCK_STREAM：字节流 socket，简称流套接字，它是在 AF_INET 域中通过 TCP 连接实现的。流套接字提供一个有序、可靠、双向字节流的连接，发送的数据可以确保不会丢失、重复或乱序到达。使用流套接字传输数据时，大的数据将被分片、传输、再重组，接收端接收大量的数据之后，以小数据块的形式将它们写入底层磁盘。
- SOCK_DGRAM：数据报套接字，它是在 AF_INET 域中通过 UDP 连接实现的。数据报套接字不建立和维持一个连接，数据报作为一个单独的网络消息被传输，它可能会丢失、重复或乱序到达。此外，数据报套接字可以发送的数据报是有长度限制的。数据报套接字提供的服务是不可靠的，但从资源角度看，它的开销比较小，并且它不需要维持网络连接，即不需要花费时间来建立连接，因此传输速度相对更快。

3. 协议

socket 协议是传输数据所使用的具体协议。对于给定的通信域和类型，一般只存在着一种协议。例如，当通信域为 AF_INET 时，对于流套接字，系统默认是 TCP 协议；对于数据报套接字，系统默认是 UDP 协议。

10.2　socket 通信基础知识

网络通信中需要使用 IP 地址和端口来标识进程在互联网中的位置。在计算机内部，IP 地址和端口以二进制形式存储，而在实际使用中，IP 地址通常以点分十进制的形式表示，而端口表示为一个整数。因此，在网络编程中，需要将点分十进制的 IP 地址和整数表示的端口转换为二进制形式才能在计算机中进行处理和传输。IP 地址和端口的转换是 socket 网络编程的基础之一，本节将针对 IP 地址和端口的转换进行讲解。

10.2.1 字节序

数据在内存中以字节为单位存储,在存储多字节数据类型(如整数、浮点数)时,需要考虑多字节数据的字节排列顺序,数据在计算机中的存储方式称为字节序(Endianness)。

在计算机系统中,存在两种不同的字节序:大端字节序(Big-Endian)和小端字节序(Little-Endian)。在大端字节序中,数据的高位字节存储在低地址,而低位字节存储在高地址。在小端字节序中,数据的高位字节存储在高地址,低位字节存储在低地址。

假如有一个 int 类型的整数 0x11223344,其大端字节序存储与小端字节序存储如图 10-2 所示。

由于不同的计算机系统采用不同的字节序,所以在进行数据交换和通信时需要考虑字节序的问题,以确保数据的正确传输和解析。

现代计算机系统大多采用小端字节序,因此小端字节序又称为主机字节序。但是在网络数据传输中,网络协议(如 TCP/IP 协议)规定了数据在网络中传输时采用大端字节序,因此大端字节序又称为网络字节序。在网络通信中,发送端发送的数据先要转换为网络字节序,再发送至网络;接收端默认从网络接收到的数据采用的是大端字节序,接收之后会对数据进行字节序的转换,这就避免了因字节转换而出现错误。

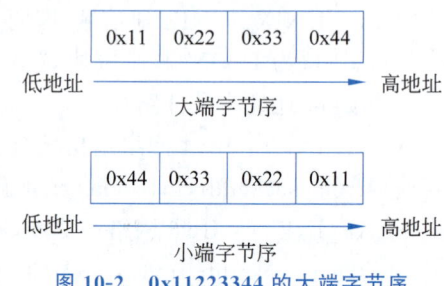

图 10-2　0x11223344 的大端字节序存储与小端字节序存储

Linux 操作系统提供了一些用于字节序转换的函数,这些函数所属头文件和声明如下。

```
#include <arpa/inet.h>
uint32_t htonl(uint32_t hostlong);          //主机字节序→网络字节序,适用于 32 位长整型
uint16_t htons(uint16_t hostshort);         //主机字节序→网络字节序,适用于 16 位短整型
uint32_t ntohl(uint32_t netlong);           //网络字节序→主机字节序,适用于 32 位长整型
uint16_t ntohs(uint16_t netshort);          //网络字节序→主机字节序,适用于 16 位短整型
```

上述函数名中的 h 表示主机 host,n 表示网络 network,l 表示 32 位长整型,s 表示 16 位短整型。通常带 l 的函数用于转换 IP 地址,带 s 的函数用于转换端口号。

10.2.2 IP 地址转换

常见的 IP 地址格式类似"192.168.10.1",这是一个标准的 IPv4 格式的地址,但这种格式是为了方便用户对其进行操作,若要使计算机能够识别,需先将其转换为二进制格式。

早期 Linux 操作系统提供了以下 3 个函数,用于实现 IP 地址的点分十进制与二进制之间的转换,这 3 个函数所属头文件和声明如下。

```
#include <sys/socket.h>
#include <netinet/in.h>
#include <arpa/inet.h>
//将点分十进制表示的 IPv4 地址转换为二进制形式
in_addr_t inet_addr(const char * cp);
//将点分十进制表示的 IPv4 地址转换为二进制形式,并将转换结果存储到 inp 地址结构中
int inet_aton(const char * cp, struct in_addr * inp);
```

```
//将二进制形式的网络地址转换为点分十进制表示的 IPv4 地址
char * inet_ntoa(struct in_addr in);
```

上述 3 个函数只能处理 IPv4 地址,随着 IPv6 地址的发展,Linux 操作系统又提供了两个功能更强大的转换函数:inet_pton()和 inet_ntop(),这两个函数不但能转换 IPv4 格式的地址,还能转换 IPv6 格式的地址。它们所属头文件和声明如下。

```
#include <arpa/inet.h>
int inet_pton(int af, const char * src, void * dst);
const char * inet_ntop(int af, const void * src, char * dst, socklen_t size);
```

下面分别对这两个函数进行介绍。

1. inet_pton()函数

inet_pton()函数的功能是将点分制表示的 IP 地址转换为二进制形式。它有 3 个参数,每个参数的含义如下。

(1) af:指定通信域,通常取值为 AF_INET(IPv4 地址)和 AF_INET6(IPv6 地址)。

(2) src:是一个指针,指向待转换的 IP 地址。

(3) dst:指向一段内存空间,该内存空间用于存储转换后的 IP 地址。对于 IPv4 地址,dst 指向 struct in_addr 结构体;对于 IPv6 地址,dst 指向 struct in6_addr 结构体。

inet_pton()函数调用成功,会将 src 表示的点分制 IP 地址转换为二进制,并将转换后的 IP 地址存储到 dst 指向的内存空间,然后返回 1;如果输入的 IP 地址形式无效,返回 0;调用失败返回−1,并设置 errno。

2. inet_ntop()函数

inet_ntop()函数的功能是将二进制形式 IP 地址转换为点分制表示的形式。它有 4 个参数,每个参数的含义如下。

(1) af:指定通信域,通常取值为 AF_INET(IPv4 地址)和 AF_INET6(IPv6 地址)。

(2) src:是一个指针,指向待转换的 IP 地址。

(3) dst:指向一段内存空间,用于存储转换后的 IP 地址。

(4) size:dst 指针指向的内存空间的大小。

inet_ntop()函数调用成功,会将 src 表示的二进制形式的 IP 地址转换为点分制形式,并将转换后的 IP 地址存储到 dst 指向的内存空间,然后返回指向转换后的 IP 地址的指针,即返回 dst 指针;调用失败返回 NULL,并设置 errno。

下面通过案例 10-1 演示 inet_pton()函数和 inet_ntop()函数的用法。

【案例 10-1】 编写 C 语言程序 demo10-1.c,功能如下:将 IP 地址 192.168.150.132 转换为二进制形式,再将二进制形式转换为点分十进制形式。输出每一次的转换结果,以验证上述转换是否正确。

demo10-1.c:

```
1   #include <stdio.h>
2   #include <stdlib.h>
3   #include <arpa/inet.h>
4   //定义一个函数输出二进制形式的数
5   void printBinary(unsigned long num)
6   {
```

```c
7       if (num > 1)
8           printBinary(num >> 1);
9       putchar((num & 1) ? '1' : '0');
10  }
11  int main()
12  {
13      //将点分十进制表示的 IP 地址转换为二进制形式
14      const char* ip_str = "192.168.150.132";
15      struct in_addr ip_addr;                        //存储转换后的 IP 地址
16      int ret = inet_pton(AF_INET, ip_str, &ip_addr);
17      if (ret <= 0)
18      {
19          perror("转换失败");
20          return 1;
21      }
22      printf("转换为二进制后的 IP 地址:");
23      printBinary(ip_addr.s_addr);
24      //将上述转换后的二进制形式地址再转换为点分十进制形式
25      char str[INET_ADDRSTRLEN];
26      inet_ntop(AF_INET, (void*)&ip_addr, str, INET_ADDRSTRLEN);
27      printf("\n转换为点分格式后:%s\n", str);
28      return 0;
29  }
```

在 demo10-1.c 中,第 5~10 行代码定义了一个函数 printBinary(),用于将二进制数输出显示。在 main()函数中,第 14 行代码定义了字符类型指针 ip_str,指向待转换的 IP 地址;第 15 行代码定义了 struct in_addr 结构体类型的变量 ip_addr,用于存储转换后的 IP 地址;第 16 行代码调用 inet_pton()函数将待转换的 IP 地址 ip_str 转换为二进制形式,并存储在 ip_addr 变量中;第 23 行代码调用 printBinary()函数将 ip_addr 变量中存储的二进制形式的 IP 地址输出显示。

第 25 行代码定义字符数组 str,其大小为 INET_ADDRSTRLEN,INET_ADDRSTRLEN 是 Linux 操作系统定义的宏,表示存储 IPv4 地址所需的最大缓冲区大小(包括结尾的空字符)。第 26 行代码调用 inet_ntop()函数将存储在 ip_addr 变量中的二进制形式的 IP 地址转换为点分十进制,将转换后的结果存储在字符数组 str 中;第 27 行代码调用 printf()函数输出转换后的 IP 地址。

编译 demo10-1.c 并执行编译后的程序,具体输出结果如下。

```
[itheima@localhost demo10-1]$ gcc -o demo10-1 demo10-1.c
[itheima@localhost demo10-1]$ ./demo10-1
转换为二进制后的 IP 地址:10000100100101101010100011000000
转换为点分格式后:192.168.150.132
```

10.3　socket 通信流程

根据进程在网络通信中使用的协议,可将 socket 通信方式分为两种:一种是面向连接、基于 TCP 协议的通信;另一种是无连接、基于 UDP 协议的通信。下面分别讲解这两种方式的 socket 通信过程。

1. 面向连接的 socket 通信过程

如果设置 socket 属性中的类型为 SOCK_STREAM，就会建立一个双向连接实现 socket 通信。面向连接的 socket 通信过程可以分为以下几个步骤。

（1）服务器创建一个 socket。

（2）服务器将 socket 与本机 IP 地址和指定端口进行绑定，可以理解为将 socket 绑定到服务器的指定进程。

（3）服务器监听 socket，等待客户端发来连接请求。

（4）客户端创建一个 socket 并向服务器发起连接请求。

（5）服务器接受客户端发来的连接请求，创建一个新的 socket 与客户端建立连接。

（6）服务器端和客户端建立连接后进行数据传输。

（7）通信结束后，服务器和客户端分别关闭 socket，释放资源。

面向连接的 socket 通信过程如图 10-3 所示。

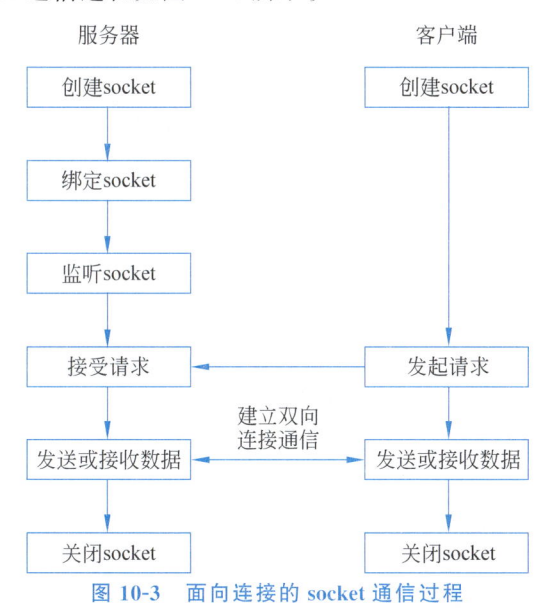

图 10-3　面向连接的 socket 通信过程

2. 无连接的 socket 通信过程

如果设置 socket 属性中的类型为 SOCK_DGRAM，通信的双方进程之间是无连接的数据传输。无连接的 socket 通信过程可以分以下几个步骤。

（1）服务器创建一个 socket。

（2）服务器将 socket 与本机 IP 地址和指定端口进行绑定。

（3）客户端创建一个 socket。

（4）服务器端和客户端直接通过 socket 进行数据传输。

（5）通信结束后，服务器和客户端分别关闭 socket，释放资源。

无连接的 socket 通信过程如图 10-4 所示。

图 10-4　无连接的 socket 通信过程

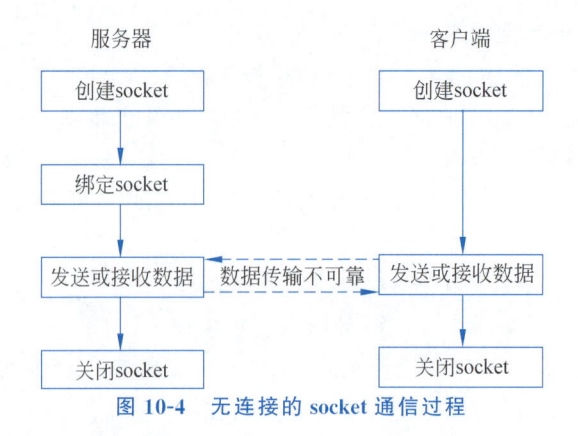

10.4　socket 编程接口

10.3 节中讲解的两种通信方式中,每一步都要调用 socket 接口实现,面向连接的 socket 通信和无连接的 socket 通信调用的是同一组接口,下面对 socket 编程常用接口进行讲解。

10.4.1　socket()

socket()函数用于创建 socket,其所属头文件和声明如下。

```
#include <sys/types.h>
#include <sys/socket.h>
int socket(int domain, int type, int protocol);
```

socket()函数有 3 个参数,每个参数的含义如下。

(1) domain:指定通信域。

(2) type:指定 socket 类型。

(3) protocol:指定通信协议。protocol 一般设置为 0,表示使用默认协议。

socket()函数调用成功返回一个 socket 文件描述符,否则返回−1,并设置 errno。

下面调用 socket()函数创建一个 Ipv4 网络通信域的字节流 socket,并判断 socket 创建是否成功。具体示例代码如下。

```
1   int sockfd;
2   sockfd = socket(AF_INET,SOCK_STREAM,0);
3   if(sockfd == -1)
4   {
5       perror("socket 创建失败");
6       exit(0);
7   }
```

上述示例代码中,第 2 行代码调用 socket()函数创建 socket,socket()函数第 1 个参数为 AF_INET,表示 IPv4 网络通信域;第 2 个参数为 SOCKET_STREAM,表示字节流 socket。第 3~7 行代码使用 if 选择语句判断 socket 是否创建成功。

10.4.2　bind()

服务器端创建 socket 之后,需要与指定的 socket 地址进行绑定,即服务器的哪个进程要使用这个 socket 进行通信，就将这个进程的端口、IP 地址等与 socket 进行关联，这个过程通常称为绑定 socket。

绑定 socket 通过调用 bind()函数实现，bind()函数所属头文件和声明如下。

```
#include <sys/types.h>
#include <sys/socket.h>
int bind(int sockfd, const struct sockaddr * addr,socklen_t addrlen);
```

bind()函数有 3 个参数，每个参数的含义如下。

（1）sockfd：socket 文件描述符，即 socket()函数的返回值。

（2）addr：指向本机 socket 地址的指针。addr 指针为通用 socket 地址结构类型，但它可以接收专用 socket 地址结构类型。

（3）addrlen：socket 地址的长度，一般可使用 sizeof(struct sockaddr)获取。

bind()函数调用成功返回 0，否则返回－1，并设置 errno。

下面演示 bind()函数的用法，假设服务器 IP 地址为 192.168.91.129，要通信的进程的端口号为 2000，则绑定 socket 的示例如下。

```
1   //Ipv4 地址,需要定义 struct sockaddr_in 结构体变量
2   struct sockaddr_in my_addr;
3   //定义 struct in_addr 结构体类型的变量 ip_addr,存储转换后的服务器 IP 地址
4   struct in_addr ip_addr;
5   //将 my_addr 清零,即初始化
6   memset(&my_addr,0,sizeof(struct sockaddr_in));
7   //指定通信域
8   my_addr.sin_family = AF_INET;
9   //将端口号转换为网络字节序
10  my_addr.sin_port = htons(2000);
11  //调用 inet_pton()函数将 IP 地址转换为网络字节序,并存储到 ip_addr 中
12  inet_pton(AF_INET,"192.168.91.129",&ip_addr);
13  //使用 ip_addr 为 my_addr 的成员 sin_addr 赋值
14  my_addr.sin_addr = ip_addr;
15  //调用 bind()函数绑定 socket
16  int ret = bind(sockfd,(struct sockaddr *)&my_addr,sizeof(struct sockaddr_in));
17  if(ret == -1)
18  {
19      perror("绑定失败");
20      return -1;
21  }
```

上述代码中，第 2 行代码定义了 struct sockaddr_in 结构体类型的变量 my_addr，用于存储服务器的 socket 地址；第 4 行代码定义 struct in_adddr 结构体类型的变量 ip_addr，用于存储转换后的服务器 IP 地址；第 6 行代码调用 memset()函数初始化 my_addr 变量；第 8 行代码设置 my_addr 的成员 sin_family 的值为 AF_INET，表示通信域为 IPv4 网络通信域；第 10 行调用 htons()函数将端口号 2000 转换为网络字节序之后赋值给 my_addr 的成员 sin_port；第 12 行代码调用 inet_pton()函数将服务器 IP 地址转换为网络字节序之后，存储在变量 ip_addr 中；第 14 行代码使用 ip_addr 为 my_addr 的成员 sin_addr 赋值，即将转换后的服务器 IP 地址存储到 my_addr 的成员 sin_addr 中。

第 16 行代码调用 bind()函数将文件描述符为 sockfd 的 socket 与 my_addr 进行绑定。

第 17~21 行代码使用 if 选择结构语句判断是否绑定成功。

调用 bind()函数时,需要注意以下两点。

(1) 设置端口号时,尽量让端口号大于 1024,因为 1024 以下的端口号通常被系统进程占用。如果端口号设置为 0,则系统会自动分配端口号。

(2) 设置 IP 地址时,如果 IP 地址设置为 INADDR_ANY,则系统自动加载本机所有 IP 地址。INADDR_ANY 是 Linux 操作系统定义的一个常量,它的值为 0,相当于"0.0.0.0",用于表示服务器端可以绑定任何可用的 IP 地址。

例如,假如服务器有 3 块网卡,表示有 3 个 IP 地址。在设置 IP 地址时,如果 IP 地址设置为 INADDR_ANY,则程序会全部加载这 3 个 IP 地址,无论客户端向哪个 IP 地址发送数据,服务器都会接收到。

使用 INADDR_ANY 设置 IP 地址时,不需要再调用 inet_pton()函数进行转换,直接使用 INADDR_ANY 为 socket 地址结构的成员 sin_addr.s_addr 赋值即可,示例代码如下。

```
my_addr.sin_addr.s_addr = INADDR_ANY;
```

上述代码的功能与下面 3 行代码的功能相同。

```
struct in_addr ip_addr;                              //存储转换后的 IP 地址
inet_pton(AF_INET,"0.0.0.0",&ip_addr);               //0.0.0.0不能替换为 INADDR_ANY
my_addr.sin_addr = ip_addr;
```

10.4.3　listen()

服务器绑定 socket 之后,要监听这个 socket,以便及时响应对客户端发来的请求。监听 socket 的函数为 listen(),其所属头文件和声明如下。

```
#include <sys/types.h>
#include <sys/socket.h>
int listen(int sockfd, int backlog);
```

listen()函数有两个参数,每个参数的含义如下。

(1) sockfd:socket 文件描述符,即 socket()函数的返回值。

(2) backlog:指定请求队列的大小。如果客户端发来的请求太多,服务器来不及处理,这些请求就会在请求队列中排队等待。参数 backlog 设置了请求队列的大小,如果请求队列已满,服务器就会忽略后续发来的请求。

listen()函数调用成功返回 0,表示监听状态设置成功,即 socket 已处于被监听状态;调用失败返回-1,并设置 errno。

listen()函数的用法示例如下。

```
1    //监听
2    int ret = listen(sockfd,10);
3    if(ret == -1)
4    {
5        perror("监听失败");
6        return -1;
7    }
```

10.4.4　connect()

服务器绑定 socket 并设置好监听状态之后,就等待客户端发来连接请求。客户端可以调用 connect()函数向服务器发送连接请求,connect()函数所属头文件和声明如下。

```
#include <sys/types.h>
#include <sys/socket.h>
int connect(int sockfd, const struct sockaddr * addr,socklen_t addrlen);
```

connect()函数有 3 个参数,每个参数的含义如下。

(1) sockfd:socket 文件描述符,即 socket()函数的返回值。
(2) addr:指向服务器 socket 地址的指针,客户端要向哪个服务器发送连接请求。
(3) addrlen:socket 地址的长度,一般可使用 sizeof(struct sockaddr)获取。

connect()函数调用成功返回 0,否则返回－1,并设置 errno。如果连接不能立刻建立,connetc()函数会阻塞一段时间(由系统确定),如果时间超时,连接将被放弃,connect()函数调用失败。

下面调用 connect()函数向 IP 地址为 202.108.22.5 的服务器端发起连接请求,请求端口为 80,并判断请求连接是否成功。具体示例代码如下。

```
1   //客户端向服务器端发起连接请求
2   //定义 sockaddr_in 结构体变量 server_addr,用于设置服务器的 IP 地址、端口等
3   struct sockaddr_in server_addr;
4   //定义 struct in_addr 结构体变量 ip_addr,用于存储转换后的服务器 IP 地址
5   struct in_addr ip_addr;
6   memset(&server_addr,0,sizeof(struct sockaddr_in));
7   server_addr.sin_family = AF_INET;              //设置通信域
8   server_addr.sin_port = htons(80);              //转换请求的端口
9   inet_pton(AF_INET,"202.108.22.5",&ip_addr);    //转换 IP 地址(服务器的 IP 地址)
10  my_addr.sin_addr = ip_addr;
11  //发送请求
12  ret = connect(sockfd,(struct sockaddr * )&server_addr,sizeof(struct
    sockaddr_in));
13  if(ret == -1)
14  {
15      perror("连接失败");
16      return -1;
17  }
```

上述代码中,第 3 行代码定义了 struct sockaddr_in 结构体变量 server_addr,用于存储服务器 socket 地址;第 5 行代码定义了 struct in_addr 结构体类型的变量 ip_addr,用于存储转换后的服务器 IP 地址。第 7～10 行代码,将服务器的端口、IP 地址等信息存储到 server_addr 中,即设置服务器的 socket 地址。

第 12 行代码调用 connect()函数向服务器(socket 地址为 server_addr)发起连接请求;第 13～17 行代码使用 if 选择语句判断连接是否成功。

10.4.5　accept()

当客户端发来连接请求时,服务器会调用 accept()函数接受请求,与客户端建立连接;如果尚未有客户端发来连接请求,accept()函数会阻塞等待,直到有客户端发来连接请求。

accept()函数所属头文件和声明如下。

```
#include <sys/types.h>
#include <sys/socket.h>
int accept(int sockfd, struct sockaddr * addr, socklen_t * addrlen);
```

accept()函数有3个参数,每个参数的含义如下。

(1) sockfd:服务器正在监听的socket文件描述符,socket()函数的返回值。

(2) addr:用于接收存储客户端的socket地址。

(3) addrlen:用于存储客户端的socket地址长度。

accept()函数调用成功会返回一个新的socket文件描述符,这个新的socket文件描述符与客户端的socket文件描述符建立一个连接,彼此收发数据。原有socket文件描述符仍旧监听是否有其他客户端发来连接请求。

假设一个服务器创建了一个socket,socket文件描述符为101,且处于监听状态。如果客户端1发来连接请求,服务器调用accept()函数处理请求,会创建一个新的socket,假设其文件描述符为102,服务器使用文件描述符为102的socket与客户端1建立连接。文件描述符为101的socket仍旧监听是否有其他客户端发来连接请求。

接着客户端2也发来连接请求,服务器调用accept()函数处理请求,也会创建一个新的socket,假设其文件描述符为103,服务器使用文件描述符为103的socket与客户端2建立连接,该过程如图10-5所示。

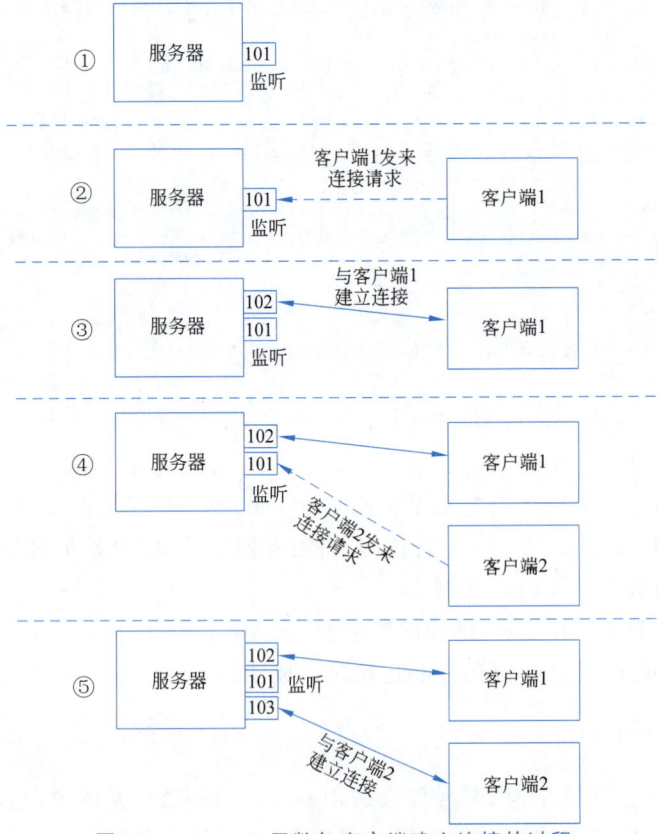

图10-5 accept()函数与客户端建立连接的过程

accept()函数调用失败会返回−1,并设置errno。

下面调用accep()函数接受客户端发来的请求,具体示例代码如下。

```
1   //处理客户端请求
2   struct sockaddr_in client_addr;     //client_addr用于存储客户端socket地址
3   socklen_t client_addrlen;           //client_addrlen用于存储客户端socket地址长度
4   //调用accept()函数处理客户端发来的请求
5   int new_fd = accept(sockfd,(struct sockaddr *)&client_addr,&client_addrlen);
6   if(new_fd == -1)
7   {
8       perror("请求处理失败");
9       return -1;
10  }
```

上述代码中,第2行代码定义了struct sockaddr_in结构体变量client_addr,用于存储客户端的socket地址;第3行代码定义了socklen_t类型的变量client_addrlen,用于存储客户端socket地址的长度。第5行代码调用accept()函数接受客户端发来的请求,将客户端的socket地址存储到client_addr中,将客户端的socket地址长度存储到client_addrlen中;第6~10行代码使用if选择语句判断请求处理是否成功,即是否成功建立连接。

10.4.6 send()

当连接建立之后,服务器和客户端就可以相互收发数据了,发送数据可以调用send()函数完成。send()函数所属头文件和声明如下。

```
#include <sys/types.h>
#include <sys/socket.h>
ssize_t send(int sockfd, const void *buf, size_t len, int flags);
```

send()函数有4个参数,每个参数的含义如下。

(1) sockfd:已连接的socket文件描述符。

(2) buf:待发送的数据。

(3) len:待发送的数据的长度。

(4) flags:标识位,用于控制send()函数的发送方式,通常设置为0,表示使用系统默认的发送行为。当flags设置为0时,其功能与write()函数相同,此时,也可以使用write()函数代替send()函数发送数据。

send()函数调用成功返回实际发送的数据的长度(字节数),实际发送的数据长度有可能会小于参数len,它取决于socket的发送缓冲区、网络条件等因素。send()函数调用失败返回−1,并设置errno。

send()函数用法示例如下。

```
1   //发送数据
2   ssize_t len = send(sockfd,"测试数据",20,0);
3   if(len == -1)
4   {
5       perror("发送失败");
6       return -1;
7   }
```

除了 send()函数，Linux 操作系统还提供了另外两个用于发送数据的函数：sendto()和 sendmsg()，这两个函数不但可以给已连接的 socket 发送数据，还可以给无连接的 socket 发送数据。

sendto()函数和 sendmsg()函数所属头文件和声明如下。

```
#include <sys/types.h>
#include <sys/socket.h>
ssize_t sendto(int sockfd, const void *buf, size_t len, int flags,
               const struct sockaddr *dest_addr, socklen_t addrlen);
ssize_t sendmsg(int sockfd, const struct msghdr *msg, int flags);
```

sendto()函数有 6 个参数，前 4 个参数的含义与 send()函数相同，第 5 个参数 dest_addr 和第 6 个参数 addrlen 分别用于设置目的进程的 socket 地址和 socket 地址长度。如果调用 sendto()函数向已连接的 socket 发送数据，第 5 个参数和第 6 个参数可以设置为 NULL 和 0。sendto()函数调用成功返回实际发送的数据的长度，否则返回-1，并设置 errno。

sendmsg()函数有 3 个参数，每个参数的含义如下。

（1）sockfd：socket 文件描述符。

（2）msg：指向一段内存空间的指针，该内存空间记录了目的进程的 socket 地址、要发送的数据、控制信息等。

（3）flags：标识位，用于控制 sendmsg()的发送方式，通常设置为 0。

sendmsg()函数调用成功返回实际发送的字节数，否则返回-1，并设置 errno。

sendto()函数与 sendmsg()函数的用法和 send()函数类似，此处不再使用具体示例演示。需要注意的是，调用 sendto()函数和 sendmsg()函数向无连接的 socket 发送数据时，并不保证数据能被成功接收。

📖 **多学一招：struct msghdr 结构体**

sendmsg()函数的第 2 个参数 msg 是一个 struct msghdr 类型的指针，struct msghdr 的定义如下。

```
struct msghdr {
    void          *msg_name;         //指向目标地址的指针
    socklen_t     msg_namelen;       //目标地址长度
    struct iovec  *msg_iov;          //数据缓冲区指针
    size_t        msg_iovlen;        //msg_iov 指向的缓冲区大小，即数据块的数量
    void          *msg_control;      //辅助数据（如控制消息）缓冲区指针
    size_t        msg_controllen;    //辅助数据缓冲区大小
    int           msg_flags;         //标识位
};
```

sendmsg()函数使用 struct msghdr 结构体中的成员描述待发送的数据，其中，成员 msg_iov 指向的缓冲区是一个数组，每个元素包含了待发送的数据块及数据块长度。因此，sendmsg()可以批量发送数据，这是它与 sendto()函数的区别，sendto()函数一次只能发送一个数据块。

10.4.7 recv()

recv()函数用于从已连接的 socket 中接收数据，其所属头文件和声明如下。

```
#include <sys/types.h>
#include <sys/socket.h>
ssize_t recv(int sockfd, void * buf, size_t len, int flags);
```

recv()函数有4个参数,每个参数的含义如下。

(1) sockfd:已连接的文件描述符。

(2) buf:指向缓冲区的指针,该缓冲区用于存储接收到的数据。

(3) len:接收数据的缓冲区大小。

(4) flags:标识位,其含义与send()函数的标识位相同,通常设置为0。当flags设置为0时,其功能和read()函数相同,此时,可以使用read()函数代替recv()函数。

recv()函数调用成功返回接收到的数据的长度;如果连接已经关闭,recv()函数返回0;如果调用失败,recv()函数返回-1,并设置errno。

recv()函数用法示例如下。

```
1   //接收数据
2   char buf[1024];
3   ssize_t recv_len = recv(sockfd,buf,1024-1,0);
4   if(recv_len == -1)
5   {
6       perror("接收数据失败");
7       return -1;
8   }
```

除了recv()函数,Linux操作系统还提供了另外两个用于接收数据的函数:recvfrom()和recvmsg(),这两个函数不但可以从已连接的socket接收数据,还可以从无连接的socket接收数据。

recvfrom()函数和recvmsg()函数所属头文件和声明如下。

```
#include <sys/types.h>
#include <sys/socket.h>
ssize_t recvfrom(int sockfd, void * buf, size_t len, int flags,
                 struct sockaddr * src_addr, socklen_t * addrlen);
ssize_t recvmsg(int sockfd, struct msghdr * msg, int flags);
```

recvfrom()函数与sendto()函数是对应的,recvmsg()函数与sendmsg()函数是对应的,这里不再讲解它们的参数含义。recvfrom()函数与recvmsg()函数调用成功都返回接收到的数据的长度,调用失败都返回-1,并设置errno。

10.4.8　close()

close()函数用于关闭socket,释放系统分配给socket的资源。close()函数所属头文件和声明如下。

```
#include <unistd.h>
int close(int fd);
```

close()函数只有一个参数fd,表示socket文件描述符。close()函数调用成功则返回0,否则返回-1,并设置errno。

10.5 socket 网络编程实例

经过前面的学习，读者已经掌握了 socket 通信过程、socket 编程中的常用接口，以及基于 TCP 协议和 UDP 协议的网络通信流程，本节将结合前面学习的知识，通过两个案例演示 socket 网络编程的应用。

10.5.1 C/S 模型——TCP 通信

在创建 socket 时，若将 socket() 函数中的参数 type 设置为 SOCK_STREAM，程序将采用 TCP 传输协议，先使通信双方建立连接，再传输数据。下面通过案例 10-2 演示基于 TCP 协议的 socket 通信。

【案例 10-2】 编写 C/S 模式的程序，实现一个简单的 AI 工具。具体功能如下。

(1) 该 AI 工具分为服务器端与客户端。
(2) 客户端可随时向服务器进行问题咨询。
(3) 咨询模式为一问一答，即客户端提出问题，服务器进行回答。
(4) 当双方输入 quit 时，通信结束。

思路分析：AI 工具分为服务器端与客户端，需要分别实现服务器端程序与客户端程序。服务器端程序的实现思路如下。

(1) 调用 socket() 函数创建 socket。
(2) 调用 bind() 函数绑定 socket。
(3) 调用 listen() 函数监听 socket。
(4) 调用 accept() 函数等待客户端连接。
(5) 当有客户端连接时，与客户端建立连接，然后调用 recv() 函数和 send() 函数进行数据的收发。

客户端程序实现思路如下。

(1) 调用 socket() 函数创建 socket。
(2) 调用 connect() 函数向服务器端发起连接请求。
(3) 连接建立成功，调用 recv() 函数和 send() 函数进行数据的收发

本案例准备两台主机，一台主机作为服务器，其 IP 地址为 192.168.91.129；一台主机作为客户端，其 IP 地址为 192.168.91.132。

根据上述思路实现服务器端程序和客户端程序，假如服务器端程序实现文件为 demo10-2-server.c，客户端程序实现文件为 demo10-2-client.c，则这两个文件的具体实现如下。

demo10-2-server.c：

```
1   #include <stdio.h>
2   #include <stdlib.h>
3   #include <sys/socket.h>
4   #include <netinet/in.h>
5   #include <arpa/inet.h>
6   #include <string.h>
7   #include <unistd.h>
8   #include <ctype.h>
```

```c
9   #include <sys/types.h>
10  //定义需要的宏
11  #define SERV_PORT 6666                              //服务器进程端口号
12  #define RECVSIZE 1024                               //接收数据的缓冲区大小
13  #define SENDSIZE 1024                               //发送数据的缓冲区大小
14  int main()
15  {
16      //创建socket
17      int sockfd = socket(AF_INET, SOCK_STREAM, 0);
18      if (sockfd == -1)
19      {
20          perror("socket创建失败");
21          return -1;
22      }
23      //绑定:定义struct sockaddr结构体变量并初始化
24      struct sockaddr_in my_addr;
25      struct in_addr ip_addr;                         //存储转换后的IP地址
26      memset(&my_addr, 0, sizeof(struct sockaddr_in));
27      my_addr.sin_family = AF_INET;
28      my_addr.sin_port = htons(SERV_PORT);
29      my_addr.sin_addr.s_addr = INADDR_ANY;
30      int ret = bind(sockfd, (struct sockaddr *)&my_addr,
31                  sizeof(struct sockaddr_in));
32      if (ret == -1)
33      {
34          perror("绑定失败");
35          return -1;
36      }
37      //监听
38      ret = listen(sockfd, 10);
39      if (ret == -1)
40      {
41          perror("监听失败");
42          return -1;
43      }
44      //等待客户端发来连接请求
45      printf("等待连接请求...\n");
46      struct sockaddr_in client_addr;                 //存储客户端socket地址信息
47      memset(&client_addr, 0, sizeof(struct sockaddr_in));
48      //存储对方socket地址长度
49      socklen_t client_addrlen = sizeof(struct sockaddr_in);
50      int connfd = accept(sockfd, (struct sockaddr *)&client_addr,
51                  &client_addrlen);
52      if (connfd == -1)
53      {
54          perror("连接失败");
55          return -1;
56      }
57      else
58      {
59          char str[INET_ADDRSTRLEN];
60          inet_ntop(AF_INET, (void *)&client_addr.sin_addr, str,
61                  INET_ADDRSTRLEN);
62          printf("对方IP:%s", str);
63          printf("\t对方端口:%d\n", ntohs(client_addr.sin_port));
```

```
64      }
65      //收发数据
66      char recvbuf[RECVSIZE];                             //存储接收到的数据
67      char sendbuf[SENDSIZE];                             //存储要发送的数据
68      while (1)
69      {
70          memset(recvbuf, 0, RECVSIZE);                   //初始化接收数组
71          recv(connfd, recvbuf, RECVSIZE, 0);             //接收数据
72          printf("问:%s\n", recvbuf);                     //输出接收到的数据
73          printf("答:");
74          memset(sendbuf, 0, SENDSIZE);                   //初始化发送数组
75          scanf("%s", sendbuf);                           //从键盘录入数据
76          if (strcmp(sendbuf, "quit") == 0)               //如果输入的是 quit,退出
77              break;
78          send(connfd, sendbuf, strlen(sendbuf), 0);      //发送数据
79      }
80      printf("结束对话\n");
81      close(connfd);                                      //关闭 connfd
82      close(sockfd);                                      //关闭 sockfd
83      return 0;
84  }
```

在 demo10-2-server.c 中，第 17 行代码调用 socket() 函数创建了一个 socket；第 24～29 行代码定义 struct sockaddr_in 结构体变量 my_addr，并对 my_addr 进行初始化，即指定 socket 要绑定的 IP 地址、端口号等；其中第 28 行代码调用 htons() 函数将端口号转换为网络字节序；第 29 行代码直接使用 INADDR_ANY 为 my_addr.sin_addr.s_addr 成员赋值，表示本机所有地址都要进行绑定。第 30、31 行代码调用 bind() 函数将 socket 与指定的 socket 地址进行绑定。

第 38 行代码调用 listen() 函数监听 socket；第 50、51 行代码调用 accept() 函数阻塞等待客户端的连接；有客户端连接时，将客户端 socket 地址信息存储在 struct sockaddr_in 结构体变量 client_addr 中；第 52～64 行代码通过 connect() 函数的返回值判断 connect() 函数调用是否成功，如果 connect() 函数调用成功，则输出客户端的 IP 地址与端口信息。

第 68～79 行代码在 while() 无限循环中调用 recv() 函数接收客户端发来的数据，调用 send() 函数向客户端发送数据；第 81、82 行代码调用 close() 函数分别关闭 connfd 和 sockfd。

编译 demo10-2-server.c 并执行编译后的程序，具体命令及输出结果如下。

```
[itheima@localhost demo10-2]$ gcc -o server demo10-2-server.c
[itheima@localhost demo10-2]$ ./server
等待连接请求...
```

由程序输出结果可知，服务器端在阻塞等待客户端的连接。

demo10-2-client.c：

```
1   #include <stdio.h>
2   #include <stdlib.h>
3   #include <sys/socket.h>
4   #include <netinet/in.h>
5   #include <arpa/inet.h>
```

```c
6   #include <string.h>
7   #include <unistd.h>
8   #include <ctype.h>
9   //定义需要的宏
10  #define SERV_PORT 6666                        //服务器进程端口号
11  #define RECVSIZE 1024                         //接收数据的缓冲区大小
12  #define SENDSIZE 1024                         //发送数据的缓冲区大小
13  int main()
14  {
15      //创建 socket
16      int sockfd = socket(AF_INET, SOCK_STREAM, 0);
17      if (sockfd == -1)
18      {
19          perror("socket 创建失败");
20          return -1;
21      }
22      //发起连接请求
23      //定义 struct sockaddr_in 变量,初始化为服务器的 socket 地址
24      struct sockaddr_in server_addr;
25      struct in_addr ip_addr;                   //存储转换后的 IP 地址
26      memset(&server_addr, 0, sizeof(struct sockaddr_in));
27      server_addr.sin_family = AF_INET;
28      server_addr.sin_port = htons(SERV_PORT);
29      inet_pton(AF_INET, "192.168.91.129", &ip_addr);
30      my_addr.sin_addr = ip_addr;
31      //向服务器发起连接
32      int ret = connect(sockfd, (struct sockaddr *)&server_addr,
33                  sizeof(struct sockaddr_in));
34      if (ret == -1)
35      {
36          perror("连接失败");
37          return -1;
38      }
39      printf("连接成功\n");
40      //收发数据
41      char recvbuf[RECVSIZE];                   //存储接收到的数据
42      char sendbuf[SENDSIZE];                   //存储要发送的数据
43      ssize_t recv_len;
44      while (1)
45      {
46          printf("问:");
47          memset(sendbuf, 0, SENDSIZE);
48          scanf("%s", sendbuf);
49          if (strcmp(sendbuf, "quit") == 0 )
50              break;
51          send(sockfd, sendbuf, strlen(sendbuf), 0);
52          memset(recvbuf, 0, RECVSIZE);
53          recv(sockfd, recvbuf, RECVSIZE, 0);
54          printf("答:%s\n", recvbuf);
55      }
56      printf("结束对话\n");
57      close(sockfd);
58      return 0;
59  }
```

在 demo10-2-client.c 中,第 16 行代码调用 socket()函数创建一个 socket;第 24~30 行

代码定义 struct sockaddr_in 结构体类型的变量 server_addr，使用服务器的 IP 地址、端口等信息进行初始化；第 32、33 行代码调用 connect() 函数向服务器发起连接请求。

连接建立之后，第 44～55 行代码在 while() 无限循环中调用 send() 函数向服务器端发送数据，调用 recv() 函数接收服务器端发送的数据。第 57 行代码调用 close() 函数关闭 sockfd。

在另一台主机上编译 demo10-2-client.c 并执行编译后的程序，具体命令及输出结果如下。

```
[itheima@localhost demo10-2]$ gcc -o client demo10-2-client.c
[itheima@localhost demo10-2]$ ./client
连接成功
```

由程序输出结果可知，客户端向服务器端发起连接请求，双方成功建立了连接。此时，服务器端的变化如下。

```
[itheima@localhost demo10-2]$ ./server
等待连接请求...
对方 IP:192.168.91.132  对方端口:35620
```

建立连接之后，服务器端输出显示了客户端的 IP 地址、端口信息。此时，客户端就可以向服务器端发送数据，服务器也可以进行回答，客户端与服务器端的交互过程如下。

客户端

```
[itheima@bogon ~]$ ./client
连接成功
问:你好
答:你好
问:中国有多少个省份
答:中国有 34 个省级行政区,包括 23 个省、5 个自治区、4 个直辖市、2 个特别行政区
问:谢谢
答:不客气
问:quit
结束对话
```

服务器端

```
[itheima@localhost demo10-2]$ ./server
等待连接请求...
对方 IP:192.168.91.132  对方端口:35620
问:你好
答:你好
问:中国有多少个省份
答:中国有 34 个省级行政区,包括 23 个省、5 个自治区、4 个直辖市、2 个特别行政区
问:谢谢
答:不客气
问:
答:quit
结束对话
```

由服务器端和客户端的交互结果可知，案例 10-2 实现成功。在本案例中，服务器端程序和客户端程序是在两台主机上运行的，读者也可以在同一台主机上打开两个终端运行。

案例 10-2 只是实现了一个非常简单的 TCP 通信程序，功能并不完善，比如它只支持一

问一答的模式,不能一方多次发送数据,并且只能客户端先发送数据。在交互过程中,客户端先使用 quit 结束了通信,即最后一次数据并未发出,因此服务器端最后一个接收的一个提问为空行。

10.5.2　C/S 模型——UDP 通信

在创建 socket 时,若将 socket() 函数中的参数 type 设置为 SOCK_DGRAM,程序将采用 UDP 传输协议,以数据包的形式传输数据。下面通过案例 10-3 演示基于 UDP 协议的 socket 通信。

【案例 10-3】 编写 C/S 模式的程序,分别创建服务器和客户端。客户端的功能是从终端获取一个字符串发送给服务器,然后接收服务器返回的字符串并输出;服务器的功能是接收客户端发来的字符串,将字符串中的每个字符转换为大写再返回给客户端。

本案例是基于 UDP 协议的数据传输,不必建立连接,实现过程较为简单。服务器端程序实现为 demo10-3-server.c,客户端程序实现为 demo10-3-client.c,两个文件的具体实现如下。

demo10-3-server.c:

```
1   #include <stdio.h>
2   #include <stdlib.h>
3   #include <sys/socket.h>
4   #include <netinet/in.h>
5   #include <arpa/inet.h>
6   #include <string.h>
7   #include <unistd.h>
8   #include <ctype.h>
9   #include <sys/types.h>
10  #define MAXLINE 80                                      //最大连接数
11  #define SERV_PORT 6666                                  //服务器端口号
12  int main()
13  {
14      //定义服务器与客户端地址结构
15      struct sockaddr_in server_addr,client_addr;
16      socklen_t client_len;                               //客户端地址长度
17      char buf[MAXLINE];
18      char str[INET_ADDRSTRLEN];
19      int i,n;
20      int sockfd = socket(AF_INET,SOCK_DGRAM,0);          //创建一个 socket
21      //初始化服务器端口地址
22      memset(&server_addr,0,sizeof(struct sockaddr_in));
23      server_addr.sin_family = AF_INET;
24      server_addr.sin_addr.s_addr = htonl(INADDR_ANY);
25      server_addr.sin_port = htons(SERV_PORT);
26      //绑定 socket
27      bind(sockfd,(struct sockaddr *)&server_addr,sizeof(server_addr));
28      printf("Accept connections...\n");
29      //数据传输
30      while(1)
31      {
32          client_len = sizeof(client_addr);
33          n = recvfrom(sockfd,buf,MAXLINE,0,
34                  (struct sockaddr *)&client_addr,&client_len);
```

```c
35              if(n == -1)
36                      perror("recvfrom error");
37              printf("received from %s at PORT %d\n",
38                      inet_ntop(AF_INET,&client_addr.sin_addr,str,sizeof(str)),
39                      ntohs(client_addr.sin_port));
40              //小写转大写
41              for(i = 0; i < n; i++)
42                      buf[i] = toupper(buf[i]);
43              n = sendto(sockfd,buf,n,0,
44                  (struct sockaddr *)&client_addr,sizeof(client_addr));
45              if(n == -1)
46                      perror("sendto error");
47      }
48      close(sockfd);
49      return 0;
50 }
```

demo10-3-client.c：

```c
1  #include <stdio.h>
2  #include <stdlib.h>
3  #include <sys/socket.h>
4  #include <netinet/in.h>
5  #include <arpa/inet.h>
6  #include <string.h>
7  #include <unistd.h>
8  #include <ctype.h>
9  #include <sys/types.h>
10 #define MAXLINE 80                          //最大连接数
11 #define SERV_PORT 6666                      //服务器端口号
12 int main()
13 {
14     struct sockaddr_in server_addr;         //定义服务器地址结构
15     int sockfd, n;
16     char buf[MAXLINE];
17     sockfd = socket(AF_INET, SOCK_DGRAM, 0);
18     memset(&server_addr, 0, sizeof(server_addr));
19     inet_pton(AF_INET, "127.0.0.1", &server_addr.sin_addr);
20     server_addr.sin_port = htons(SERV_PORT);
21     //发送数据到服务器
22     while (fgets(buf, MAXLINE, stdin) != NULL)
23     {
24         n = sendto(sockfd, buf, strlen(buf), 0,
25                 (struct sockaddr *)&server_addr, sizeof(server_addr));
26         if (n == -1)
27             perror("sendto error");
28         //接收客户端返回的数据
29         n = recvfrom(sockfd, buf, MAXLINE, 0, NULL, 0);
30         if (n == -1)
31             perror("recvfrom error");
32         //将接收到的数据输出到终端
33         printf("%s", buf);
34     }
35     close(sockfd);
36     return 0;
37 }
```

打开两个终端，分别编译并执行服务器端程序和客户端程序，服务器端与客户端编译执行和交互结果分别如下。

服务器端

```
[itheima@localhost demo10-3]$ gcc -o server demo10-3-server.c
[itheima@localhost demo10-3]$ ./server
Accept connections...
received from 127.0.0.1 at PORT 33259
received from 127.0.0.1 at PORT 33259
received from 127.0.0.1 at PORT 33259
```

客户端

```
[itheima@localhost demo10-3]$ gcc -o client demo10-3-client.c
[itheima@localhost demo10-3]$ ./client
hello
HELLO

nihao
NIHAO

CHINA
CHINA
```

由服务器端和客户端的交互结果可知，服务器端成功将客户端发来的字符串转换成了大写并返回了客户端，表明案例实现成功。

10.6 本章小结

本章主要讲解了 socket 网络编程的相关知识。首先讲解了 socket 和 socket 通信基础知识；然后讲解了 socket 通信流程和 socket 编程接口；最后讲解了两个基于 C/S 模型的 socket 网络编程实例。通过本章的学习，读者应能掌握 socket 网络编程接口和基于 TCP 和 UDP 的通信流程，并将这些知识应用到实际编程中。

10.7 本章习题

请读者扫描右方二维码，查看本章课后习题。

第 11 章

并发服务器

学习目标

- 掌握多进程并发服务器，能够利用多进程机制实现并发服务器。
- 掌握多线程并发服务器，能够利用多线程机制实现并发服务器。
- 了解 I/O 多路复用，能够说出 I/O 多路复用的特点。
- 了解 select 模型，能够说出 select 模型实现并发服务器的原理。
- 了解 poll 模型，能够说出 poll 模型实现并发服务器的原理。
- 掌握 epoll 模型，能够使用 epoll 模型实现并发服务器。
- 了解 epoll 的工作模式，能够说出水平触发模式与边缘触发模式的区别。

基于 TCP 协议的网络通信中，服务器应能同时与多个客户端进程进行连接，但测试第 10 章的案例 10-2，会发现服务器在连接一个客户端之后，第 2 个客户端就无法再连接到服务器。这是因为，服务器与客户端中调用的诸多 I/O 函数（如 read()、write()、send()、recv() 等）都以阻塞方式被调用。当这些函数被调用时，若进程一时无法获取需要的数据，调用该函数的进程将会阻塞。在服务器进程阻塞期间，若有客户端发起请求，服务器就无法做出响应。

为了提高服务器效率，需要将服务器实现为并发服务器，并发服务器常见的实现方式有 3 种：多进程、多线程和 I/O 多路复用。本章将针对这 3 种并发服务器实现方式进行讲解。

11.1 多进程并发服务器

多进程并发服务器的原理与实现，请扫描二维码学习。

11.2 多线程并发服务器

多线程并发服务器的原理与实现，请扫描二维码学习。

11.3 I/O 多路复用

I/O 多路复用实现并发服务器的原理与操作，请扫描二维码学习。

11.4　本章小结

本章主要讲解了 Linux 操作系统中的并发服务器。首先讲解了多进程并发服务器；然后讲解了多线程并发服务器；最后讲解了 I/O 多路复用技术，包括 select 模型、poll 模型、epoll 模型和 epoll 的工作模式。通过本章的学习，读者应理解各种并发服务器的实现原理，掌握 Linux 操作系统的并发编程，能够开发出更高效的服务器。

11.5　本章习题

请读者扫描右方二维码，查看本章习题。